JN102071

はじめに

昔から、陰暦8月に吹く大風は、野の草を吹き分ける様子から「野分」と呼ばれます。野分は、今から1000年前の平安時代に記された『枕草子』や『源氏物語』にもその表現が見られます。陰暦8月は台風の季節にも重なります。江戸時代に日本独自の初めての暦（貞享暦）を作り、後に幕府の天文方となる渋川春海は、台風来襲の厄日として二百十日という、季節の移り変わりを示す雑節を加えました。

明治に入ると、殖産や学術振興のために政府が欧米から多数のお雇い外国人を招聘しました。その中、暴風警報発表や気象観測の必要性が建白され、1875年に東京気象台で気象観測が始まりました。さらに、電信の発達により全国22測候所の観測結果を集めて天気図が作られるようになったのが1883年2月です。

そして日本で初めて天気予報が出されたのは、1884年6月1日のことでした。予報したのはエルヴィン・クニッピング。プロシア（現在のドイツ）出身の航海士だった彼は、乗船していた船が日本に売却されることを機に、1871年に東京で下船します。その後、1876年から逓信局で日本の船員を教育することになり、「船舶から収集した気象報告や地方測候所・灯台などのデータを基にした暴風警報を発信する必要がある」という建白書を明治政府に提出。1881年には内務省のお雇い外国人となり、翌年には東京気象台に入社。1883年5月26日には日本で初めての暴風警報を発令したのに続き、翌年6月1日午前6時に日本で初めての天気予報を発表しました。予報文は、「全国一般風ノ向キハ定リナシ天気ハ変リ易シ但シ雨天勝チ」で、東京の派出所（現在の交番）などに掲示されました。

それから１世紀以上が経った今、天気予報の精度は観測技術の目覚ましい進歩やコンピュータ技術の活用、さらには世界レベルでの情報の共有などによって信じられないほど向上しています。たとえば「高解像度降水ナウキャスト」では約250m四方のマス目（メッシュ）で分けた地域の予報が５分ごとに発表されているほどで、そうした情報が日常生活において活用されているばかりか、災害発生時には、大切な命を守るために欠かせないものとなっています。

本書は、その天気予報について、気象庁がホームページなどで発信している最新情報を基にして詳しく解説していきます。

なお制作にあたり、画像および情報の提供等について、気象庁から全面的なご協力をいただいたほか、国土地理院、国立極地研究所、海上自衛隊、新潟県十日町市役所、新潟県庁、徳島県鳴門市役所、水資源機構池田管理事務所などにもご協力いただいたことを明記すると共に、感謝の言葉に代えさせていただきます。

2020年4月1日

青木寿史　東京家政大学 非常勤講師

INDEX

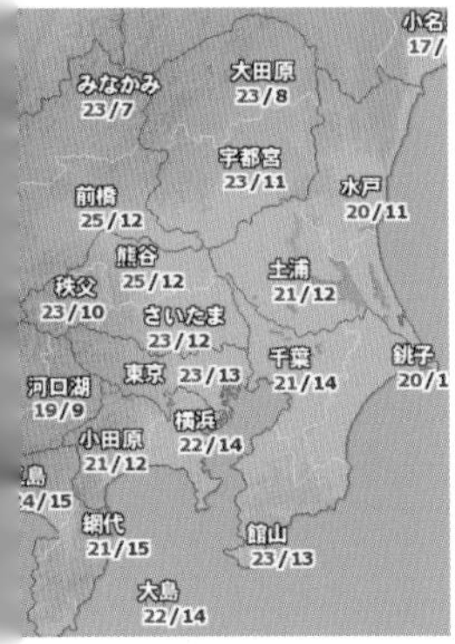

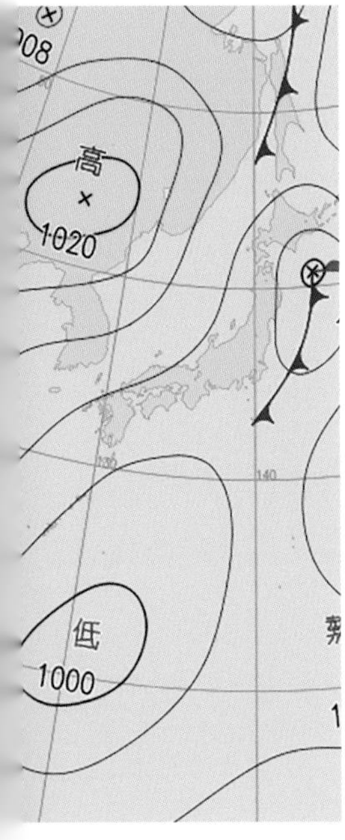

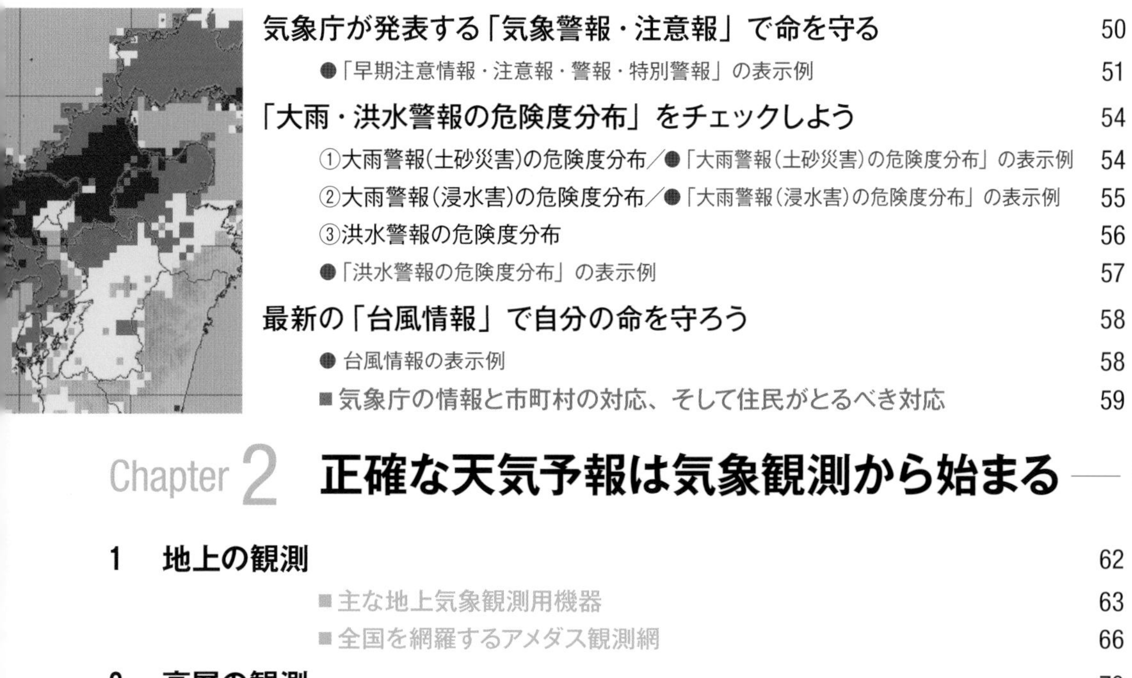

Chapter 3 学び直しておきたい気象の基礎知識 —— 113

Chapter 4 異常気象のメカニズム —— 145

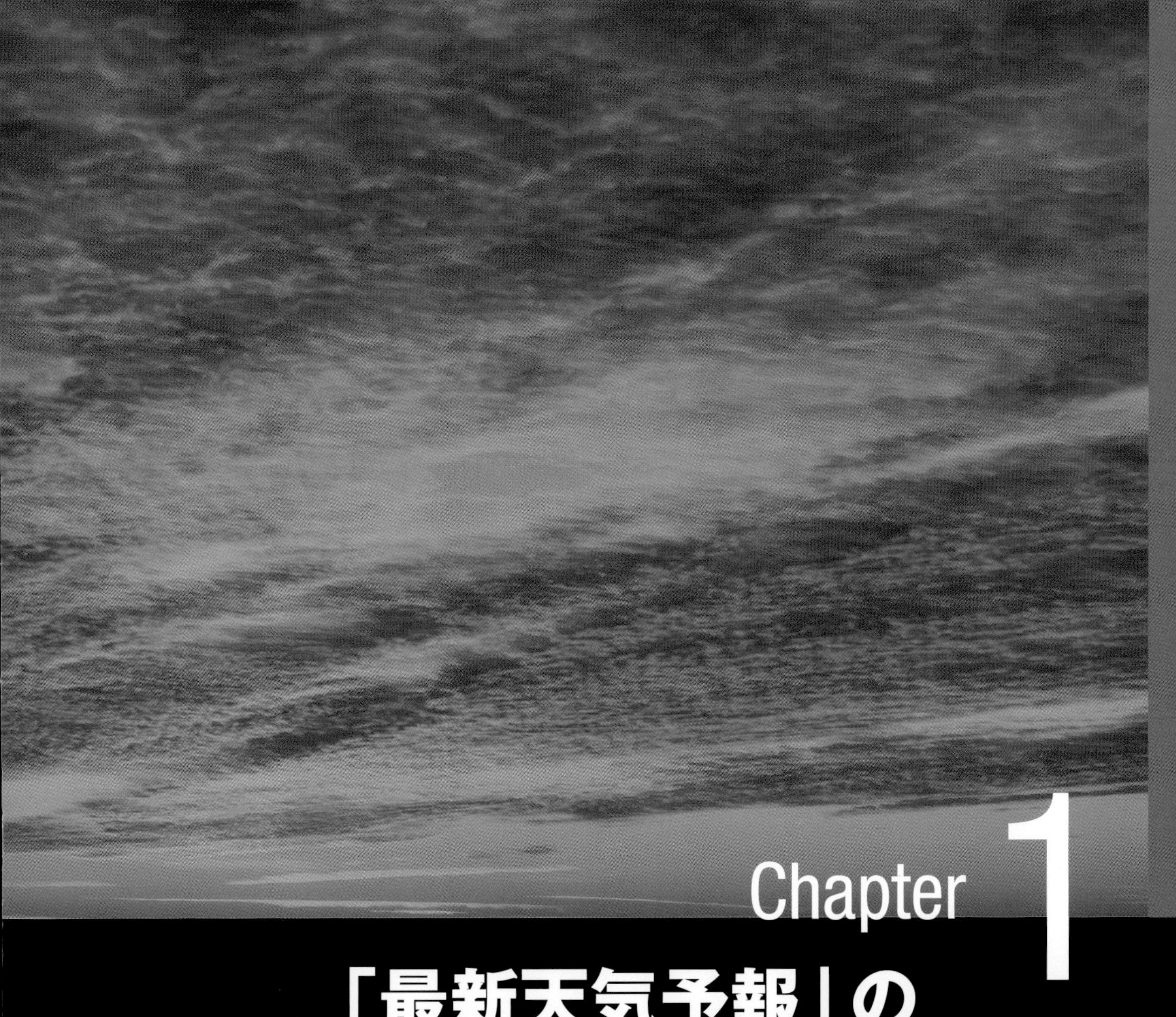

Chapter 1

「最新天気予報」のすべてを知る

天気予報で命を守る時代になってきた

最近、「観測史上初」「数十年に一度の」などという表現を頻繁に耳にするようになった。事実、私たちはこれまで経験したことのないような異常気象に次々に見舞われている。

たとえば記録的な大雨や豪雪、猛烈な風や雷、あるいは猛暑や極寒など、私たちを襲う極端な気象現象は数え上げればキリがない。そしてそんな

極端な気象が私たちの命に直接かかわる甚大な災害を引き起こし、多くの犠牲を生んでいる。

それは日本だけではない。世界中で起きていることだ。その大きな要因のひとつとして挙げられているのが「地球温暖化」であり、多くの研究者たちが、今後も様々な形で異常気象現象が増加していくと指摘している。

この状況のなかで私たちが自らの命を守っていくには、天気予報の情報を正しくキャッチすることが重要であり、その情報をもとに適切な行動をとることが何より求められている。

■日本の気象情報を統括している気象庁

気象庁(JMA:Japan Meteorological Agency)は、国土交通省の外局として設置されており、その任務は、「気象業務法第1条」に「気象業務の健全な発達を図り、もつて災害の予防、交通の安全の確保、産業の興隆等公共の福祉の増進に寄与するとともに、気象業務に関する国際的協力を行うことを目的とする」と書かれている。

気象庁はその法律に基づいて観測体制をつくり上げているが、中心になるのは5か所の「管区気象台」(札幌、仙台、東京、大阪、福岡)と那覇の「沖縄気象台」である。また、各道府県レベルの天候の観測を行うと同時に、防災情報の発表や観測網の維持などを行うために、全国50か所の「地方気象台」と2か所の「測候所」(帯広、名瀬)を設置しているほか、航空機の安全運航のための「航空地方気象台」(成田、東京、中部、関西、福岡の5か所)や「航空測候所」(新千歳、仙台、那覇の3か所)を置いている。

さらに自動観測システム(地上気象観測装置)を備えた無人の観測所として「特別地域気象観測所」(全国94か所)を置いているほか、よりきめ細かいデータをとるために、やはり無人の「四要素観測所」(降水量・気温・風・日照時間を観測。全国687か所)、「三要素観測所」(降水量・気温・風を観測。全国86か所)、「雨量観測所」(全国371か所)、そして「積雪深観測所」(全国323か所)を展開。それらを合わせた全国約1300か所からなる「アメダス観測網」(AMeDAS;Automated Meteorological Data Acquisition System)をつくり上げている。

また、気象庁は、気象業務を支える研究・人材育成などのための組織である「気象研究所」「気象衛星センター」「高層気象台」「地磁気観測所」「気象大学校」なども置いている。そういう意味では、気象庁は、まさに日本の気象情報を統括している組織だと言える。

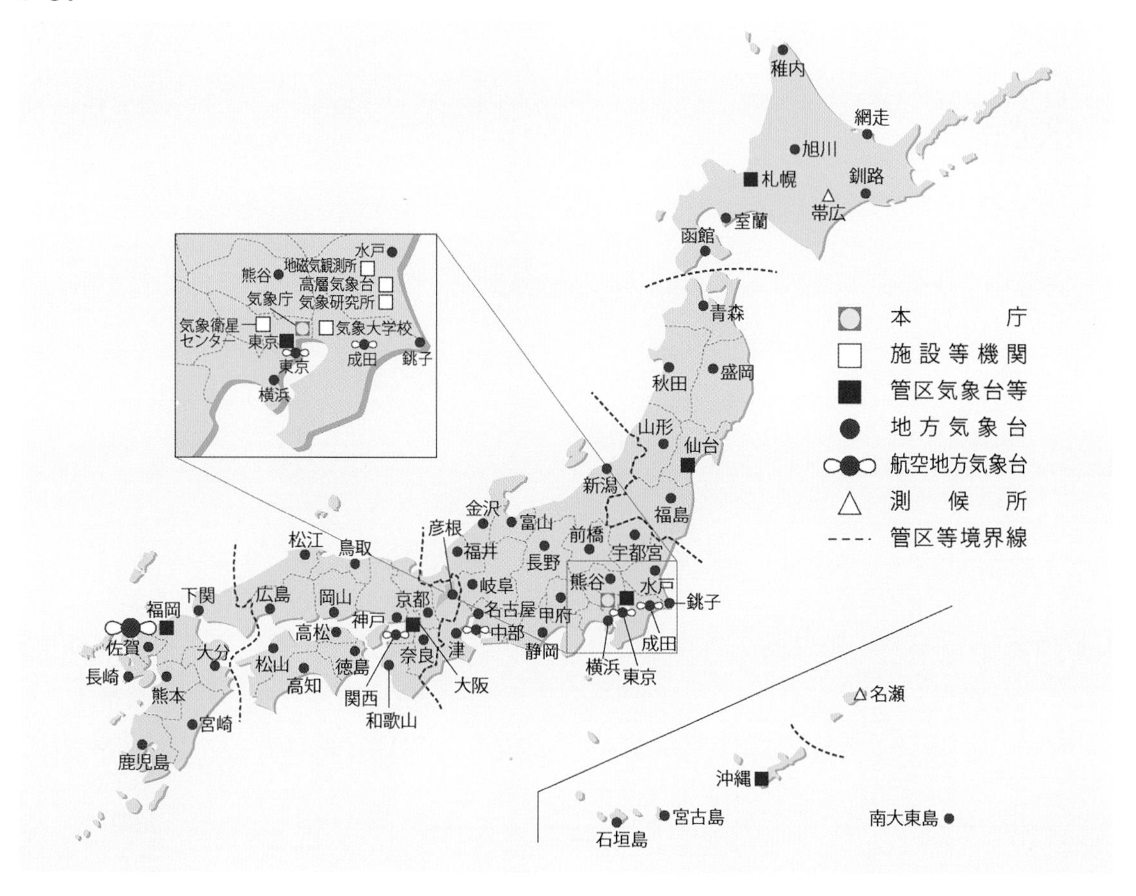

管区／主な施設	札幌管区気象台	仙台管区気象台	東京管区気象台	大阪管区気象台	福岡管区気象台	沖縄気象台
地方気象台	函館地方気象台	青森地方気象台	水戸地方気象台	神戸地方気象台	長崎地方気象台	宮古島地方気象台
	旭川地方気象台	盛岡地方気象台	宇都宮地方気象台	彦根地方気象台	下関地方気象台	石垣島地方気象台
	室蘭地方気象台	秋田地方気象台	前橋地方気象台	京都地方気象台	佐賀地方気象台	南大東島地方気象台
	釧路地方気象台	山形地方気象台	熊谷地方気象台	奈良地方気象台	熊本地方気象台	
	網走地方気象台	福島地方気象台	銚子地方気象台	和歌山地方気象台	大分地方気象台	
	稚内地方気象台		横浜地方気象台	鳥取地方気象台	宮崎地方気象台	
			新潟地方気象	松江地方気象台	鹿児島地方気象台	
			富山地方気象台	岡山地方気象台		
			金沢地方気象台	広島地方気象台		
			福井地方気象台	徳島地方気象台		
			甲府地方気象台	高松地方気象台		
			長野地方気象台	松山地方気象台		
			岐阜地方気象台	高知地方気象台		
			静岡地方気象台			
			名古屋地方気象台			
			津地方気象台			
測候所	帯広測候所				名瀬測候所	
航空地方気象台			成田航空地方気象台	関西航空地方気象台	福岡航空地方気象台	
			東京航空地方気象台			
			中部航空地方気象台			
航空測候所	新千歳航空測候所	仙台航空測候所				那覇航空測候所

■気象庁が発表する天気予報の区域

天気予報で使われている地域区分は、「気象庁予報警報規程」という法令に定められており、全国は「地方予報区」(11区)、「府県予報区」(56区:各府県1区、ただし北海道および沖縄県は地域ごとにさらに細分)、「一次細分区域」に区分されている。

一次細分区域とは、気象特性や災害特性、および地理的特性などを考慮して、府県予報区を分割して定めた区域である。

さらに「二次細分区域」も設けられている。これは、気象警報・注意報などの発表に用いる区域で、市町村(東京特別区は区)を原則としているが、一部市町村を分割して設定している場合もある。この二次細分区域ごとに発表する気象警報・注意報の発表状況を地域的にまとめて概観するために、「市町村等をまとめた地域」も決められている。これは災害特性や都道府県の防災関係機関などの管轄範囲などを考慮してまとめた区域である。

「一次細分区域」と「市町村等をまとめた地域」

地方予報区	府県予報区	一次細分区域	市町村等をまとめた地域
北海道地方	宗谷地方	宗谷地方	宗谷北部
			宗谷南部
			利尻・礼文
	上川・留萌地方	上川地方	上川北部
			上川中部
			上川南部
		留萌地方	留萌北部
			留萌中部
			留萌南部
	網走・北見・紋別地方	網走地方	網走東部
			網走西部
			網走南部
		北見地方	(北見地方)
		紋別地方	紋別北部
			紋別南部
	釧路・根室・十勝地方	釧路地方	釧路北部
			釧路中部
			釧路南東部
			釧路南西部
		根室地方	根室北部
			根室中部
			根室南部
		十勝地方	十勝北部
			十勝中部
			十勝南部
	胆振・日高地方	胆振地方	胆振西部
			胆振中部
			胆振東部
		日高地方	日高西部
			日高中部
			日高東部
	石狩・空知・後志地方	石狩地方	石狩北部
			石狩中部
			石狩南部
		空知地方	北空知
			中空知
			南空知
		後志地方	後志北部
			羊蹄山麓
			後志西部
	渡島・檜山地方	渡島地方	渡島北部
			渡島東部
			渡島西部
		檜山地方	檜山北部
			檜山南部
			檜山奥尻島
東北地方	青森県	津軽	東青津軽
			北五津軽
			西津軽
			中南津軽
		下北	(下北)
		三八上北	三八
			上北
	岩手県	内陸	二戸地域
			盛岡地域
			花北地域
			遠野地域
			奥州金ケ崎地域
			両磐地域
		沿岸北部	久慈地域
			宮古地域
		沿岸南部	釜石地域
			大船渡地域

地方予報区	府県予報区	一次細分区域	市町村等をまとめた地域
東北地方	宮城県	東部	気仙沼地域
			石巻地域
			登米・東部栗原
			東部大崎
			東部仙台
			東部仙南
		西部	西部栗原
			西部大崎
			西部仙台
			西部仙南
	秋田県	沿岸	能代山本地域
			秋田中央地域
			本荘由利地域
		内陸	北秋鹿角地域
			仙北平鹿地域
			湯沢雄勝地域
	山形県	村山	北村山
			西村山
			東南村山
		置賜	東南置賜
			西置賜
		庄内	庄内北部
			庄内南部
		最上	(最上)
	福島県	中通り	中通り北部
			中通り中部
			中通り南部
		浜通り	浜通り北部
			浜通り中部
			浜通り南部
		会津	会津北部
			会津中部
			会津南部
関東甲信地方	茨城県	北部	県北地域
			県央地域
		南部	鹿行地域
			県南地域
			県西地域
	栃木県	北部	那須地域
			日光地域
		南部	南東部
			県央部
			南西部
	群馬県	北部	利根・沼田地域
			吾妻地域
		南部	前橋・桐生地域
			伊勢崎・太田地域
			高崎・藤岡地域

地方予報区	府県予報区	一次細分区域	市町村等をまとめた地域
関東甲信地方	埼玉県	南部	南東部
			南中部
			南西部
		北部	北東部
			北西部
		秩父地方	(秩父地方)
	千葉県	北東部	香取・海匝
			山武・長生
		北西部	印旛
			東葛飾
			千葉中央
		南部	君津
			夷隅・安房
	神奈川県	東部	横浜・川崎
			湘南
			三浦半島
		西部	相模原
			県央
			足柄上
			西湘
	長野県	北部	中野飯山地域
			長野地域
			大北地域
		中部	上田地域
			佐久地域
			松本地域
			乗鞍上高地地域
			諏訪地域
		南部	上伊那地域
			木曽地域
			下伊那地域
	山梨県	東部・富士五湖	東部
			富士五湖
		中・西部	中北地域
			峡東地域
			峡南地域
東海地方	静岡県	伊豆	伊豆北
			伊豆南
		東部	富士山南東
			富士山南西
		中部	中部北
			中部南
		西部	遠州北
			遠州南

地方予報区	府県予報区	一次細分区域	市町村等をまとめた地域	二次細分区域(東京都での例)
関東甲信地方	東京都	東京地方	23区東部	台東区、墨田区、江東区、荒川区、足立区、葛飾区、江戸川区
			23区西部	千代田区、中央区、港区、新宿区、文京区、品川区、目黒区、大田区、世田谷区、渋谷区、中野区、杉並区、豊島区、北区、板橋区、練馬区
			多摩北部	立川市、武蔵野市、三鷹市、府中市、昭島市、調布市、小金井市、小平市、東村山市、国分寺市、国立市、狛江市、東大和市、清瀬市、東久留米市、武蔵村山市、西東京市
			多摩西部	青梅市、福生市、羽村市、あきる野市、瑞穂町、日の出町、檜原村、奥多摩町
			多摩南部	八王子市、町田市、日野市、多摩市、稲城市
		伊豆諸島北部	大島	大島町
			新島	利島村、新島村、神津島村
		伊豆諸島南部	三宅島	三宅村、御蔵島村
			八丈島	八丈町、青ヶ島村
		小笠原諸島	(小笠原諸島)	小笠原村

地方予報区	府県予報区	一次細分区域	市町村等をまとめた地域
東海地方	愛知県	東部	東三河北部
			東三河南部
			西三河北東部
		西部	西三河北西部
			西三河南部
			尾張東部
			尾張西部
			知多地域
	岐阜県	飛騨地方	飛騨北部
			飛騨南部
		美濃地方	岐阜・西濃
			中濃
			東濃
	三重県	北中部	北部
			中部
			伊賀
		南部	伊勢志摩
			紀勢・東紀州
北陸地方	新潟県	上越	上越市
			糸魚川市
			妙高市
		中越	三条地域
			魚沼市
			長岡地域
			柏崎地域
			南魚沼地域
			十日町地域
		下越	岩船地域
			新発田地域
			新潟地域
			五泉地域
		佐渡	(佐渡)
	富山県	東部	東部北
			東部南
		西部	西部北
			西部南
	石川県	能登	能登北部
			能登南部
		加賀	加賀北部
			加賀南部
	福井県	嶺北	奥越
			嶺北北部
			嶺北南部
		嶺南	嶺南東部
			嶺南西部
近畿地方	滋賀県	北部	湖北
			湖東
			近江西部
		南部	東近江
			近江南部
			甲賀
	京都府	北部	丹後
			舞鶴・綾部
			福知山
		南部	南丹・京丹波
			京都・亀岡
			山城中部
			山城南部
	大阪府	大阪府	北大阪
			東部大阪
			大阪市
			南河内
			泉州
	兵庫県	北部	但馬北部
			但馬南部
		南部	北播丹波
			播磨北西部
			阪神
			播磨南東部
			播磨南西部
			淡路島

地方予報区	府県予報区	一次細分区域	市町村等をまとめた地域
近畿地方	奈良県	北部	北東部
			北西部
			五條・北部吉野
		南部	南東部
			南西部
	和歌山県	北部	紀北
			紀中
		南部	新宮・東牟婁
			田辺・西牟婁
中国地方	鳥取県	東部	鳥取地区
			八頭地区
		中・西部	倉吉地区
			米子地区
			日野地区
	島根県	東部	松江地区
			出雲地区
			雲南地区
		西部	大田邑智地区
			浜田地区
			益田地区
		隠岐	(隠岐)
	岡山県	北部	勝英地域
			津山地域
			真庭地域
			新見地域
		南部	東備地域
			岡山地域
			高梁地域
			倉敷地域
			井笠地域
	広島県	北部	備北
			芸北
		南部	福山・尾三
			東広島・竹原
			広島・呉
四国地方	徳島県	北部	徳島・鳴門
			美馬北部・阿北
			美馬南部・神山
			三好
		南部	阿南
			那賀・勝浦
			海部
	香川県	香川県	小豆
			東讃
			高松地域
			中讃
			西讃
	愛媛県	東予	東予東部
			東予西部
		中予	(中予)
		南予	南予北部
			南予南部
	高知県	東部	室戸
			安芸
		中部	高知中央
			嶺北
			高吾北
		西部	高幡
			幡多
九州北部地方	山口	北部	萩・美祢
			長門
		東部	岩国
			柳井・光
		中部	周南・下松
			山口・防府
		西部	下関
			宇部・山陽小野田
	福岡県	福岡地方	(福岡地方)
		北九州地方	北九州・遠賀地区
			京築
		筑豊地方	(筑豊地方)
		筑後地方	筑後北部
			筑後南部

地方予報区	府県予報区	一次細分区域	市町村等をまとめた地域
九州北部地方	佐賀県	北部	唐津地区
			伊万里地区
		南部	鳥栖地区
			佐賀多久地区
			武雄地区
			鹿島地区
	長崎県	北部	平戸・松浦地区
			佐世保・東彼杵地区
		南部	島原半島
			諫早・大村地区
			長崎地区
			西彼杵半島
		壱岐・対馬	上対馬
			下対馬
			壱岐
		五島	上五島
			下五島
	熊本県	熊本地方	山鹿菊池
			荒尾玉名
			熊本市
			上益城
			宇城八代
		阿蘇地方	(阿蘇地方)
		天草・芦北地方	天草地方
			芦北地方
		球磨地方	(球磨地方)
	大分県	北部	(北部)
		中部	(中部)
		南部	佐伯市
			豊後大野市
		西部	日田玖珠
			竹田市
九州南部・奄美地方	宮崎県	北部平野部	延岡・日向地区
			西都・高鍋地区
		北部山沿い	高千穂地区
			椎葉・美郷地区
		南部平野部	宮崎地区
			日南・串間地区
		南部山沿い	小林・えびの地区
			都城地区
	鹿児島県	薩摩地方	出水・伊佐
			川薩・姶良
			甑島
			鹿児島・日置
			指宿・川辺
		大隅地方	曽於
			肝属
		種子島・屋久島地方	種子島地方
			屋久島地方
		奄美地方	十島村
			北部
			南部
沖縄地方	沖縄本島地方	本島北部	伊是名・伊平屋
			国頭地区
			名護地区
			恩納・金武地区
		本島中南部	中部
			南部
			慶良間・粟国諸島
		久米島	(久米島)
	大東島地方	大東島地方	(大東島地方)
	宮古島地方	宮古島地方	宮古島
			多良間島
	八重山地方	石垣島地方	石垣市
			竹富町
		与那国島地方	(与那国島地方)

気象庁が発表する主な天気予報

種類		予報項目
1 天気予報	府県天気予報	風、天気、波の高さ、最高・最低気温、降水確率
	天気分布予報	3時間ごとの天気、気温、降水量、6時間ごとの降雪量
	地域時系列予報	3時間ごとの天気、風向・風速、気温
2 降水短時間予報		1時間ごとの降水量
3 レーダー・ナウキャスト		降水、竜巻発生確度、雷活動度の分布
高解像度降水ナウキャスト		
4 季節予報	暖候期予報	夏の平均気温、夏の合計降水量、梅雨時期の合計降水量
	寒候期予報	冬の平均気温、冬の合計降水量、日本海側の冬の合計降雪量
	3か月予報	3か月平均気温、3か月合計降水量、月ごとの平均気温、月ごとの合計降水量、冬季日本海側の3か月合計降雪量
	1か月予報	1か月平均気温、第1週・第2週・第3～4週平均気温、1か月合計降水量、1か月合計日照時間、冬季日本海側の1か月合計降雪量
	2週間気温予報	5日間平均した地域平均気温の階級、代表地点の最高・最低気温およびこれらの階級

予報区分	予報期間	発表日時
一次細分区域単位 北海道地方、東北地方、関東甲信地方、東海地方、北陸地方、近畿地方、中国地方、四国地方、九州北部地方（山口県を含む）、九州南部・奄美地方、沖縄地方	発表日（発表時刻から24時まで）と、翌日・翌々日（0〜24時）	毎日5時、11時、17時 ※天気急変時には随時修正して発表
日本を約20km四方のマス目（メッシュ）で分けた地域	発表開始時刻の1時間後から向こう24時間。（17時発表では向こう30時間）	毎日5時、11時、17時
一次細分区域単位	発表開始時刻の1時間後から向こう24時間（17時発表では向こう30時間）	毎日5時、11時、17時
発表時刻から6時間先までは、約1km四方ごとのマス目（メッシュ）で分けた地域と、7時間先から15時間先までは約5km四方ごとのマス目（メッシュ）で分けた地域	発表開始時刻から6時間先までは10分間隔、7時間先から15時間先までは1時間間隔	6時間先までは毎10分、 ７時間から15時間先までは毎時
約1km四方のマス目（メッシュ）で分けた地域 発表開始時間から、1時間先までの予報を5分間隔で発表 毎5分		
約250m四方のマス目（メッシュ）で分けた地域	発表開始時間から30分先までの降水強度分布を5分ごとに発表	毎5分
	夏（6〜8月）、 梅雨時期（6〜7月、沖縄・奄美は5〜6月）	毎年2月25日ごろ14時
	冬（12〜2月）	毎年9月25日ごろ14時
	発表月の翌月から３か月間	毎月25日ごろ14時
【全般予報】北日本、東日本、西日本、沖縄・奄美 【地方予報】北海道地方、東北地方、関東甲信地方、北陸地方、東海地方、近畿地方、中国地方、九州北部地方、九州南部・奄美地方、沖縄地方（地方予報）	発表日の翌々日から1か月間	毎週木曜日14時30分
北海道日本海側、北海道オホーツク海側、北海道太平洋側、東北日本海側、東北太平洋側、関東甲信地方、北陸地方、東海地方、近畿日本海側、近畿太平洋側、中国地方、四国地方、九州北部地方、九州南部、奄美地方、沖縄地方	発表日の6日後から14日後まで	毎日14時30分

1 出かける前にチェックしたい「天気予報」

気象庁が「天気予報」として発表しているのは、「府県天気予報」「天気分布予報」「地域時系列予報」の3つである。「天気予報」というと多くの人が思い浮かべるのが、新聞やテレビで見る「全国の天気予報」だろうが、この「全国の天気予報」のベースとなっているのは、気象庁が一次細分区域単位で発表している「府県天気予報」だ。府県天気予報は毎日5時、11時、17時に発表されるが、5時と11時の発表では、当日・翌日・翌々日の天気と風と波、および翌日までの6時間ごとの降水確率と最高・最低気温の予想が発表されるが、17時の発表では翌々日の最高・最低気温の予想は発表されない。また、天気が急変したときなどには随時、修正して発表される。

■全国の天気

インターネットで**〈気象庁〉**を検索し、気象庁のホームページのトップページを開いて 天気予報（❶）をクリックすると、当日発表時点における「全国の天気」が表示される。この画面では、天気は「晴」「曇」「雨」「雪」が、それぞれマークで表示される。

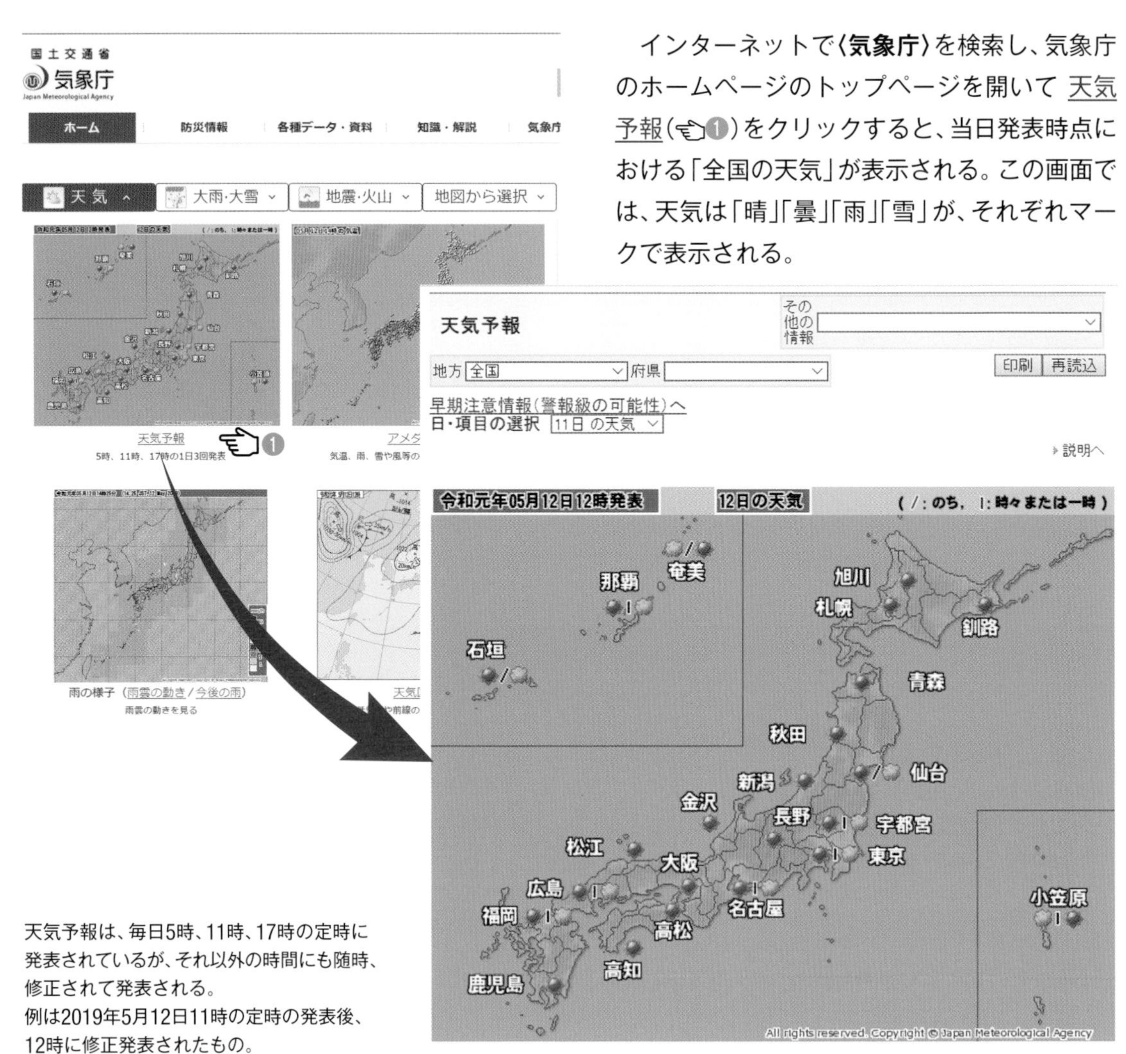

天気予報は、毎日5時、11時、17時の定時に発表されているが、それ以外の時間にも随時、修正されて発表される。
例は2019年5月12日11時の定時の発表後、12時に修正発表されたもの。

■全国の翌日と翌々日の天気

前述した「天気予報」のページ上にある**日・項目の選択**の欄（☞❷）には、〈■日の天気〉（■は当日、翌日、翌々日の日付）と■日の気温（■は当日と翌日の日付）の選択肢が表示される。たとえば、2019年5月12日12時発表時点の修正ページでは、〈12日の天気〉〈13日の天気〉〈14日の天気〉〈12日の気温〉〈13日の気温〉と5つの選択肢が出てくる。

そのいずれかを選択すれば、希望した日の天気予報が表示される。下左図は翌日の天気、下右図は翌々日の天気の表示例だ。

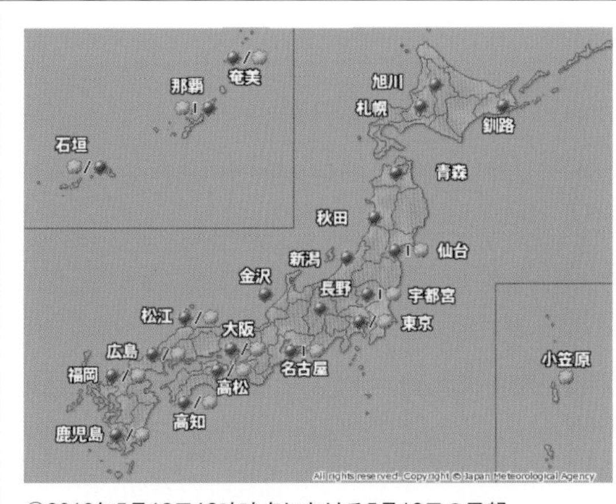

①2019年5月12日12時時点における5月13日の予報

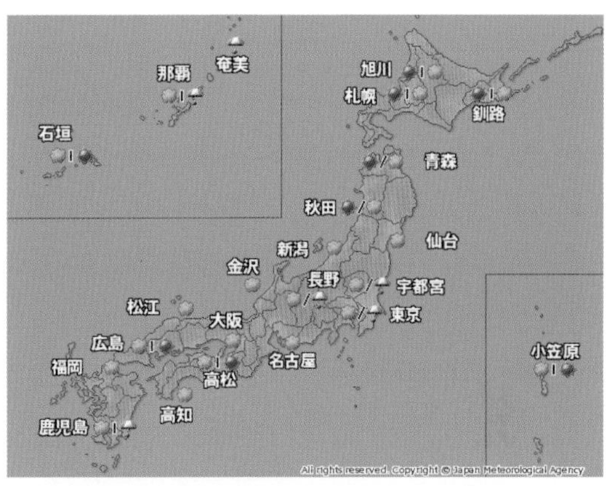

②2019年5月12日12時時点における5月14日の予報

■全国の当日と翌日の気温

気温の予報を知るには、前述したように、**日・項目の選択**の欄で、〈当日の気温〉か〈翌日の気温〉のいずれかを選択すればいい。〈当日の気温〉を選択すれば、当日の発表時点での最高気温が、〈翌日の気温〉を選択すれば、翌日の最高気温と最低気温の予報が表示される。

下左図の赤文字の数字は当日の気温（発表時点での当日の最高気温）だ。また、下右図は翌日の気温予報だが、赤文字の数字は翌日の最高気温、青文字の数字は最低気温の予想値を意味している。

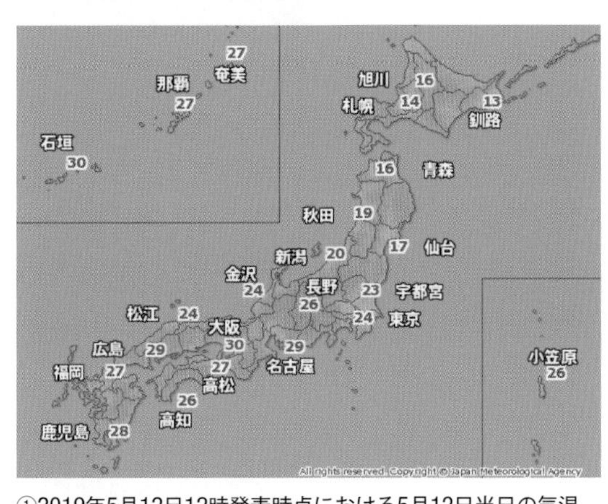

①2019年5月12日12時発表時点における5月12日当日の気温

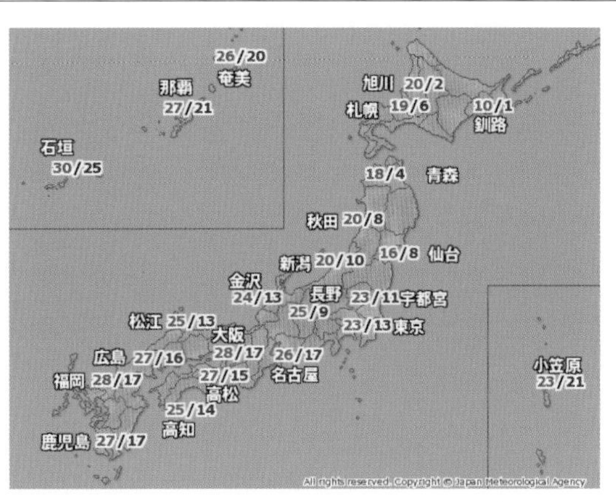

②2019年5月12日12時発表時点における5月13日の気温予報

■地方ごとの天気予報

ホームページの**地方**の欄(☜❸)では、北海道地方(北西部)、北海道地方(東部)、北海道地方(南西部)、東北地方(北部)、東北地方(南部)、関東地方、甲信地方、北陸地方(東部)、北陸地方(西部)、東海地方、近畿地方、中国地方、四国地方、九州地方(北部)、九州地方(南部)、奄美(あまみ)地方、沖縄本島地方、宮古・八重山地方が選択できる。

たとえば、〈地方〉の欄で〈関東地方〉を選択し、**日・項目の選択**の欄で〈当日の天気〉を選択すると下左のような天気予報の画面が、〈当日の気温〉を選択すると下右のような気温予報の画面が立ち上がってくる。

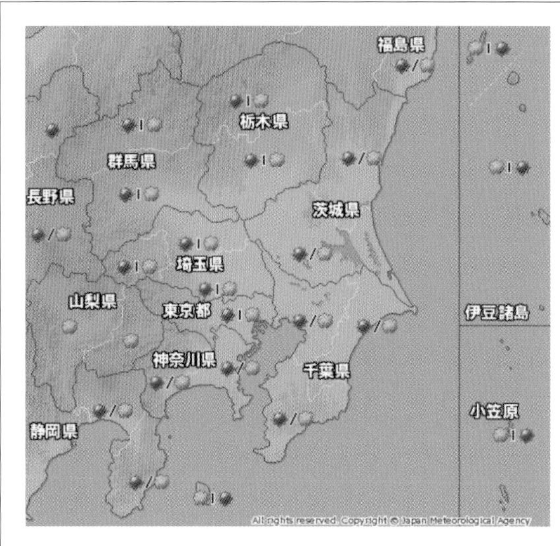

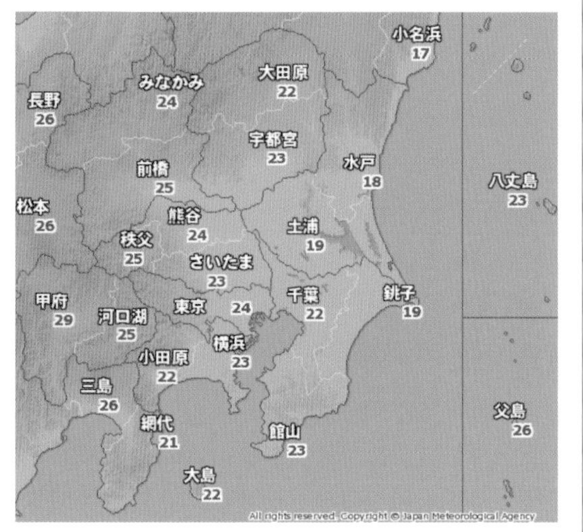

(左)2019年5月12日16時発表時点における12日当日の天気予報
(右)2019年5月12日16時発表時点における12日当日の気温予報

さらに、画面上部の**日・項目の選択**の欄で希望の日時を選択すれば、天気ならば当日と翌日と翌々日(朝5時発表時は翌日まで)気温ならば当日と翌日の予報を見ることができる。

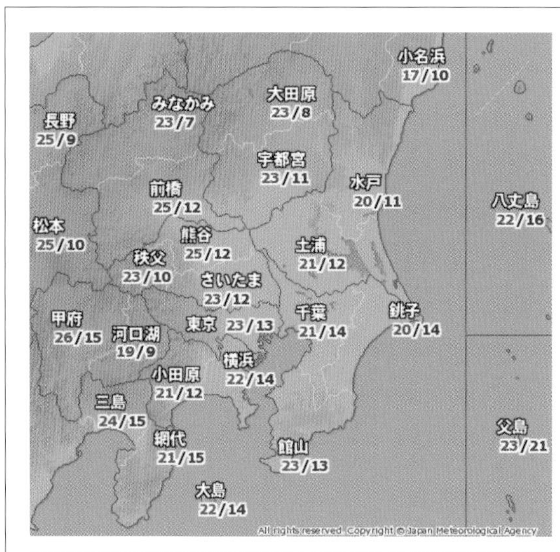

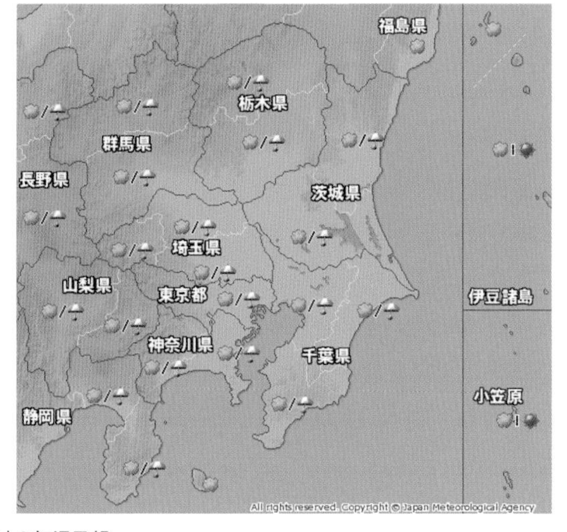

(左)2019年5月12日16時発表時点における5月13日の「関東地方」の気温予報
(右)2019年5月12日16時発表時点における5月14日の「関東地方」の天気予報

■府県予報区域ごとの天気予報

また、天気予報のトップページの**府県**の欄（☜❹）は、府県予報区域ごとに選択できるようになっている。

たとえば、〈東京都〉を選択すると、下のような画面が立ち上がり、その下には「天気概況」の説明文が掲載されている。

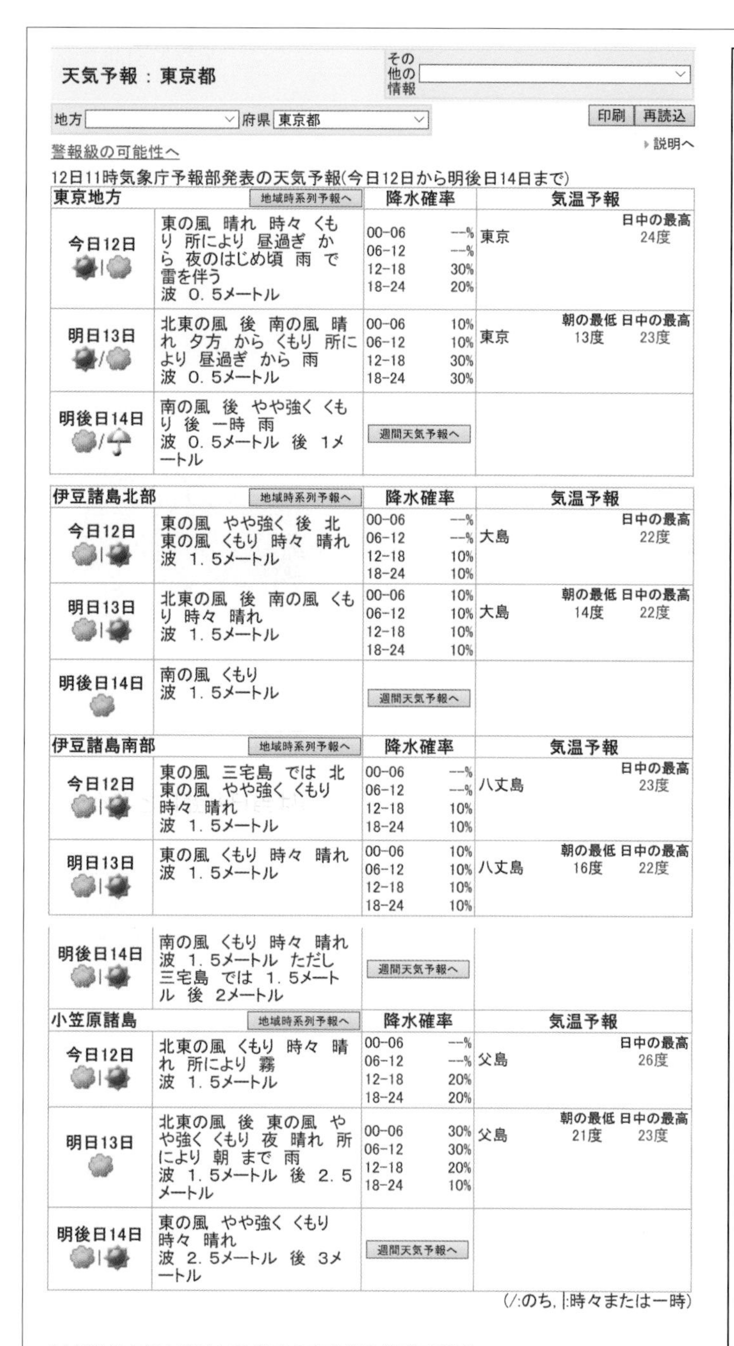

天気予報：東京都　その他の情報

地方　府県 東京都　印刷　再読込

警報級の可能性へ　説明へ

12日11時気象庁予報部発表の天気予報（今日12日から明後日14日まで）

東京地方 地域時系列予報へ		降水確率	気温予報
今日12日	東の風 晴れ 時々 くもり 所により 昼過ぎ から 夜のはじめ頃 雨 で 雷を伴う 波 0．5メートル	00-06 --% 06-12 --% 12-18 30% 18-24 20%	東京 日中の最高 24度
明日13日	北東の風 後 南の風 晴れ 夕方 から くもり 所により 昼過ぎ から 雨 波 0．5メートル	00-06 10% 06-12 10% 12-18 30% 18-24 30%	東京 朝の最低 13度 日中の最高 23度
明後日14日	南の風 後 やや強く くもり 後 一時 雨 波 0．5メートル 後 1メートル	週間天気予報へ	

伊豆諸島北部 地域時系列予報へ		降水確率	気温予報
今日12日	東の風 やや強く 後 北東の風 くもり 時々 晴れ 波 1．5メートル	00-06 --% 06-12 --% 12-18 10% 18-24 10%	大島 日中の最高 22度
明日13日	北東の風 後 南の風 くもり 時々 晴れ 波 1．5メートル	00-06 10% 06-12 10% 12-18 10% 18-24 10%	大島 朝の最低 14度 日中の最高 22度
明後日14日	南の風 くもり 波 1．5メートル	週間天気予報へ	

伊豆諸島南部 地域時系列予報へ		降水確率	気温予報
今日12日	東の風 三宅島 では 北東の風 やや強く くもり 時々 晴れ 波 1．5メートル	00-06 --% 06-12 --% 12-18 10% 18-24 10%	八丈島 日中の最高 23度
明日13日	東の風 くもり 時々 晴れ 波 1．5メートル	00-06 10% 06-12 10% 12-18 10% 18-24 10%	八丈島 朝の最低 16度 日中の最高 22度
明後日14日	南の風 くもり 時々 晴れ 波 1．5メートル ただし 三宅島 では 1．5メートル 後 2メートル	週間天気予報へ	

小笠原諸島 地域時系列予報へ		降水確率	気温予報
今日12日	北東の風 くもり 時々 晴れ 所により 霧 波 1．5メートル	00-06 --% 06-12 --% 12-18 20% 18-24 20%	父島 日中の最高 26度
明日13日	北東の風 後 東の風 やや強く くもり 夜 晴れ 所により 朝 まで 雨 波 1．5メートル 後 2．5メートル	00-06 30% 06-12 30% 12-18 20% 18-24 10%	父島 朝の最低 21度 日中の最高 23度
明後日14日	東の風 やや強く くもり 時々 晴れ 波 2．5メートル 後 3メートル	週間天気予報へ	

（/:のち，|:時々または一時）

（左）2019年5月12日11時発表の東京都の「天気予報」
（右）同日10時45分発表の「天気概況」

天気概況
令和元年5月12日10時45分
気象庁予報部発表

東京地方では、急な強い雨や落雷に注意してください。小笠原諸島では、濃霧による視程障害に注意してください。

本州付近は高気圧に覆われています。

東京地方は、晴れや曇りとなっています。

12日は、高気圧に覆われて、晴れますが、午後は大気の状態が不安定となるため、時々曇りで雨や雷雨となる所があるでしょう。
13日は、引き続き高気圧に覆われて晴れますが、湿った空気の影響や大気の状態が不安定となるため、午後は曇りや雨となる所がある見込みです。

【関東甲信地方】
関東甲信地方は、晴れや曇りとなっています。

12日は、高気圧に覆われて、おおむね晴れますが、午後は大気の状態が不安定となるため、甲信地方を中心に雨や雷雨の所があるでしょう。
13日は、引き続き高気圧に覆われて日中はおおむね晴れますが、朝晩を中心に湿った空気の影響や大気の状態が不安定となるため、曇りや雨となる所がある見込みです。
関東地方と伊豆諸島の海上では、12日は波が高く、13日は波がやや高いでしょう。船舶は高波に注意してください。

週間天気予報

気象庁は、「週間天気予報」として、発表日翌日から7日先までの期間の予報を、「全般週間天気予報」「地方週間天気予報」「各府県の週間天気予報」という形で毎日発表している。

■全般週間天気予報と全国主要地点の週間天気予報

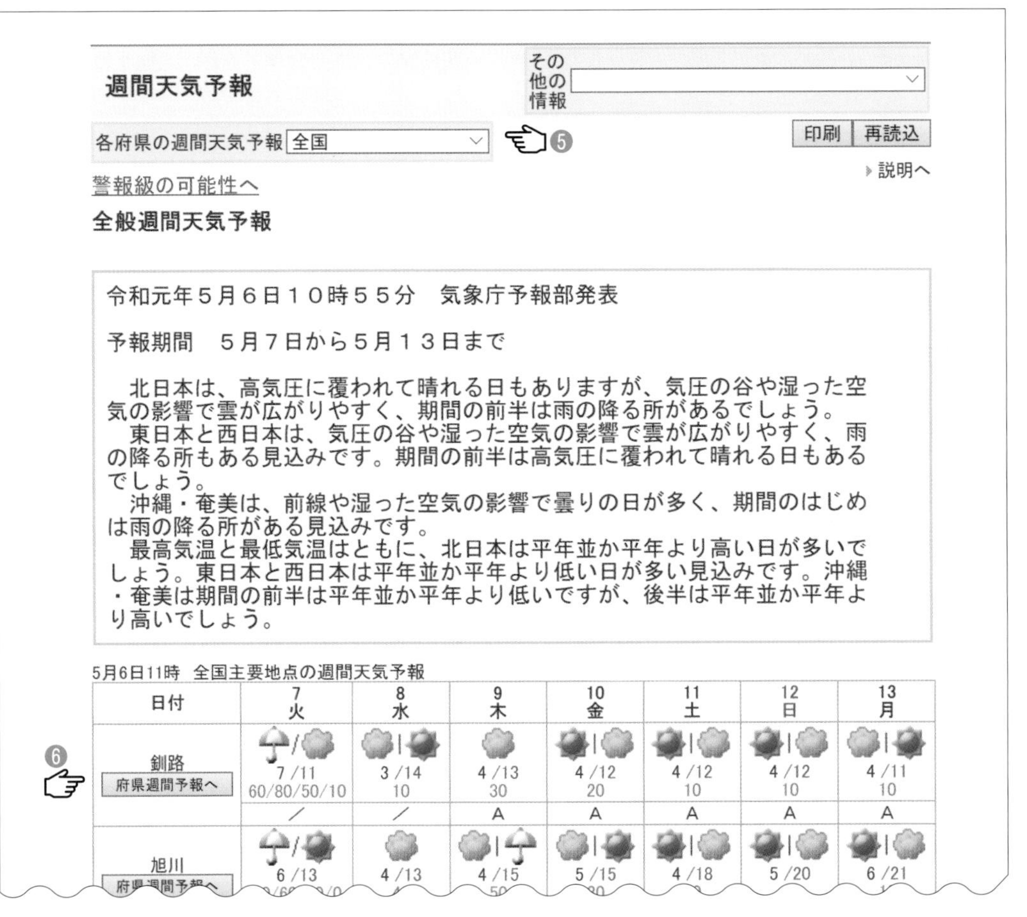

週間天気予報

その他の情報

各府県の週間天気予報 全国 ☜❺

印刷 再読込

説明へ

警報級の可能性へ

全般週間天気予報

令和元年５月６日１０時５５分　気象庁予報部発表

予報期間　５月７日から５月１３日まで

　北日本は、高気圧に覆われて晴れる日もありますが、気圧の谷や湿った空気の影響で雲が広がりやすく、期間の前半は雨の降る所があるでしょう。
　東日本と西日本は、気圧の谷や湿った空気の影響で雲が広がりやすく、雨の降る所もある見込みです。期間の前半は高気圧に覆われて晴れる日もあるでしょう。
　沖縄・奄美は、前線や湿った空気の影響で曇りの日が多く、期間のはじめは雨の降る所がある見込みです。
　最高気温と最低気温はともに、北日本は平年並か平年より高い日が多いでしょう。東日本と西日本は平年並か平年より低い日が多い見込みです。沖縄・奄美は期間の前半は平年並か平年より低いですが、後半は平年並か平年より高いでしょう。

5月6日11時　全国主要地点の週間天気予報

日付	7 火	8 水	9 木	10 金	11 土	12 日	13 月
❻☞ 釧路 府県週間予報へ	7 /11 60/80/50/10	3 /14 10	4 /13 30	4 /12 20	4 /12 10	4 /12 10	4 /11 10
	／	／	A	A	A	A	A
旭川 府県週間予報へ	6 /13	4 /13	4 /15	5 /15	4 /18	5 /20	6 /21

気象庁は、全国の向こう1週間の天気や気温、気圧の動きなどの予報を、毎日11時ごろと17時ごろ(17時発表では全般週間天気予報を除く)に、発表している。

インターネットで〈**気象庁｜週間天気予報**〉を検索すると、上の画面が立ち上がってくる。このページの一番上のケイ囲みの文章が、全国の向こう1週間の天気を予測した「全般週間天気予報」である。全国的に見た気圧の動きや天気、気温について予測している。

その下には、「全国主要地点の週間天気予報」が表示される。こちらは、釧路(くしろ)、旭川、札幌、青森、秋田、仙台、新潟、金沢、東京、宇都宮、長野、名古屋、大阪、高松、松江、広島、高知、福岡、鹿児島、奄美、那覇、石垣の計22地点における向こう1週間の予報である。

また、**各府県の週間天気予報**の欄(☜❺)で希望の地方を選択すると府県予報区単位の週間天気予報を見ることができる(右ページ参照)。こちらは毎日11時と17時の2回、発表されている。

■府県週間天気予報

下の例は青森県を選択したもの。この「府県週間天気予報」は原則として府県予報区ごとに発表されているが、領域の広い東京都は、東京地方と伊豆諸島と小笠原諸島に、鹿児島県は、鹿児島県（奄美地方除く）と奄美地方に、それぞれ細分して予報している。また、季節を限定して区域を細分している予報区もある。さらに、全国主要地点の週間天気予報の表中の**府県週間予報へ**の枠（☜❻）をクリックすると、各気象台が発表する当該地方の最新の**〈週間天気予報〉**のページに飛べる。

5月6日11時　青森県の週間天気予報

日付		7 火	8 水	9 木	10 金	11 土	12 日	13 月
津軽 府県天気予報へ		晴一時雨	曇時々晴	曇時々晴	曇時々晴	晴時々曇	晴時々曇	曇
降水確率(%)		50/10/10/20	30	20	20	20	20	30
信頼度		／	／	A	A	A	A	B
青森	最高(℃)	17	18 (16〜21)	21 (19〜23)	19 (15〜23)	18 (15〜23)	18 (16〜22)	19 (17〜22)
	最低(℃)	8	8 (6〜9)	9 (7〜11)	9 (7〜10)	7 (5〜9)	6 (3〜9)	7 (4〜9)
下北・三八上北 府県天気予報へ		晴一時雨	曇時々晴	晴時々曇	晴時々曇	晴時々曇	曇時々晴	曇
降水確率(%)		70/10/0/10	20	10	10	20	30	30
信頼度		／	／	A	A	A	A	B
八戸	最高(℃)	18	19 (17〜21)	22 (21〜25)	20 (17〜23)	17 (14〜22)	17 (13〜21)	18 (14〜21)
	最低(℃)	9	8 (7〜9)	10 (8〜12)	10 (8〜12)	8 (5〜10)	7 (4〜11)	8 (6〜10)

平年値	降水量の合計	最高最低気温	
		最低気温	最高気温
青森	平年並 9 - 23mm	8.0 ℃	17.6 ℃
八戸	平年並 7 - 19mm	7.8 ℃	17.7 ℃

東北地方週間天気予報

令和元年５月６日１０時３２分　仙台管区気象台発表

予報期間　５月７日から５月１３日まで

向こう一週間、期間の前半は高気圧に覆われて晴れる日が多いですが、東北北部では曇りの所があるでしょう。後半は気圧の谷や湿った空気の影響で曇りの日が多い見込みです。
最高気温は平年並ですが、期間の中頃は平年より高い所があるでしょう。最低気温は平年並か平年より低い見込みです。

図表の凡例

●天気
｜は「時々または一時」、／は「のち」を示す。

●最低気温／最高気温
明日の予報までは、朝の最低気温／日中の最高気温を、明後日以降の予報では1日の最低気温／最高気温を表示している。

●降水確率（%）
降水確率とは指定された時間帯の間に1㎜以上の降水がある確率。明日の予報までは、6時間ごとに「00時から06時／06時から12時／12時から18時／18時から24時」の順に、明後日以降は1日の確率を表示している。

15 /24
30
B

●信頼度（ＡＢＣ）
3日目以降の降水の有無の予報について、「予報が適中しやすい」ことと「予報が変わりにくい」ことを表す情報で、予報の確度が高い順にA、B、Cの3段階で表している。
Ａ＝確度が高い予報
適中率が明日予報並みに高い。降水の有無の予報が翌日に変わる可能性がほとんどない。
Ｂ＝確度がやや高い予報
適中率が４日先の予報と同程度。降水の有無の予報が翌日に変わる可能性が低い。
Ｃ＝確度がやや低い予報
適中率が信頼度Ｂよりも低い。もしくは降水の有無の予報が翌日に変わる可能性が信頼度Ｂよりも高い。

天気分布予報

「天気分布予報」とは、日本全国を20km四方のメッシュに分け、それぞれの天気、気温、降水量、降雪量（冬のみ）の分布と変化傾向についての予報である。毎日5時、11時、17時に発表されるが、発表開始時間の1時間後から向こう24時間（17時発表では向こう30時間）の天気、気温、降水量について、3時間ごとの予報を得ることができる（降雪量については6時間ごと）。

インターネットで**〈気象庁｜天気分布予報〉**を検索すると、右の画面が出てくる。発表時の1時間後から3時間の「全国の天気」の予報である。

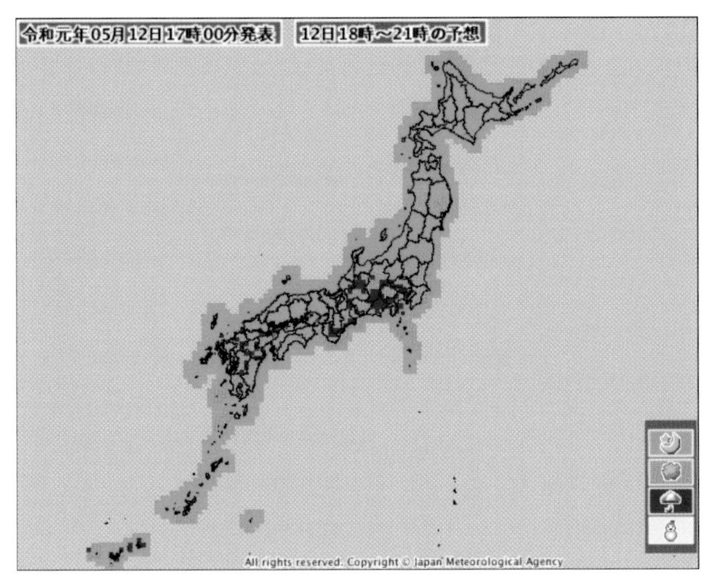

2019年5月12日17時発表時点における同日18時から21時の予報

その画面上の要素選択の欄（☜⑦）で、〈天気〉〈気温〉〈降水量〉〈降雪量〉のいずれかを選択することで、それぞれの最新情報を見ることができる。また、表示時間の欄（☜⑧）を操作すると、向こう24時間の予報（17時発表では向こう30時間）を3時間ごとの静止画像を表示できる。たとえば、〈天気〉を選択、続けて表示時間の欄で、発表時の1時間後から3時間ごとに表示される時間帯のいずれかを選択すれば、希望する時間帯の「天気」の予報が、下に示すように表示される。さらに**動画開始**のボタン（☜⑨）をクリックすれば、動画再生することも可能である。

●天気分布予報の「天気」の表示例

3時間ごとのメッシュ内の代表的な天気を、「晴」「曇」「雨」「雪」のどれかで表現。

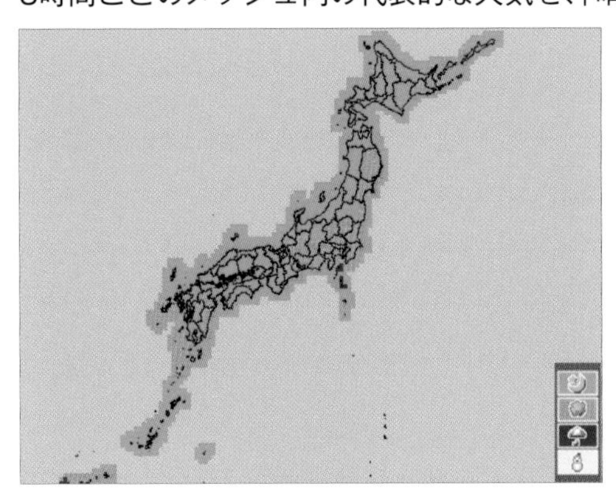

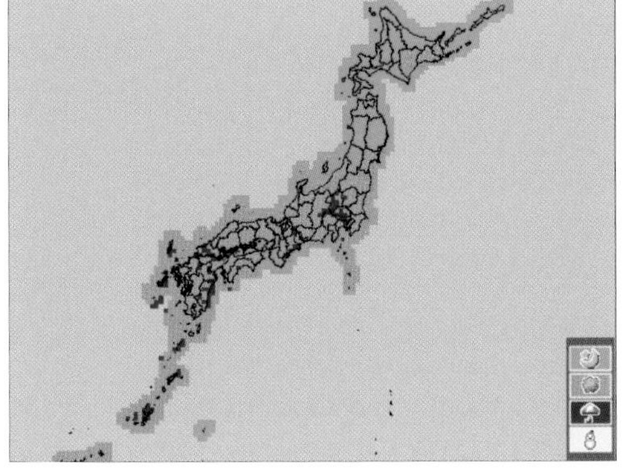

（左）2019年5月12日17時発表時点における13日0～3時の天気予報
（右）2019年5月12日17時発表時点における13日21～24時の天気予報

●天気分布予報の「気温」の表示例

3時間ごとのメッシュ内の平均気温を1℃単位で予報。
気象庁ホームページでは、5℃ごとに色分けして表示。

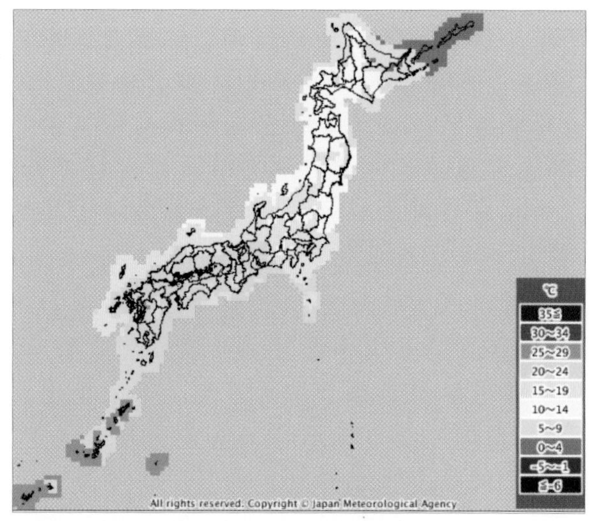

2019年5月12日17時発表の同日18時の気温予報

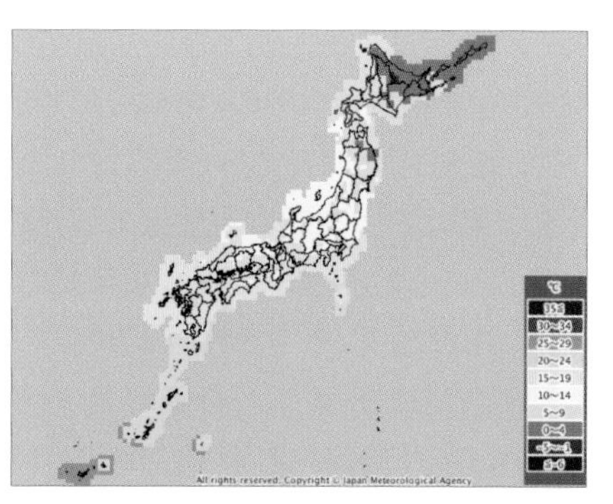

2019年5月12日17時発表の同日21時の気温予報

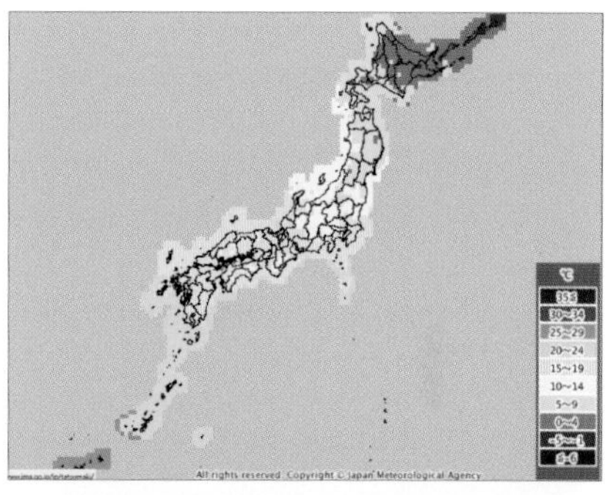

2019年5月12日17時発表の14日0時の気温予報

●天気分布予報の「降水量」の表示例

メッシュ内の平均3時間降水量を「降水なし」
「1～4㎜」「5～9㎜」「10㎜以上」の4段階で表示。

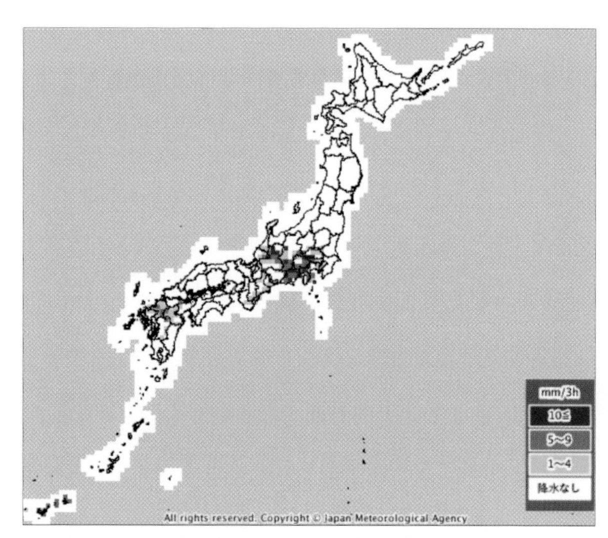

2019年5月12日17時発表の同日18～21時の降水量予報

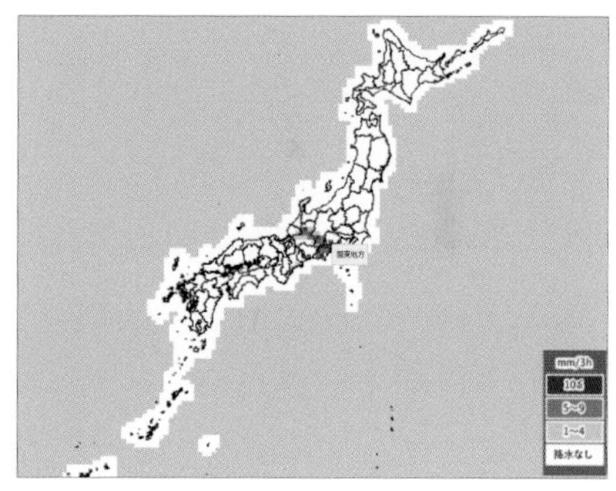

2019年5月12日17時発表の同日21～24時の
降水量予報

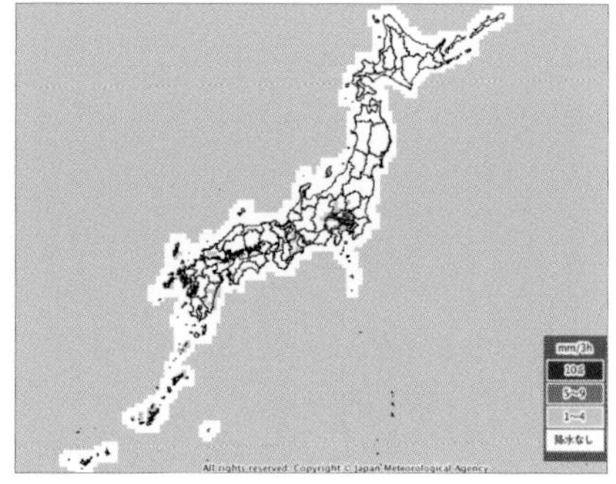

2019年5月12日17時発表の13日21～24時の
降水量予報

地方ごとの天気分布予報

「地方ごとの天気分布予報」のページでは、北海道地方（北西部）、北海道地方（東部）、北海道地方（南西部）、東北地方（北部）、東北地方（南部）、関東地方、甲信地方、北陸地方（東部）、北陸地方（西部）、東海地方、近畿地方、中国地方、四国地方、九州地方（北部）、九州地方（南部）、奄美地方、沖縄・大東島地方、宮古・八重山地方の18の地方について、それぞれの地方の情報をより詳しく見ることができる。

前述した〈天気分布予報〉の画面上にある**地方**の欄（☞⑩）で希望の地方を選択、さらに**要素選択**の欄で〈天気〉〈気温〉〈降水量〉〈降雪量〉の中から希望の項目を選択すればいい。また、「全国天気分布予想」のホームページと同様に、画面上部にある**表示時間**の欄を選択することで向こう3時間ごとの静止画像を表示できるほか、動画開始ボタンをクリックすると動画再生することもできる。

たとえば、**地方**は〈関東地方〉を、**要素選択**は〈天気〉を選択して、さらに**表示時間**を操作すると下のような画面が出てくる。

●地方ごとの天気分布予報の「天気」の表示例

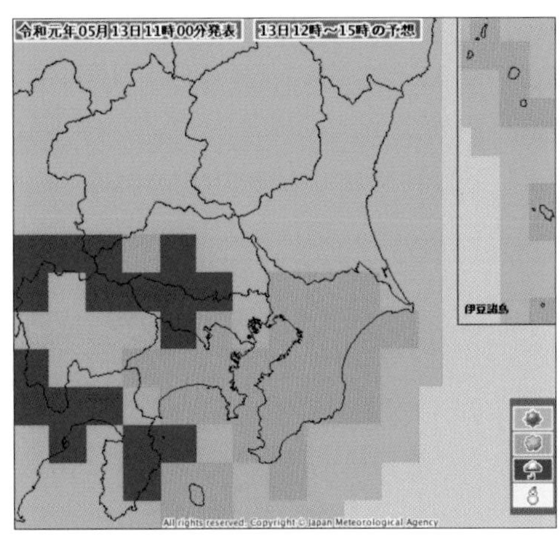

①2019年5月13日11時発表の同日12～15時の関東地方の「天気」の予報

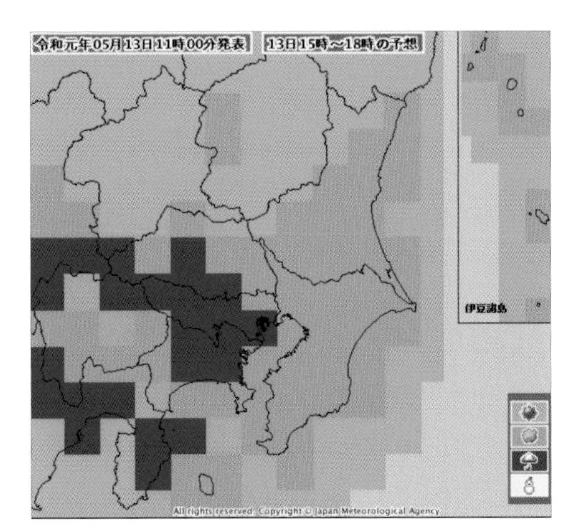

②2019年5月13日11時発表の同日15～18時の関東地方の「天気」の予報

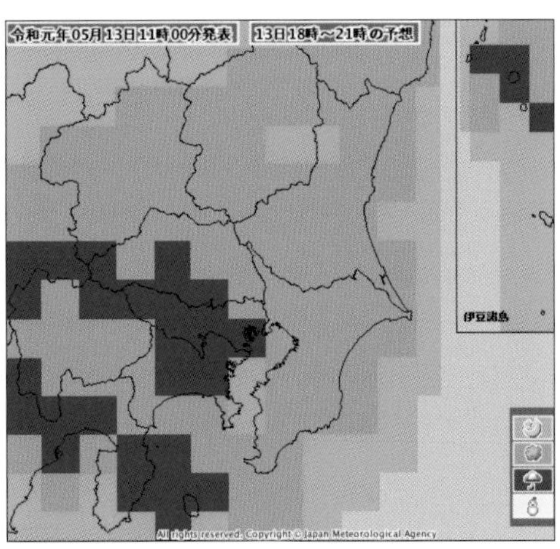

③2019年5月13日11時発表の同日18～21時の関東地方の「天気」の予報

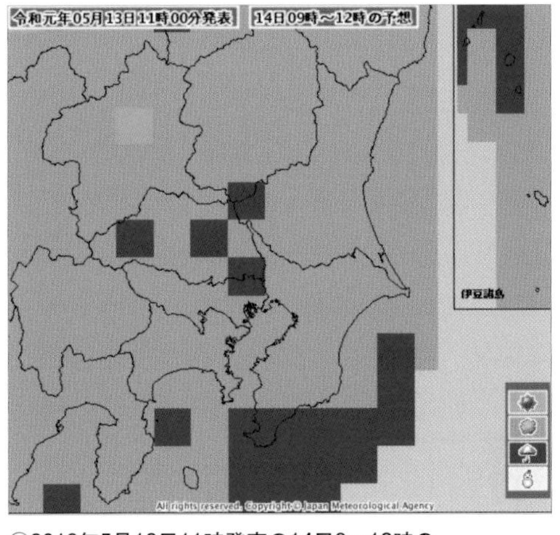

④2019年5月13日11時発表の14日9～12時の関東地方の「天気」の予報

● 地方ごとの天気分布予報の「気温」の表示例

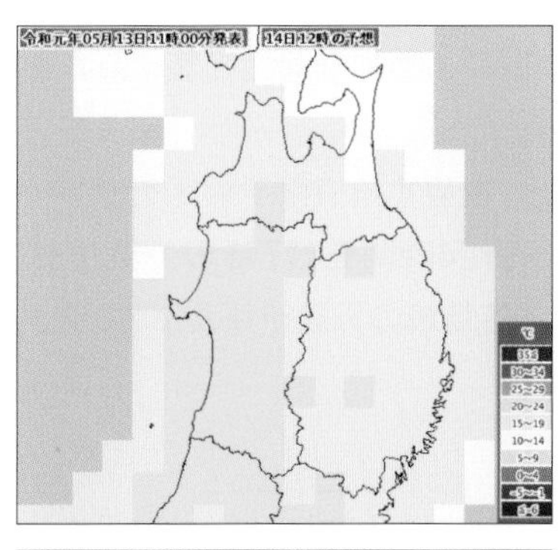

①2019年5月13日11時発表の同日12時の東北地方（北部）の「気温」の予報

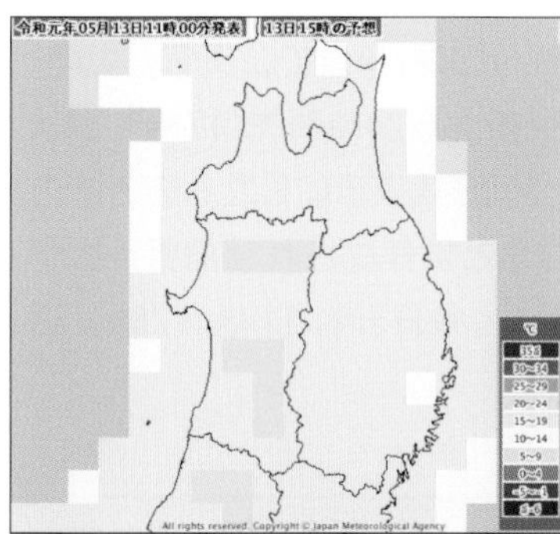

② 2019年5月13日11時発表の同日15時の東北地方（北部）「気温」の予報

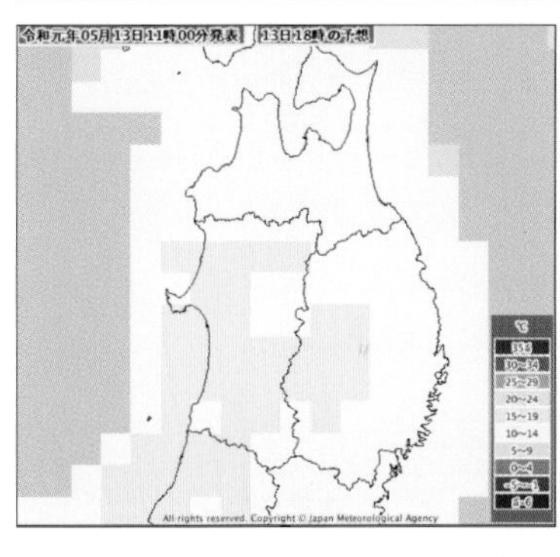

③ 2019年5月13日11時発表の同日18時の東北地方（北部）「気温」の予報

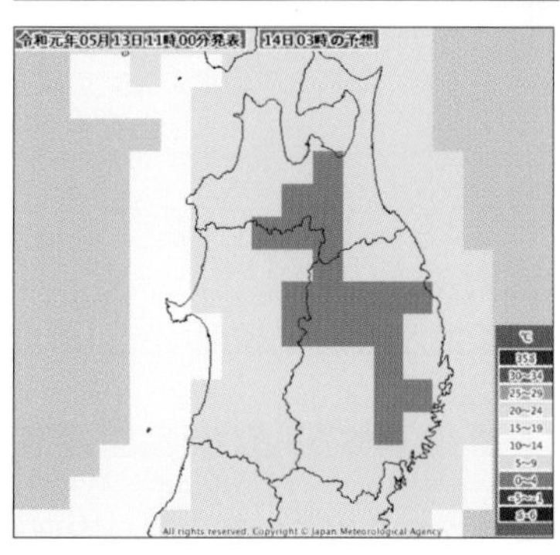

④2019年5月13日11時発表の14日3時の東北地方（北部）「気温」の予報

● 地方ごとの天気分布予報の「降水量」の表示例

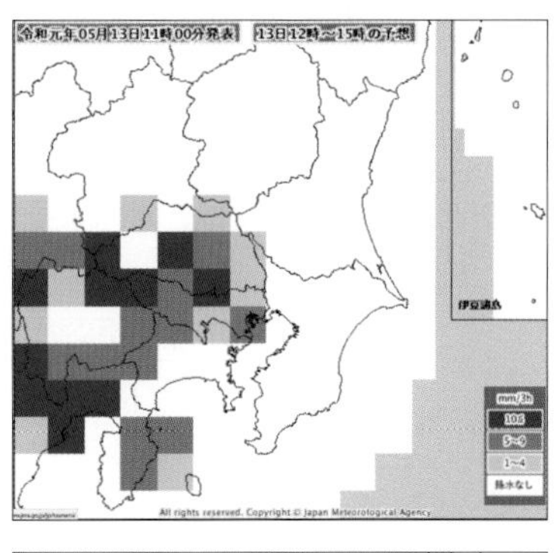

①2019年5月13日11時発表の同日12～15時の関東地方の「降水量」の予報

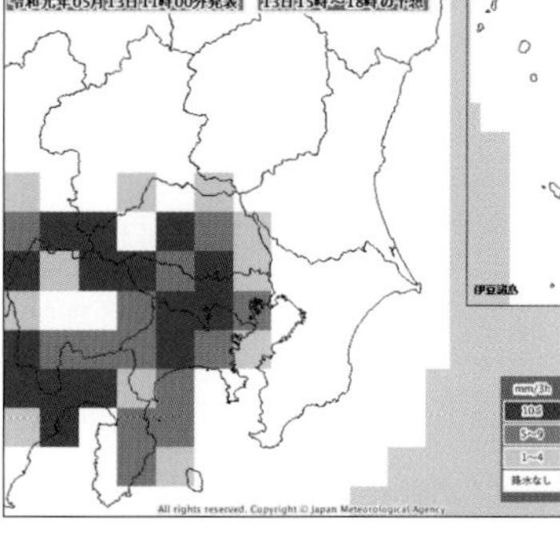

②2019年5月13日11時発表の同日15～18時の関東地方の「降水量」の予報

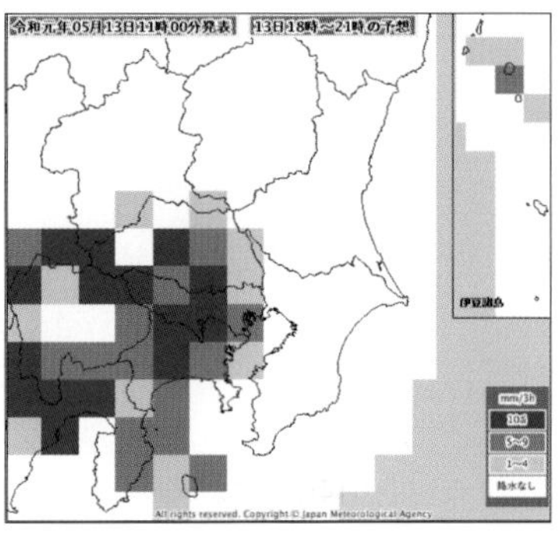

③2019年5月13日11時発表の同日18～21時の関東地方の「降水量」の予報

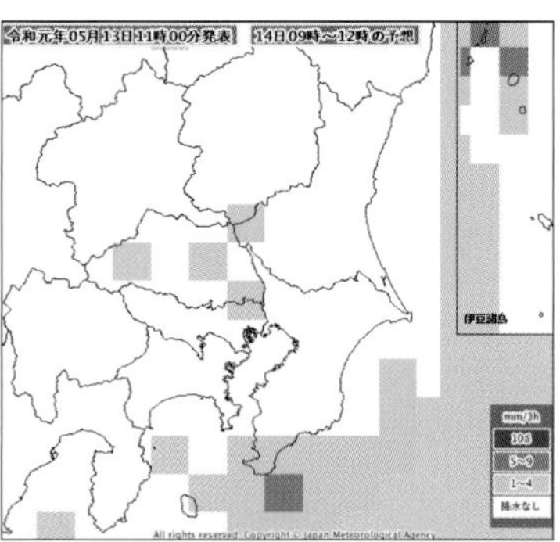

④2019年5月13日11時発表の14日9～12時の関東地方の「降水量」の予報

地域時系列予報

「地域時系列予報」は、「府県予報区」を地域ごとに細分した「一次細分区域」単位で、「天気」「風向・風速」「気温」を、発表から24時間先（17時発表は向こう30時間）まで図形式表示にしたものである。「府県天気予報」をもとに作成され、「府県天気予報」の発表に併せて、毎日5時、11時、17時に発表されている。

インターネットで〈**気象庁｜地域時系列予報**〉を検索すると、下のように予報区を表にした画面が表示される。

その中から、希望する府県予報区をクリックすると、発表から24時間先（17時の発表では30時間先）までの、各地域の天気予報が3時間刻みで表示される。

地域時系列予報

印刷　再読込

説明へ

	府県予報区
北海道地方	[宗谷地方] [上川・留萌地方] [網走・北見・紋別地方] [釧路・根室・十勝地方] [胆振・日高地方] [石狩・空知・後志地方] [渡島・檜山地方]
東北地方	[青森県] [秋田県] [岩手県] [山形県] [宮城県] [福島県]
関東地方	[茨城県] [群馬県] [栃木県] [埼玉県] [千葉県] [東京都] [神奈川県]
甲信地方	[山梨県] [長野県]
北陸地方	[新潟県] [富山県] [石川県] [福井県]
東海地方	[静岡県] [岐阜県] [愛知県] [三重県]
近畿地方	[大阪府] [兵庫県] [京都府] [滋賀県] [奈良県] [和歌山県]
中国地方	[島根県] [広島県] [鳥取県] [岡山県] [山口県]
四国地方	[香川県] [愛媛県] [徳島県] [高知県]
九州地方	[福岡県] [佐賀県] [長崎県] [熊本県] [大分県] [宮崎県] [鹿児島県]
沖縄地方	[沖縄本島地方] [大東島地方] [宮古島地方] [八重山地方]

地域時系列予報の発表要素

●天気
3時間ごとの一次細分区域内の卓越する天気と「晴」「曇」「雨」「雪」のいずれかで表現する。

●風向・風速
3時間ごとの一次細分区域内の代表的な風向を「北」「北東」「東」「南東」「南」「南西」「西」「北西」の8方位、または「風向なし」で、最大風速を「0～2m/s」「3～5m/s」「6～9m/s」「10m/s以上」の4段階で表現する。

●気温
一次細分区域内の特定地点における3時間ごとの気温を1℃単位で表現する。

● 地域時系列予報の表示例

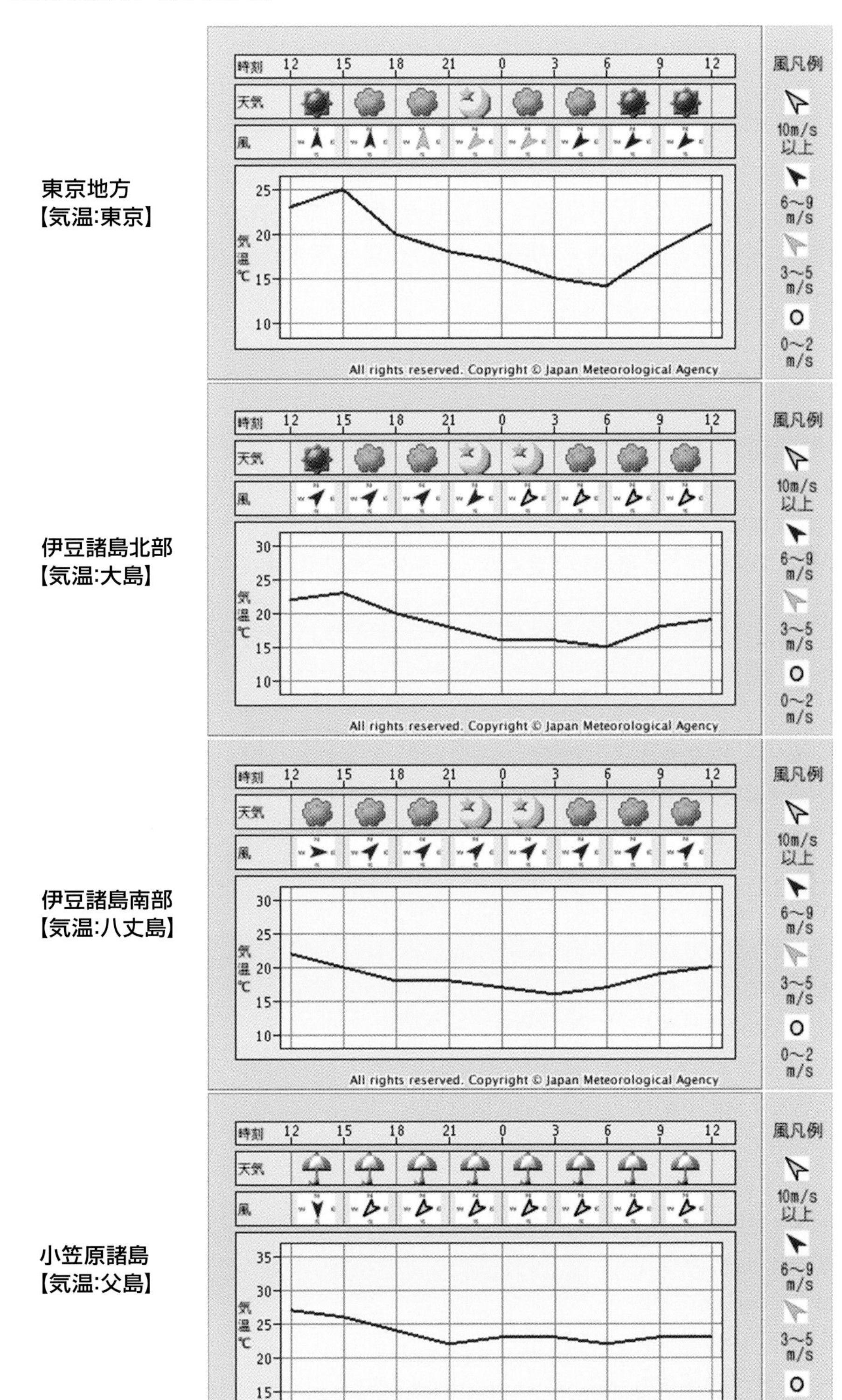

2019年5月3日11時に発表された東京都の向こう24時間の地域時系列予報

「降水短時間予報」で 10分先の降水確率を知る

降水短時間予報は1時間降水量について分布図形式で行う降水確率予報で、気象庁では1988年から発表している。その精度は年々向上し、現在では、6時間先までは1時間降水量を1㎞四方のマス目（メッシュ）単位の細かさで予測して10分間隔で予報を更新、7時間先から15時間先までは1時間降水量を約5㎞四方の細かさで予測して1時間間隔で予報を更新している。

■降水短時間予報

この降水短時間予報は、レーダー観測やアメダスなどの雨量計データから求めた降水の強さの分布や降水域の発達、衰弱の傾向などに加えて、過去1時間程度の間に降水域がどう移動してきたかや、地上·高層の観測データから求めた移動速度、地形などの条件も加味して予測。またその精度を上げるために、数値予報モデルによる降水予測結果などもプラスしている。

● 降水短時間予報の表示例

インターネットで〈**気象庁|今後の雨（降水短時間予報）**〉を検索すると出てくるのが、右の画面である。

地図上部のバーの時刻が書かれているカーソル（⑪）を左右に動かすことで、希望する時間帯までの1時間あたりの実際の降水量と、今後1時間あたりの降水量の予測を見ることができるが、下に示すように、水色（左側）の時間帯にはレーダーとアメダスなどの降水量観測値から作成した降水量分布を表示、黄色（右側）の時間帯には15時間先までの1時間ごとの降水量分布を予測した画面が表示される（右ページ参照）。

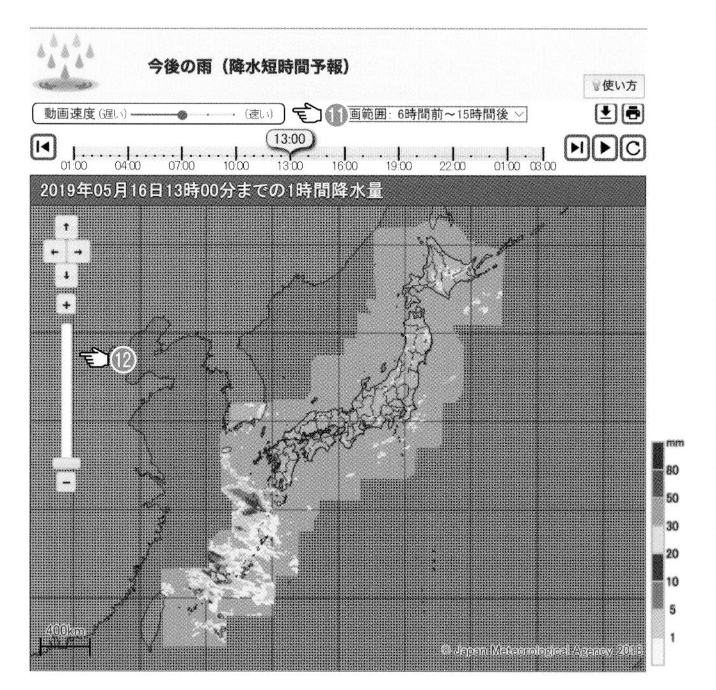

例に示すのは、2019年5月16日12時50分に更新された、同日12時から13時までの1時間降水量の予測情報

また、地図の左端のカーソル（⑫）を操作すると、地図を拡大することも可能だ。

水色（カーソル左側）の時間帯の表示例〔実際の１時間降水量〕

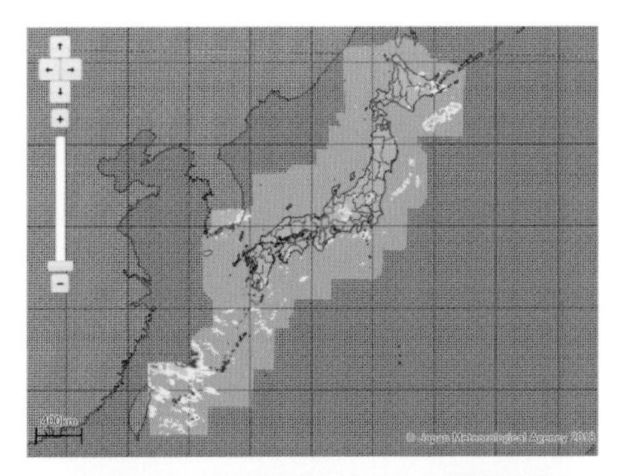

①2019年05月16日01時00分までの1時間降水量

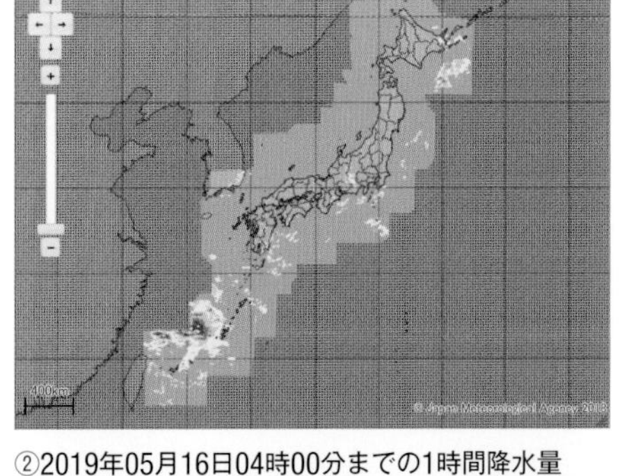

②2019年05月16日04時00分までの1時間降水量

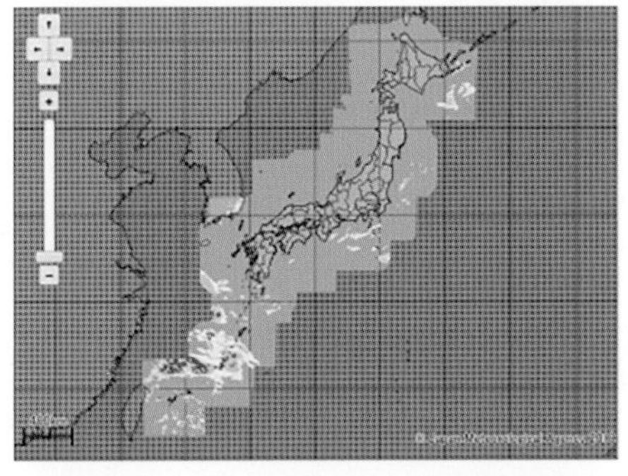

③2019年05月16日07時00分までの1時間降水量

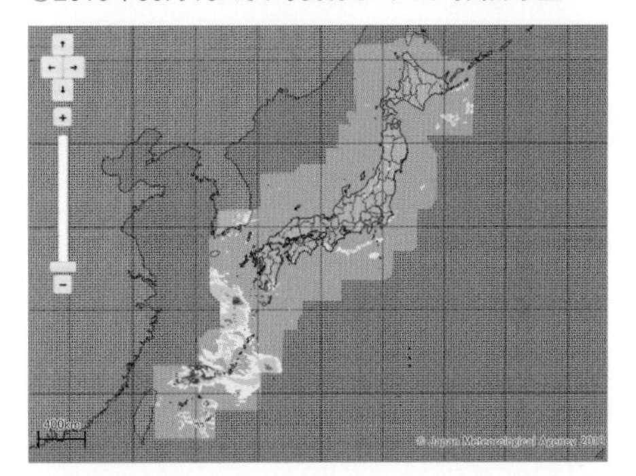

④2019年05月16日10時00分までの1時間降水量

黄色（カーソル右側）の時間帯の表示例〔今後の１時間降水量（予想）〕

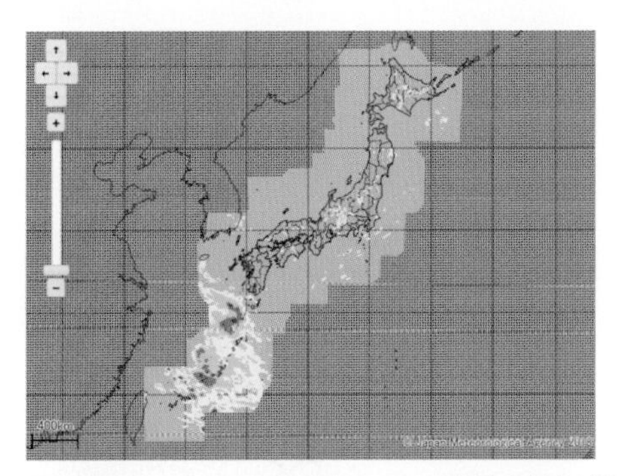

①2019年05月16日16時00分までの1時間降水量(予想)

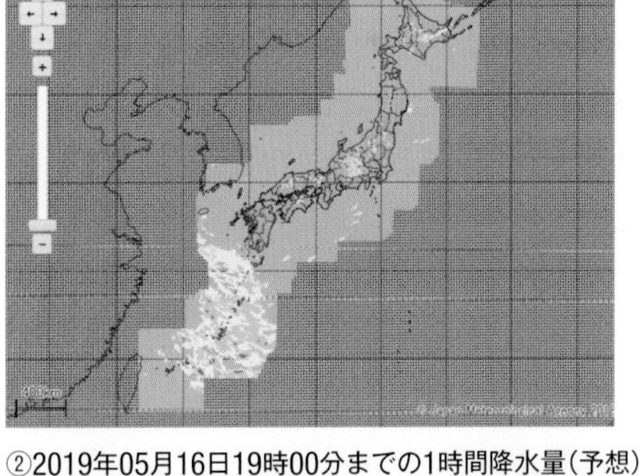

②2019年05月16日19時00分までの1時間降水量(予想)

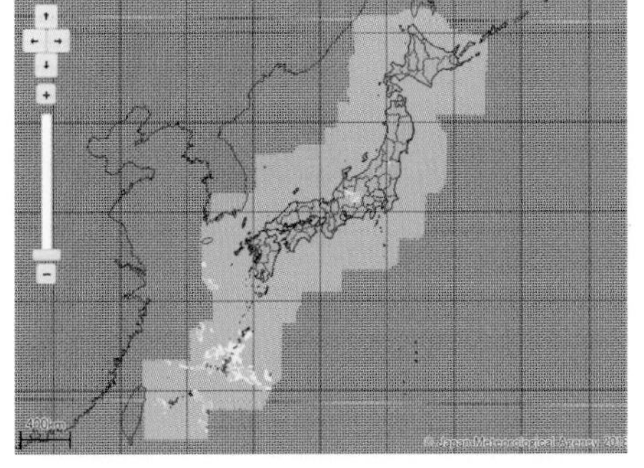

③2019年05月16日22時00分までの1時間降水量(予想)

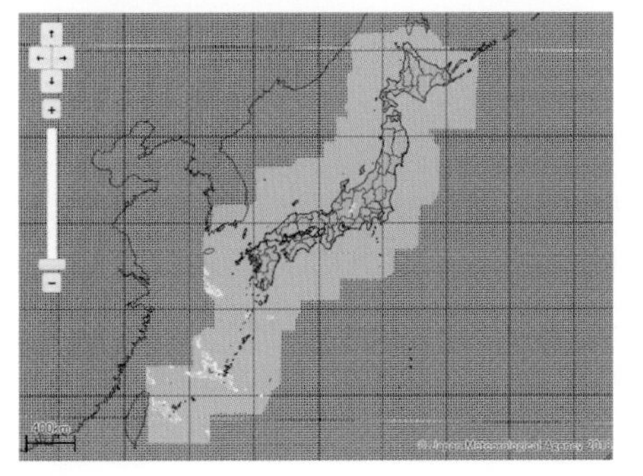

④2019年05月17日01時00分までの1時間降水量(予想)

3 「レーダー・ナウキャスト」で異常気象に対処する

気象庁では、「降水短時間予報」より迅速(じんそく)な情報として、「レーダー・ナウキャスト」(降水・雷・竜巻)を発表している。降水については「降水短時間予報」が10分ごとに更新されるのに対して5分間隔で更新されており、1時間先までの5分ごとの各気象現象の強さを1㎞四方の細かさで予報している(雷、竜巻は10分間隔)。

レーダー・ナウキャスト

この「レーダー・ナウキャスト」の予測には、レーダー観測やアメダスなどの雨量計データから求めた降水の強さの分布および降水域の発達や衰弱の傾向、さらに過去1時間程度の降水域の移動や地上・高層の観測データから求めた移動速度を利用しているが、予測を行う時点で求めた降水域の移動の状態がその先も変化しないと仮定して、降水の強さに発達・衰弱の傾向を加味して、降水の分布を移動させ、60分先までの降水の強さの分布を計算している。

インターネットで**〈気象庁|レーダー・ナウキャスト(降水・雷・竜巻)〉**を検索すると、右の画面が立ち上がってくる。この画面の**地方**の欄で(☜⑬)、希望する地域を選択すれば、それぞれの地方の情報をより詳しく見ることができる。また、**表示時間**の欄(☜⑭)で希望の時間を選択することで、60分先までの**降水強度分布予測**を5分刻みで見ることができるし、**動画方法** **動画表示**(☜⑮)を操作することで、動画を表示することもできる。

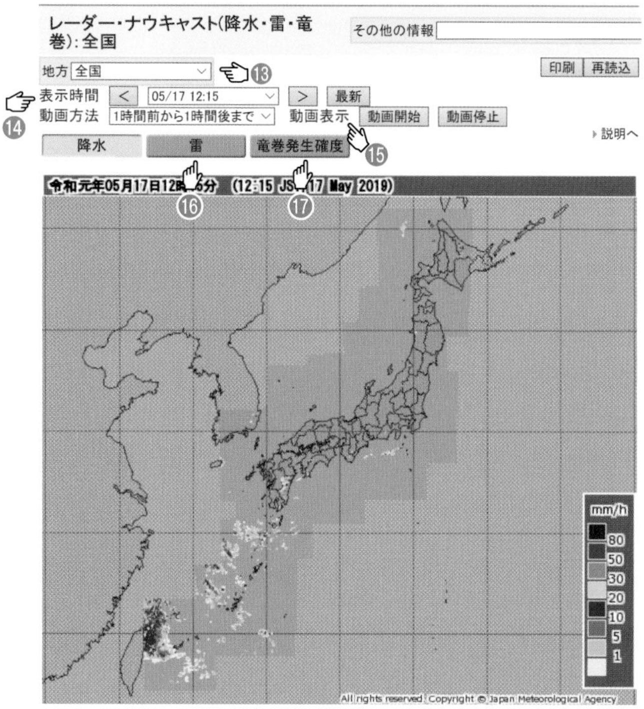

例:2019年5月17日12時35分時点の全国の1時間あたりの降水量

雷ナウキャスト

レーダー・ナウキャストでは、前述したように、雷の活動状況の情報も発信されている。画面上の**〈雷〉**(☜⑯)をクリックすると、次ページのような画面が立ち上がってくる。雷ナウキャストでは、雷の活動度を4つに区分している。

- 活動度1
  「雷可能性あり」で、1時間以内に落雷の可能性があることを意味する。
- 活動度2
  「雷あり」で、電光が見えたり雷鳴が聞こえたりする。または、現在は、発雷していないが、間もなく落雷する可能性が高くなっていることを意味する。
- 活動度3
  「やや激しい雷」で、落雷があることを意味する。
- 活動度4
  「激しい雷」で、落雷が多数発生していることを意味する。

●雷ナウキャスト表示例

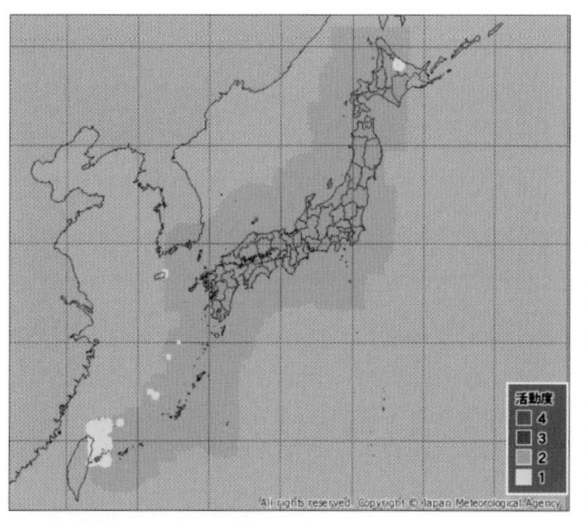

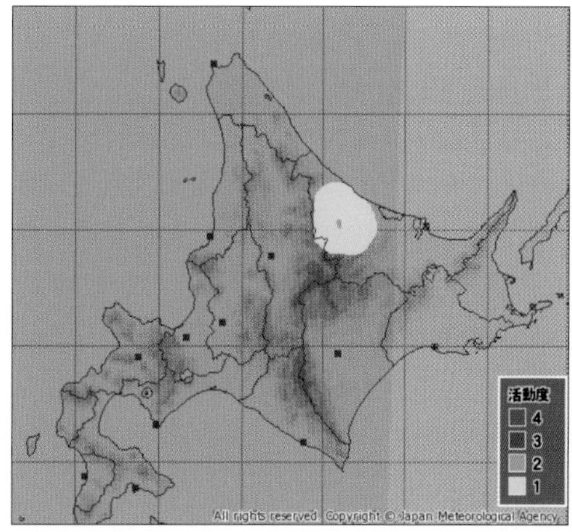

（左）2019年5月17日12時現在の全国表示の「雷ナウキャスト」の画面、
この画面上の希望する地点をクリックすると右のような拡大画面が立ち上がってくる。
（右）2019年5月17日12時現在の北海道（北西部）表示の「雷ナウキャスト」の画面

竜巻発生確度ナウキャスト

レーダー・ナウキャストでは、竜巻の発生確度を約10㎞四方で解析し、1時間後までの予測を行い、「発生確度1」（竜巻などの激しい突風が発生する可能性がある）と、「発生確度2」（竜巻などの激しい突風が発生する可能性があり注意が必要である）の2段階に分けて、10分ごとに更新・発表している。ホームページ上の**竜巻発生確度**（☞⑰）をクリックすると表示される。それが「竜巻発生確度ナウキャスト」だ。

●竜巻発生確度ナウキャストの概念図

竜巻などの突風は規模が小さく、レーダーなどの観測機器で直接実体を捉えることができない。そこで竜巻発生確度ナウキャストでは、気象ドップラーレーダーなどから「竜巻が今にも発生する（または発生している）可能性の程度」を推定し、これを発生確度という用語で表している。たとえば、発生確度2となった地域ではすでに積乱雲が発生して、いつ落雷があってもおかしくない状況で、竜巻などの激しい突風が発生する可能性（予測の適中率）は7～14％程度とされている。

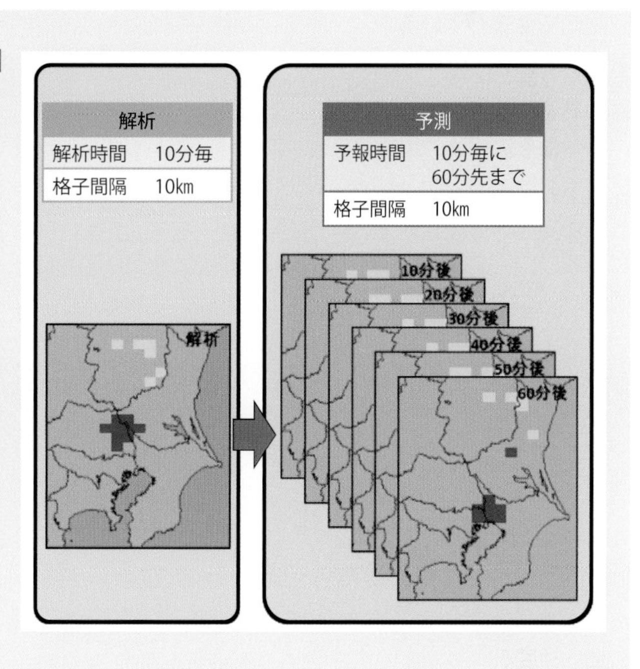

■大事な命を守る「高解像度降水ナウキャスト」

気象庁は、気象レーダーの観測データを利用して、250m解像度で降水の短時間予報を提供している。それが「高解像度降水ナウキャスト」だ。

前述した「レーダー・ナウキャスト」が、予測の初期値として気象庁のレーダーの観測結果を雨量計で補正した値を用いているのに対し、「高解像度降水ナウキャスト」は、気象庁のレーダーのほか、国土交通省のレーダーのデータも利用したうえに、さらに自治体の雨量計や気象台で行う高層観測の結果なども加味して「地上降水に近くなるように解析した値」を予測の初期値とし、予測後半の予測には、気温や湿度などの分布に基づいて雨粒の発生や落下などを計算する「対流予測モデル」も用いている。

わかりやすく言えば、レーダー・ナウキャストが降水を2次元で予測するのに対して、高解像度降水ナウキャストは3次元で予測していると理解すればいいだろう。また、高解像度降水ナウキャストでは、積乱雲の発生予測にも取り組んでいる。

「地表付近の風、気温、及び水蒸気量から積乱雲の発生を推定する手法」と、「微弱なレーダーエコーの位置と動きを検出して微弱なエコーが交差するときに積乱雲の発生を予測する手法」を用いて、積乱雲の発生位置を推定し、対流予測モデルを使って降水量を予測しているのだ。

なお、レーダー・ナウキャストでは予測初期値を実況値と呼ぶのに対し、高解像度降水ナウキャストでは解析値あるいは実況解析値と呼んでいる。

●高解像度降水ナウキャストの表示例

「高解像度降水ナウキャスト」は、気象庁のホームページでは、〈雨雲の動き(高解像度降水ナウキャスト)〉として発表している。

インターネットで〈気象庁｜雨雲の動き(高解像度降水ナウキャスト)〉を検索すると、右の画面が表示される。

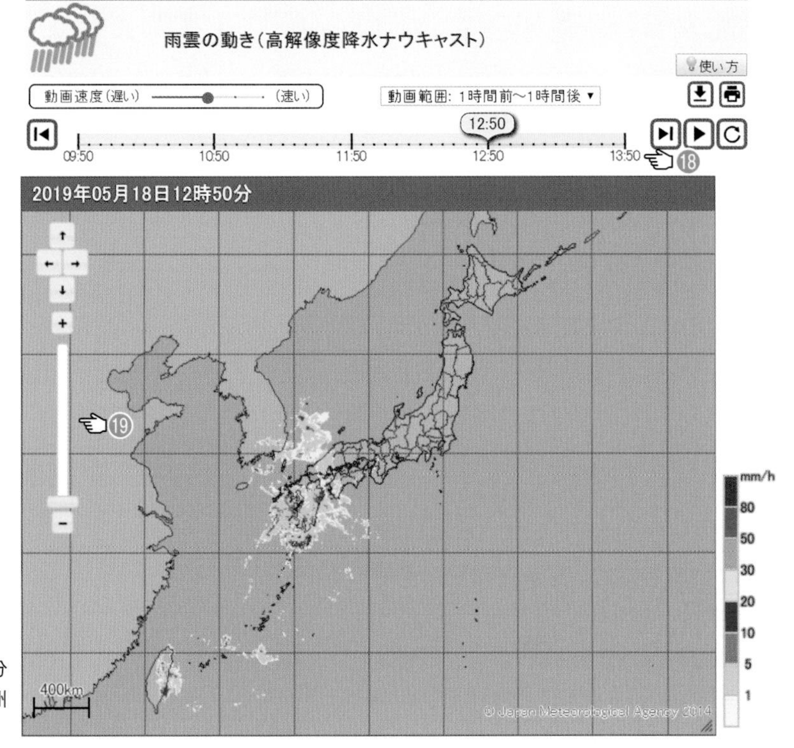

例は、2019年5月18日12時50分発表のもので、この日は、九州地方を中心に雨が降っていた。

表示された画面の上部のバーにある時刻が書かれたカーソル（☜⑱）を動かすことで、3時間前からの降水強度分布と、1時間後までの降水強度分布の予想が、5分刻みで表示される。水色（左側）の時間帯では実際の降水強度分布が表示され、黄色（右側）の時間帯では降水強度分布の予測が表示される。また、地図の左端のカーソル（☜⑲）を操作すると、地図を拡大表示することができる。下に示すのは、九州南部を中心に拡大表示した画面である。

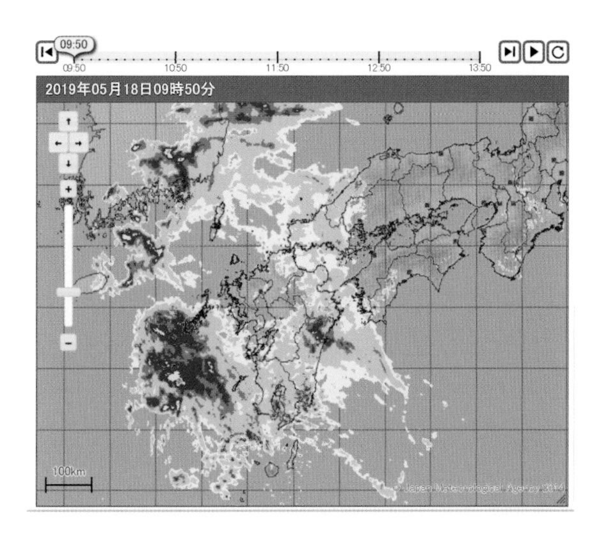

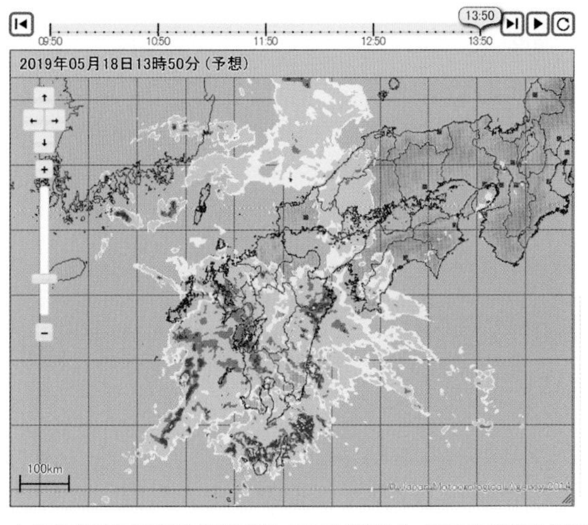

上から2019年5月18日9時50分、同日12時50分、同日13時50分（予測）

● 竜巻発生確度や
雷発生状況も表示できる！

高解像度降水ナウキャストの画面では、強い降水域、竜巻発生確度、雷の発生状況、アメダス情報も重ねて表示できる仕組みになっている。

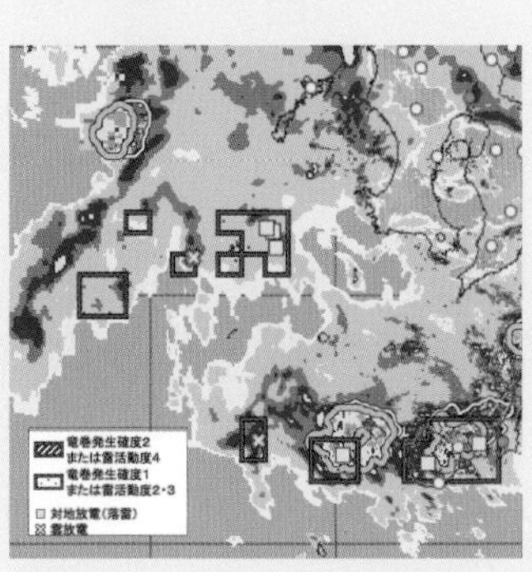

例は2019年5月18日9時50分現在の南九州地方の画面

4 長期のプランを立てるなら「季節予報」

季節予報は、1か月予報や3か月予報という形で発表されているが、発表日の翌々日から向こう1か月間と向こう3か月間の天候について、「平均気温」「合計降水量」「合計日照時間」などを予測する。ただし、1か月先までや3か月先までの毎日の天気を予報するものではない。

あくまで、「向こう1か月間は曇りや雨の日が多い」というように、期間中のおおまかな天候を予測している。

季節予報

インターネットで、〈**気象庁｜季節予報**〉を検索すると、右上の画面が表示される。

これは発表日の2日後から向こう1か月の全国（地図表示）の平均気温の予報で、毎週木曜日の14時30分に発表される。

この画面上部の**予報期間**の欄（☜⑳）をクリックすることで、右下の画面のように1か月の予報を1週間ごとに選択することもできるし、3か月予報や月ごとの予報を選択することもできるほか、暖候期予報（6～8月）や寒候期予報（12～2月）もチェックできる。

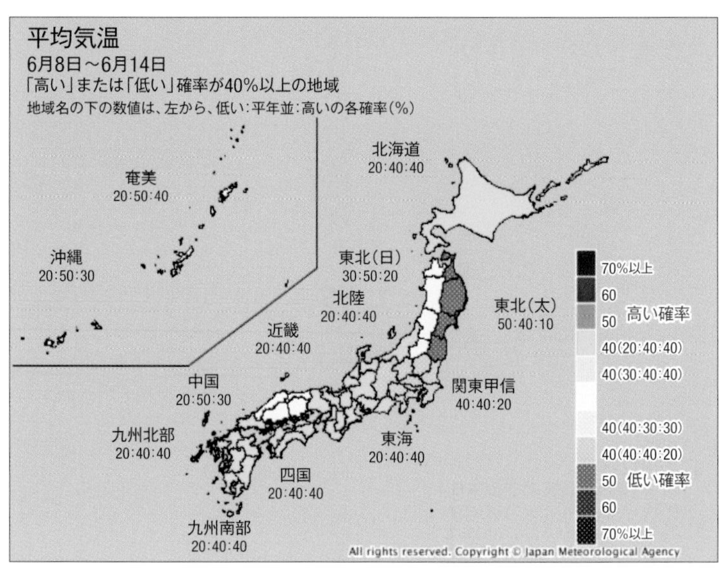

例は2019年6月6日発表の季節予報。
（上）6月8日から7月7日までの1か月予報。
（下）6月8日から6月14日までの1週間の予報。

全国の降水量、日照時間、降雪量の季節予報を見る

全国の降水量、日照時間、降雪量の季節予報を見るには、画面上の**要素選択**の欄(☜㉑)の中から、希望する項目を選択すればいい。右上図は降水量、右下図は日照時間の1か月予報だ。

なお、降雪量の予報は寒候期予報(9月25日ごろ発表)と冬季(11月~2月)の1か月予報、3か月予報で発表される。

なお降雪量については、1か月予報は、北・東日本では11月15日から3月1日までに、西日本では12月1日から2月14日までに発表。3か月予報は、北日本では10月から1月に、東・西日本では11月および12月に発表される。

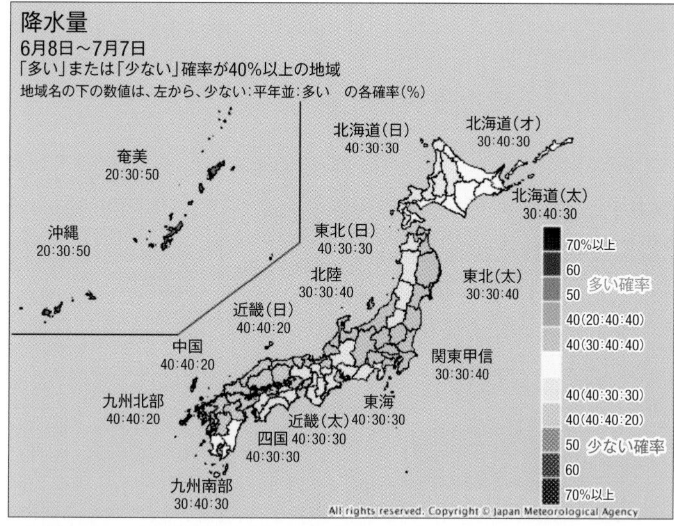

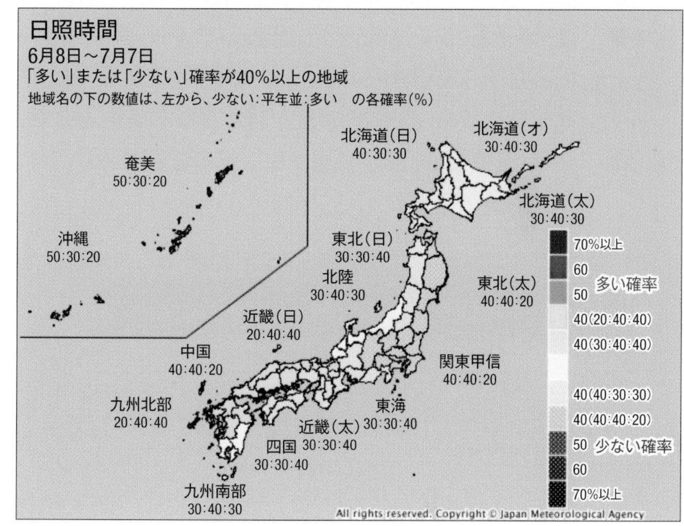

(上)全国の季節予報　(1か月:降水量)の例
(下)全国の季節予報　(1か月:日照時間)の例

「全般予報」でより詳しい情報を得る

画面上部の**地方**の欄(☜㉒)で全般予報を選択すると、全国の季節予報の文書の画面が表示される。予報期間は、1か月予報か3か月予報を選択できる。下左は、2019年6月6日発表の1か月予報の例。

また、その文書に続き、〈向こう1か月の気温、降水量、日照時間の各階級の確率(%)〉のグラフも表示される。

全国　1か月予報

(6月8日から7月7日までの天候見通し)

令和元年6月6日
気象庁地球環境・海洋部　発表

＜予想される向こう1か月の天候＞

向こう1か月の出現の可能性が最も大きい天候と、特徴のある気温、降水量等の確率は以下のとおりです。

北・東日本と西日本太平洋側では平年と同様に曇りや雨の日が多いでしょう。西日本日本海側では、平年に比べ曇りや雨の日が少ないでしょう。沖縄・奄美では期間の前半は平年に比べ曇りや雨の日が多いでしょう。期間の後半は平年に比べ晴れの日が少ないでしょう。

向こう1か月の平均気温は、北・東・西日本で平年並または高い確率ともに40%です。降水量は、西日本日本海側で平年並または少ない確率ともに40%、沖縄・奄美で多い確率50%です。日照時間は、西日本日本海側で平年並または多い確率ともに40%、沖縄・奄美で少ない確率50%です。

週別の気温は、1週目は、北・東日本と沖縄・奄美で平年並の確率50%、西日本で平年並または高い確率ともに40%です。2週目は、北・西日本で高い確率50%、東日本で平年並または高い確率ともに40%です。

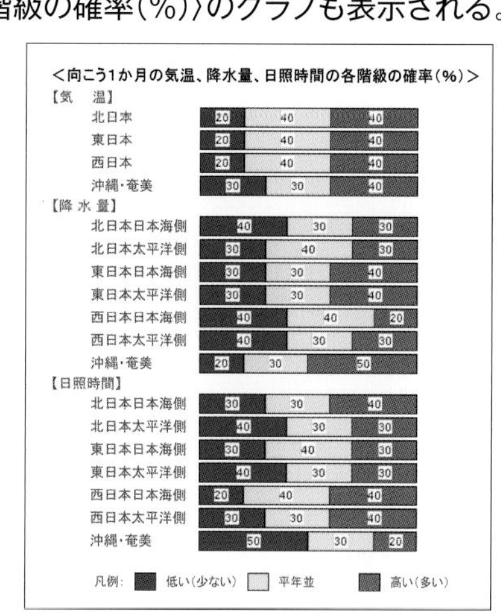

「全般予報の解説資料」を読む

〈季節予報〉のトップページの地図のすぐ上にある **全般予報の解説資料** と書かれた部分（㉓）をクリックすると、〈向こう1か月の天候の見通し〉というPDF文書が出てくる。たとえば、下の例は2019年5月2日に発表されたもの。

向こう１か月の天候の見通し
（5月4日～6月3日）

予報のポイント

- 全国的に暖かい空気に覆われやすく、向こう1か月の気温は平年並か高いでしょう。
- 北・東・西日本では高気圧に覆われやすく、向こう1か月の降水量は平年並か少なく、日照時間は北日本では多く、東・西日本では平年並か多いでしょう。東・西日本では、期間のはじめは少雨の状態が続く所がある見込みです。
- 沖縄・奄美では、前線や湿った空気の影響を受けやすく、向こう1か月の降水量は平年並か多いでしょう。

１か月の平均気温・降水量・日照時間

		平均気温（１か月）	降水量（１か月）	日照時間（１か月）
北日本	日本海側	低20 並40 高40% 平年並か高い 見込み	少40 並40 多20% 平年並か少ない 見込み	少20 並30 多50% 多い 見込み
	太平洋側		少40 並40 多20% 平年並か少ない 見込み	少20 並30 多50% 多い 見込み
東日本	日本海側	低20 並40 高40% 平年並か高い 見込み	少40 並40 多20% 平年並か少ない 見込み	少20 並40 多40% 平年並か多い 見込み
	太平洋側		少40 並40 多20% 平年並か少ない 見込み	少20 並40 多40% 平年並か多い 見込み
西日本	日本海側	低20 並40 高40% 平年並か高い 見込み	少40 並40 多20% 平年並か少ない 見込み	少20 並40 多40% 平年並か多い 見込み
	太平洋側		少40 並40 多20% 平年並か少ない 見込み	少20 並40 多40% 平年並か多い 見込み
沖縄・奄美		低20 並40 高40% 平年並か高い 見込み	少20 並40 多40% 平年並か多い 見込み	少30 並40 多30% ほぼ平年並 の見込み

数値は予想される出現確率です

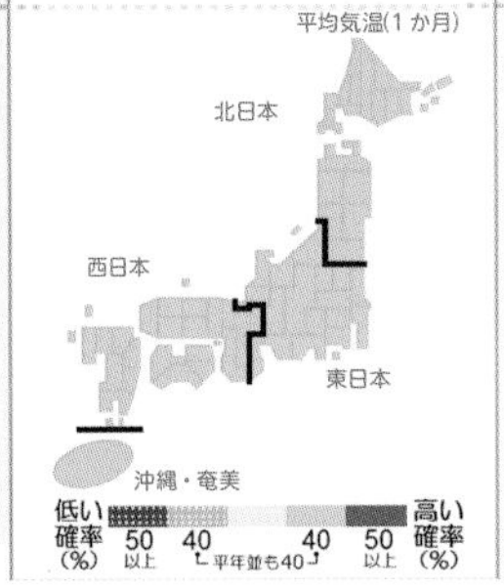

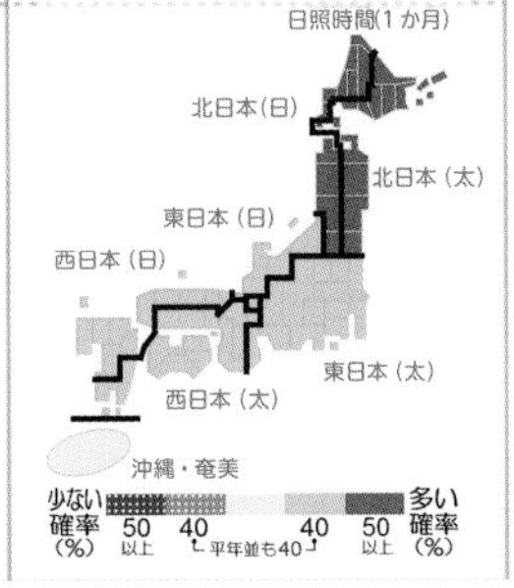

平均気温（1か月）
北日本
西日本
東日本
沖縄・奄美
低い確率（%） 50以上 40 └平年並も40┘ 40 50以上 高い確率（%）

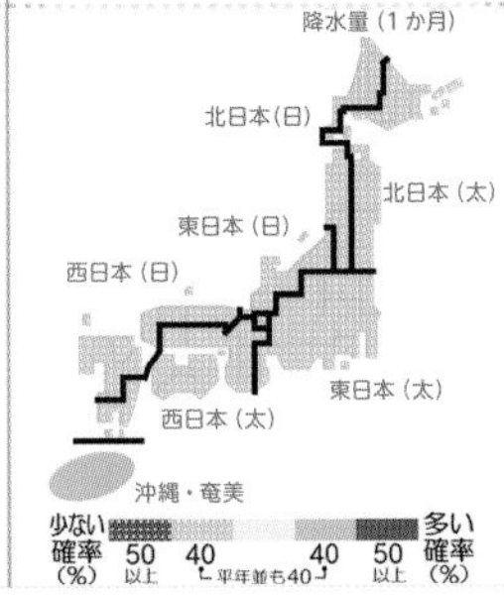

降水量（1か月）
北日本（日）
北日本（太）
東日本（日）
西日本（日）
東日本（太）
西日本（太）
沖縄・奄美
少ない確率（%） 50以上 40 └平年並も40┘ 40 50以上 多い確率（%）

日照時間（1か月）
北日本（日）
北日本（太）
東日本（日）
西日本（日）
東日本（太）
西日本（太）
沖縄・奄美
少ない確率（%） 50以上 40 └平年並も40┘ 40 50以上 多い確率（%）

週別の天候

（1週目） 5／4～10	・北・東・西日本では、天気は数日の周期で変わりますが、高気圧に覆われやすく、平年に比べ晴れの日が多いでしょう。 ・沖縄・奄美では、平年と同様に曇りや雨の日が多いでしょう。
（2週目） 5／11～17	・北・東・西日本では、天気は数日の周期で変わりますが、高気圧に覆われやすく、平年に比べ晴れの日が多いでしょう。 ・沖縄・奄美では、平年と同様に曇りや雨の日が多いでしょう。
（3～4週目） 5／18～31	・北日本と東日本太平洋側では、天気は数日の周期で変わるでしょう。 ・東日本日本海側と西日本では、天気は数日の周期で変わり、平年と同様に晴れの日が多いでしょう。 ・沖縄・奄美では、平年と同様に曇りや雨の日が多いでしょう。

週別の平均気温

	平均気温（1週目） 5／4～10	平均気温（2週目） 5／11～17	平均気温（3～4週目） 5／18～31
北日本	低20 並**40** 高**40**% 平年並か高い 見込み	低20 並**40** 高**40**% 平年並か高い 見込み	低30 並30 高**40**% ほぼ平年並 の見込み
東日本	低30 並**50** 高20% 平年並 の見込み	低20 並**40** 高**40**% 平年並か高い 見込み	低30 並30 高**40**% ほぼ平年並 の見込み
西日本	低30 並**50** 高20% 平年並 の見込み	低20 並**40** 高**40**% 平年並か高い 見込み	低20 並**40** 高**40**% 平年並か高い 見込み
沖縄・奄美	低30 並**50** 高20% 平年並 の見込み	低20 並**40** 高**40**% 平年並か高い 見込み	低20 並**40** 高**40**% 平年並か高い 見込み
数値は予想される出現確率です	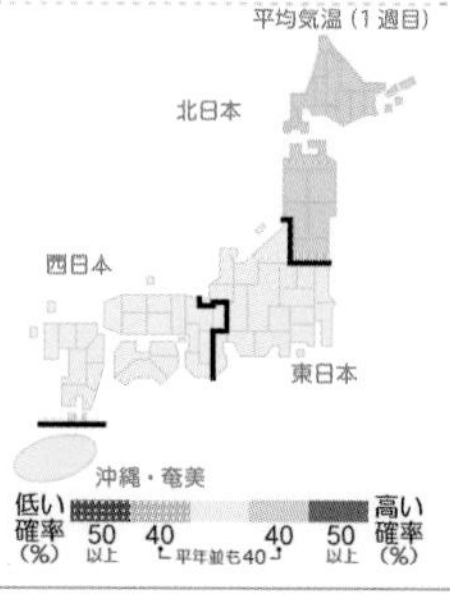 平均気温（1週目） 北日本 西日本 東日本 沖縄・奄美 低い確率（%） 50以上 40 ←平年並も40→ 40 50以上 高い確率（%）	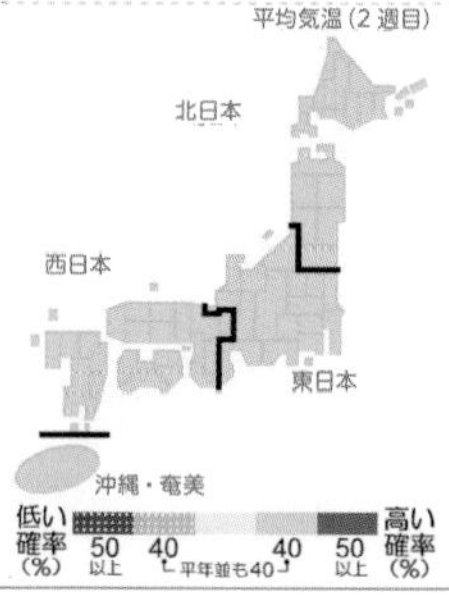 平均気温（2週目） 北日本 西日本 東日本 沖縄・奄美 低い確率（%） 50以上 40 ←平年並も40→ 40 50以上 高い確率（%）	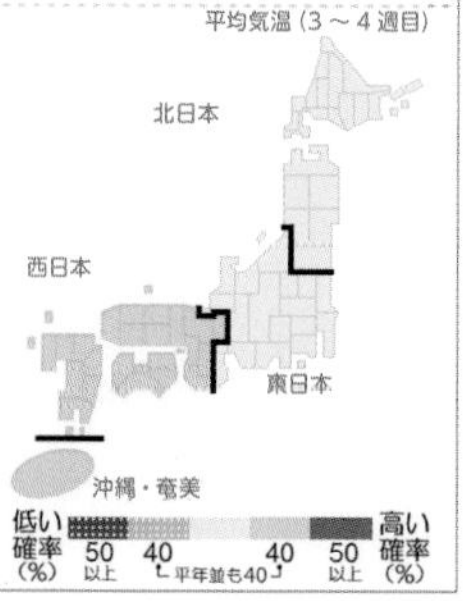 平均気温（3～4週目） 北日本 西日本 東日本 沖縄・奄美 低い確率（%） 50以上 40 ←平年並も40→ 40 50以上 高い確率（%）

数値予報モデルによる予測結果

1か月平均の地上気圧（左図）は、日本の南海上は気圧が低く、沖縄・奄美では前線の影響を受けやすいでしょう。一方、本州付近では平年との隔たりが小さいですが、相対的に気圧が高い予想となっており、高気圧に覆われやすいことを表しています。

上空約1500mの気温（右図）は、全国的に平年より高い予想となっています。

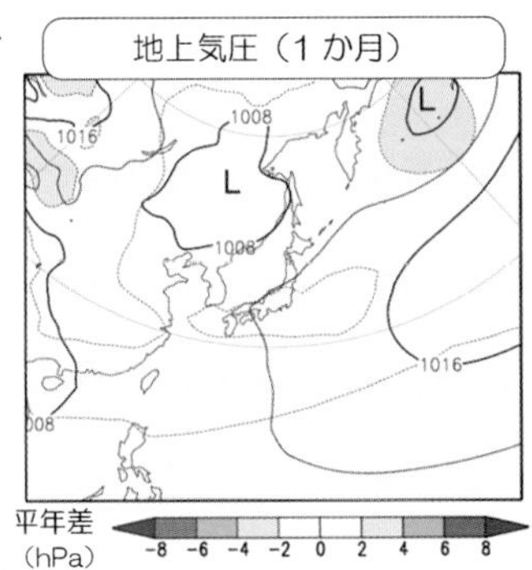

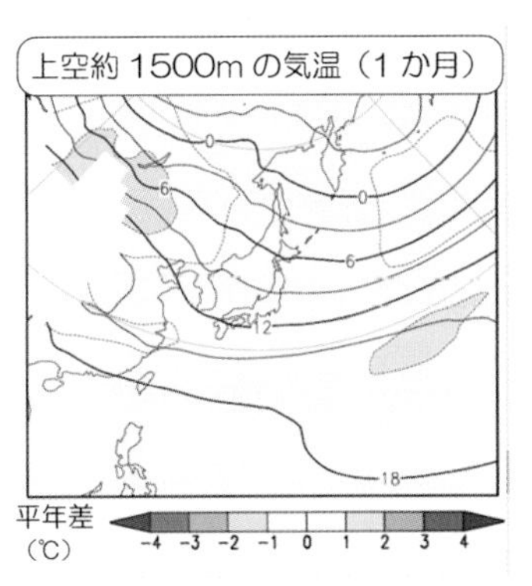

季節予報では、よく似た初期値から出発した多数の数値予報結果を利用します（アンサンブル予報）。多数の結果の平均（上図など）から大気の状態を判断し、また結果のバラツキ具合から予報の信頼度や確率を計算します。

参考データ

●平年並の範囲

	平均気温（1か月）の平年並の範囲			降水量（1か月）の平年並の範囲	日照時間(1か月)の平年並の範囲
北日本	平年差：－0.3～＋0.5℃	北日本	日本海側	平年比：91～109%	平年比：94～106%
			太平洋側	平年比：84～118%	平年比：94～107%
東日本	平年差：－0.2～＋0.4℃	東日本	日本海側	平年比：75～114%	平年比：94～107%
			太平洋側	平年比：87～110%	平年比：95～106%
西日本	平年差：－0.2～＋0.3℃	西日本	日本海側	平年比：81～119%	平年比：94～108%
			太平洋側	平年比：83～114%	平年比：96～109%
沖縄・奄美	平年差：－0.2～＋0.2℃	沖縄・奄美		平年比：78～114%	平年比：90～108%

	平均気温（1週目）の平年並の範囲	平均気温（2週目）の平年並の範囲	平均気温（3-4週目）の平年並の範囲
北日本	平年差：－0.4～＋0.9℃	平年差：－0.3～+0.7℃	平年差：－0.4～＋0.6℃
東日本	平年差：－0.3～＋0.8℃	平年差：－0.4～+0.5℃	平年差：－0.3～＋0.5℃
西日本	平年差：－0.2～＋0.6℃	平年差：－0.3～+0.4℃	平年差：－0.3～＋0.4℃
沖縄・奄美	平年差：－0.4～＋0.4℃	平年差：－0.3～+0.4℃	平年差：－0.2～＋0.3℃

「平年並」の範囲は、同時期の過去30年間（1981-2010年）の値から統計的に求めています。30年間のデータの中で「高い（多い）」「平年並」「低い（少ない）」となるデータの数が等分になるように「平年並」の範囲を決めています。すなわち、30年間の30個のデータのうち、値が高い（多い）方から11～20番目となる10個のデータの値の範囲を、おおよそ「平年並」の範囲としています。

各地方の季節予報を見る

各地方の季節予報を見るには、〈季節予報〉のトップページを開き、**地方**の欄（☞㉒）で希望する地方を選択したうえで、**予報期間**の欄で〈1か月予報〉か〈3か月予報〉を選択すればいい。

たとえば、〈北海道地方〉の〈1か月予報〉を選択すると、下に示すような画面が出てくるが、その内容や書式は、全国の季節予報と同様である。

ちなみに、それぞれの地方の季節予報を発表しているのは、次の気象台である。

北海道地方　1か月予報

（5月4日から6月3日までの天候見通し）

令和元年5月2日
札幌管区気象台　発表

＜予想される向こう1か月の天候＞

向こう1か月の出現の可能性が最も大きい天候と、特徴のある気温、降水量等の確率は以下のとおりです。

天気は数日の周期で変わりますが、平年に比べ晴れの日が多いでしょう。

向こう1か月の平均気温は、北海道日本海側・太平洋側で平年並または高い確率ともに40%、北海道オホーツク海側で高い確率50%です。降水量は、平年並または少ない確率ともに40%です。日照時間は、多い確率50%です。

週別の気温は、1週目は、北海道日本海側・太平洋側で高い確率50%、北海道オホーツク海側で高い確率60%です。2週目は、平年並または高い確率ともに40%です。

＜向こう1か月の気温、降水量、日照時間の各階級の確率（%）＞

【気　温】北海道日本海側　20　40　40

【気　温】北海道オホーツク海側　20　30　50

■各地方の季節予報の担当気象台

北海道地方	札幌管区気象台
東北地方	仙台管区気象台
関東甲信地方	気象庁地球環境・海洋部
北陸地方	新潟地方気象台
東海地方	名古屋地方気象台
近畿地方	大阪管区気象台
中国地方	広島地方気象台
四国地方	高松地方気象台
九州北部地方	福岡管区気象台
九州南部・奄美地方	鹿児島地方気象台
沖縄地方	沖縄気象台

COLUMN

季節予報のページの地図表示の見方

地方ごとに発表

北海道地方や東北地方、関東甲信地方といった地方ごとに確率を発表している。また、地図上で各地方をクリックすると各地方の1か月予報、3か月予報、暖候期予報、寒候期予報の発表文が表示される。

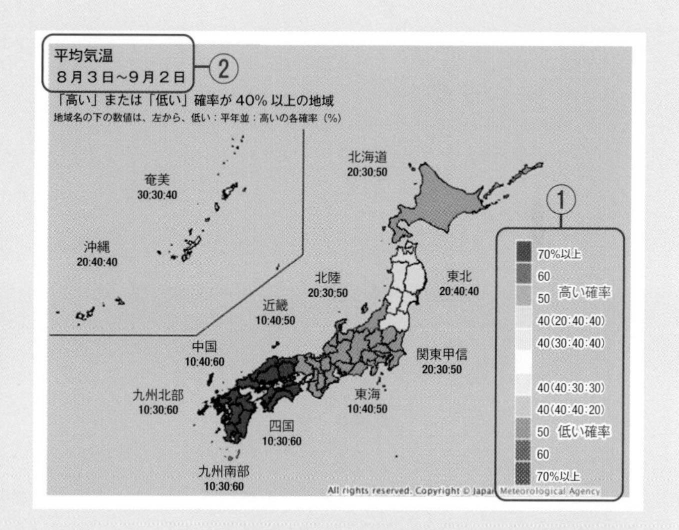

①平年との差を確率で発表

季節予報では、平年と比べて「低い(少ない)」、「平年並」、「高い(多い)」となる可能性の大きさを確率で発表している。各地方名の下に並んでいる3つの数字は、左から順に「低い(少ない)」、「平年並」、「高い(多い)」と予想される確率の値である。たとえば、この図で東海地方は、10:40:50という値が並んでいるが、これは「10%の確率で平年より気温が低くなり、40%の確率で平年並となり、50%の確率で平年より高くなると予想される」ということを表している。

②期間の平均的な気温や降水量を予報

来月のある日の天気が「晴れ」や「雨」といった断定的な予報ではなく、1か月や3か月といった期間の平均気温や期間の合計降水量などを予報する。たとえばこの図の場合では、8月3日～9月2日の1か月間の平均気温を予報している。

■ 2週間気温予報

気象庁では、季節予報のひとつとして、「2週間気温予報」も発表している。これは、「週間天気予報」より先の2週目の気温の目安として、10日先を中心とした5日間平均気温（8～12日先の5日間の平均）について、平年と比べて高い･低い等の階級を地図に示した予報である。

気象庁の「2週間気温予報」のページにアクセスするには、〈2週間気温予報〉で検索、次のWebアドレスを開けばいい。

https://www.data.jma.go.jp/gmd/cpd/twoweek/

すると下に示すように、全国（地図表示）による「2週間気温予報」のページが表示される。

2週間気温予報

府県 全国（地図表示） 表示 ㉔

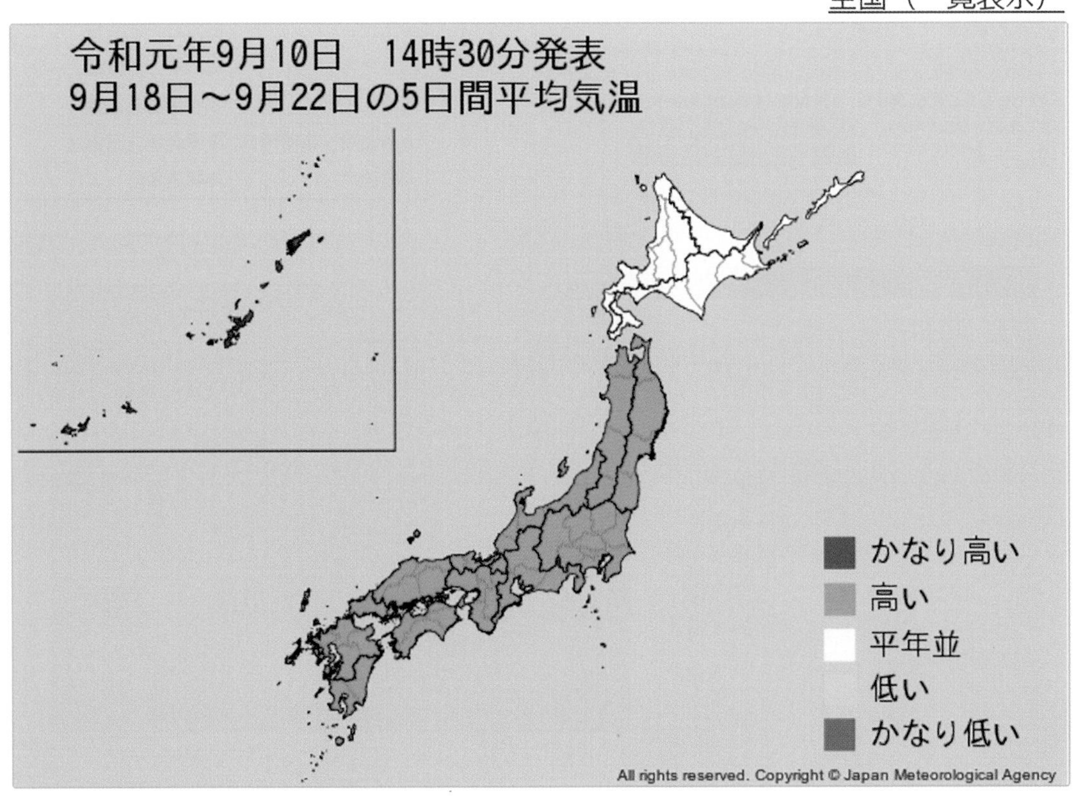

さらに、**府県**の欄（㉔）をクリックして、全国（一覧表示）を選択すると、文書とグラフによる予報ページ（右ページ上）に飛ぶことができるほか、地域を選択することで、それぞれの地域の予報（右ページ下）を見ることもできる。

ちなみに、2週目の予報は毎日14時30分に発表されているが、それがホームページ上で更新されるのは14時45分以降となる。また、1週間先までの予報は随時更新されている。

2週間気温予報

府県 全国（一覧表示） 表示

2019年9月11日13時更新

印刷

令和元年９月１０日１４時３０分 気象庁地球環境・海洋部 発表

北日本の気温は、向こう１週間程度は、暖かい空気に覆われて高い日が多く、かなり高くなる所があるでしょう。農作物の管理等に注意してください。その後は平年並か高い見込みです。

東・西日本と沖縄・奄美の向こう２週間の気温は、暖かい空気に覆われて高い日が多く、かなり高い所があるでしょう。農作物の管理等に注意するとともに、熱中症対策など健康管理に注意してください。

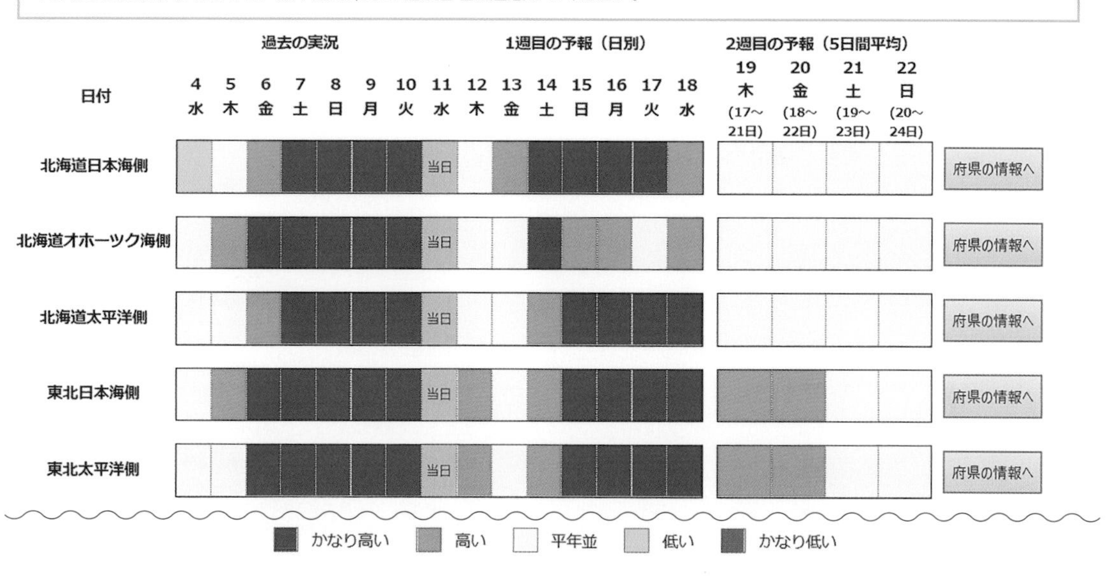

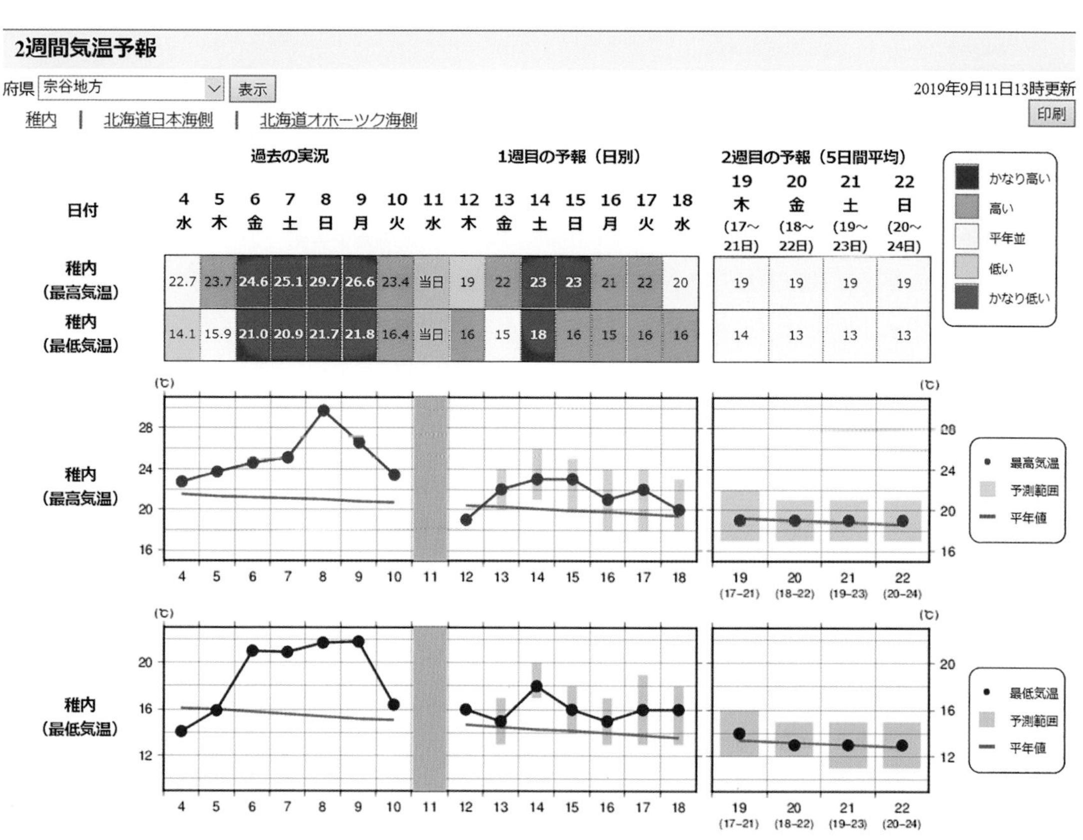

2週間気温予報

府県 宗谷地方 表示

2019年9月11日13時更新

印刷

稚内 ｜ 北海道日本海側 ｜ 北海道オホーツク海側

日付	4 水	5 木	6 金	7 土	8 日	9 月	10 火	11 水	12 木	13 金	14 土	15 日	16 月	17 火	18 水	19 木 (17～21日)	20 金 (18～22日)	21 土 (19～23日)	22 日 (20～24日)
稚内（最高気温）	22.7	23.7	24.6	25.1	29.7	26.6	23.4	当日	19	22	23	23	21	22	20	19	19	19	19
稚内（最低気温）	14.1	15.9	21.0	20.9	21.7	21.8	16.4	当日	16	15	18	16	15	16	16	14	13	13	13

気象庁が発表する「最新の気象データ」をチェックする

気象庁では、全国の「降水の状況」「風の状況」「気温の状況」「雪の状況」「特定期間の気象データ」について、最新のデータに基づいた情報を発信している。

■「最新の気象データ」でチェックできる主な項目

インターネットで、〈**気象庁｜最新の気象データ**〉で検索すると、下に示す画面が立ち上がってくる。ここで確認できるのは①降水の状況、②風の状況、③気温の状況、④特定期間の気象データなどだ。画面の青文字部分をクリックすると該当ページが立ち上がってくる。

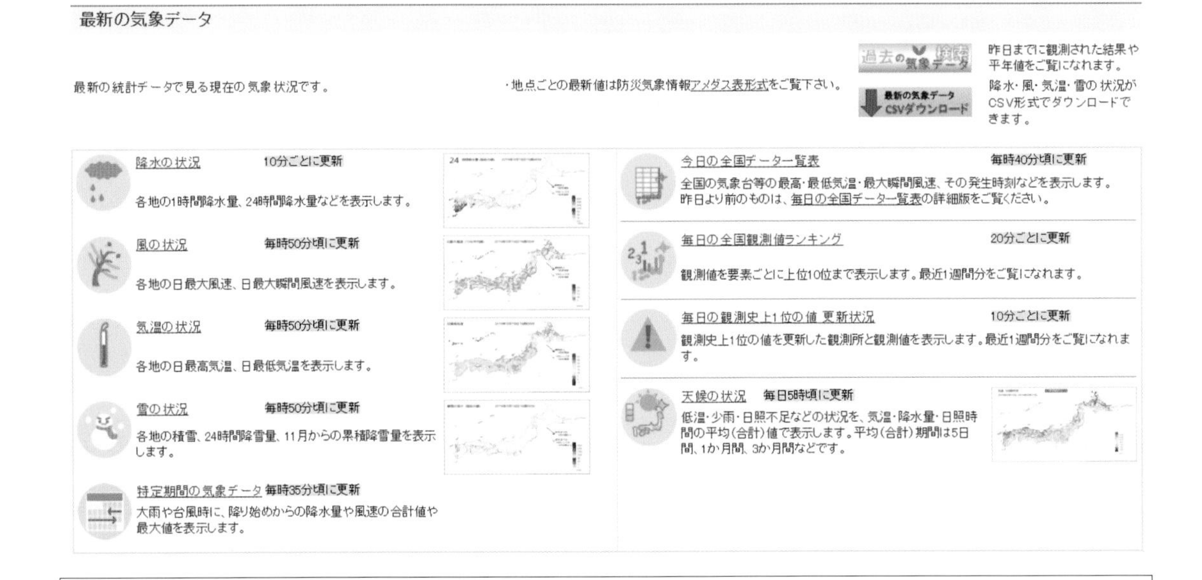

①降水の状況
過去1週間の降水の日降水量値、日最大値、観測史上1位の値の更新状況を見ることができ。情報は10分ごとに更新される。

②風の状況
過去1週間の風速の日最大風速、日最大瞬間風速、観測史上1位の値の更新状況を見ることができる。情報は1時間ごとに更新される(毎時50分頃)。

③気温の状況
過去1週間の日最高・最低気温、観測史上1位の値の更新状況などを見ることができる。情報は1時間ごとに更新される(毎時50分頃)。

④特定期間の気象データ
大雨や台風など規模が比較的大きな気象災害が発生又は予測される場合に、降水量や風速などの合計値や最大値を見ることができる。情報は1時間ごとに更新される(毎時35分頃)。

※なお、「雪の状況」については11月頃から5月上旬に運用されるが、過去1週間の雪の状況(積雪の深さ、24時間降雪量など)を見ることができる。情報は1時間ごとに更新される(毎時50分頃)。

①降水の状況

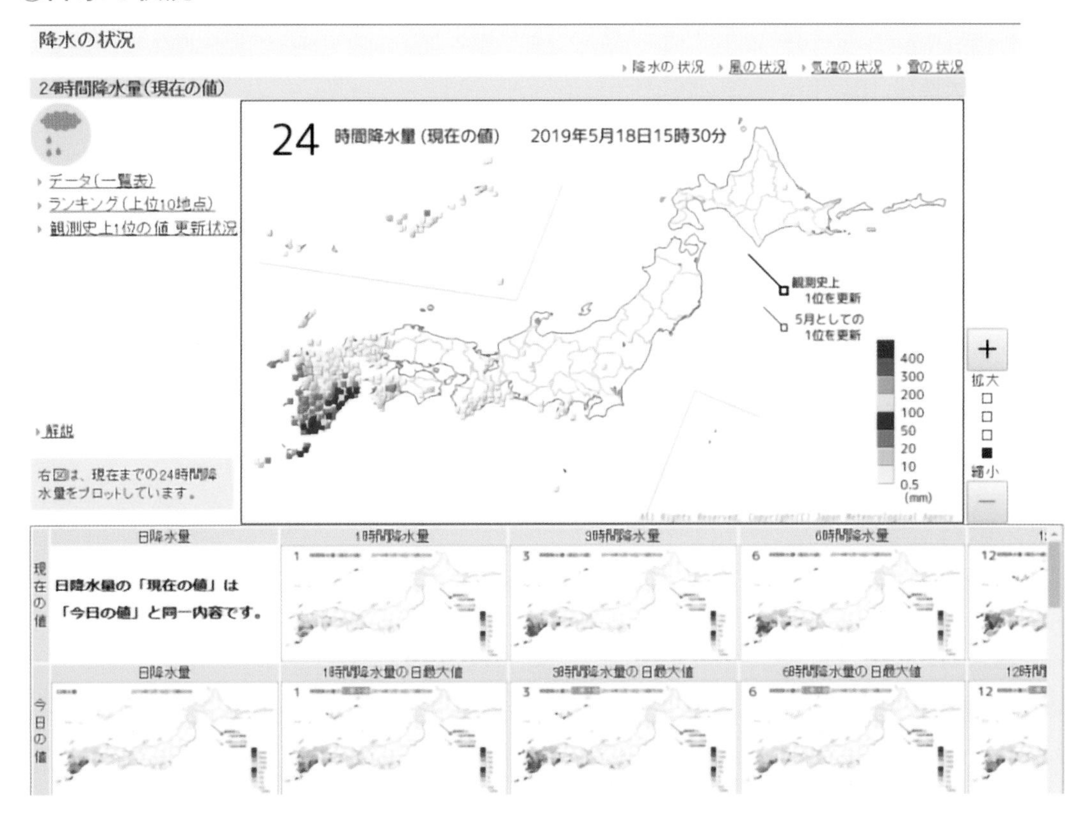

画面の下には、発表時における1、3、6、12、24、48、72時間降水量のほか、発表時当日に加え、過去7日分の、1、3、6、12、24、48、72時間降水量の日最大値の情報がおさめられており、希望する情報の地図をクリックすると、拡大画面を表示することができる。

たとえば、右上図は2019年5月14日の「3時間降水量の日最大値」を示すものだが、富山県南砺市の南砺高宮に〈5月としての1位を更新〉と記されている。この日、南砺高宮では3時間降水量としては5月の観測史上最大となる45㎜を記録した。

なお、右下の図は、地図右のカーソルを操作して右上の図をさらに拡大表示したものだが周辺の地域に比べ、南砺高宮の降水量が際立って多かったことがわかる。

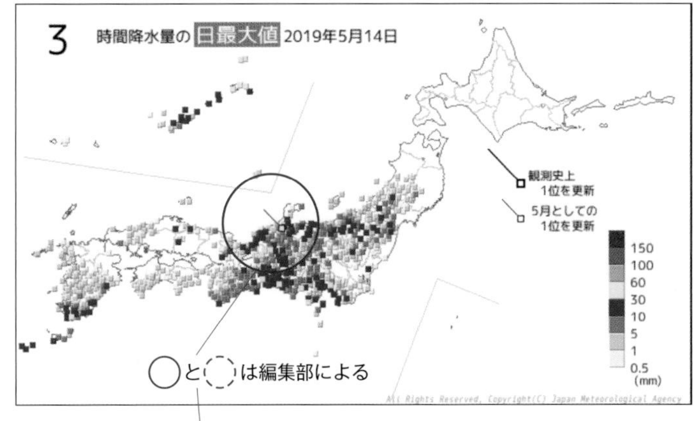

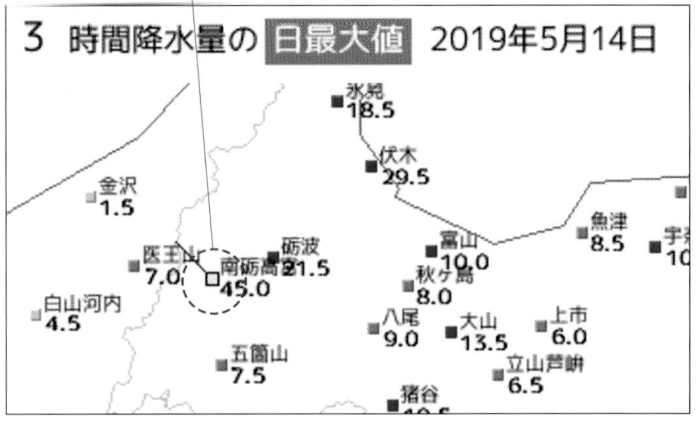

②風の状況

右の図は2019年5月18日21時時点の日最大風速（10分平均値）を表したもの。画面の下には発表時当日に加え、過去7日分の日最大風速と日最大瞬間風速情報がおさめられており、希望する情報の地図をクリックすると、拡大画面を表示することができる。

この日、福岡県北九州市八幡西区八幡で5月の観測史上最大の日最大風速（20時7分、12.8m/s、風向きは東南東）、鹿児島県南さつま市加世田（かせだ）でもやはり5月の観測史上最大の日最大風速（17時48分、11.2m/s、風向きは東南東）を記録した（右下図参照）。

日最大風速（10分平均値）　2019年5月18日21時00分

観測史上1位を更新

5月としての1位を更新

25 20 15 10 5 (m/s)

③気温の状況

右の図は2019年5月18日21時時点の日最高気温を表したもの。画面の下には、発表時における日最高気温、日最高気温平年差、日最高気温前日差、日最低気温、日最低気温平年差、日最低気温前日差の情報が発表時当日に加え、過去7日分おさめられており、希望する情報の地図をクリックすると、拡大画面を表示することができる。右下図は上の図の東京を中心に拡大表示したもの。

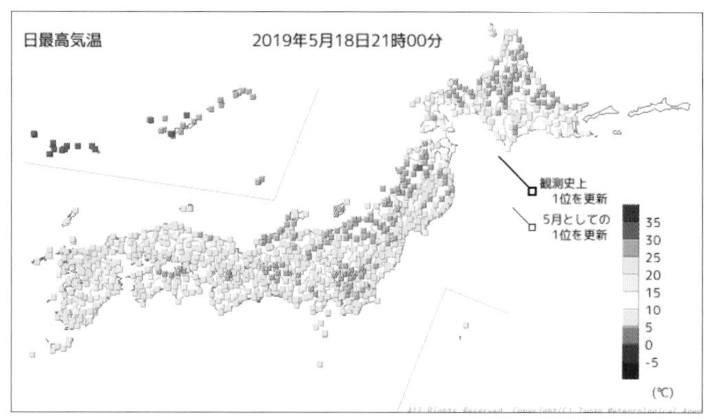

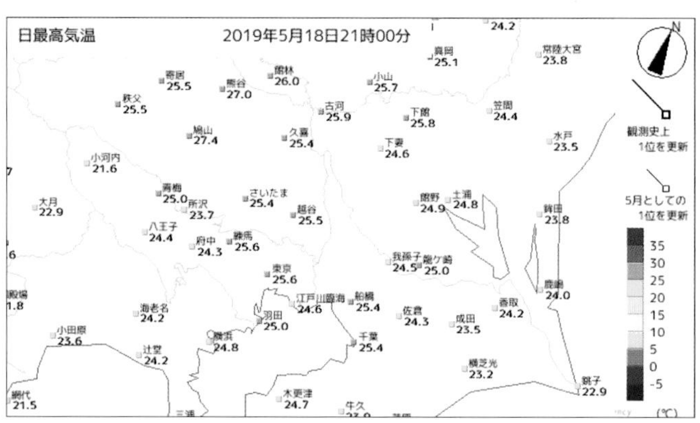

④特定期間の気象データ

特定期間とは、台風や低気圧など一連の現象の影響がある期間を、雨や風など気象状況や社会的な影響などを踏まえて、日単位で定めたもので、右記のようなコンテンツを提供している。

●降水の状況
各地の降水量の期間合計値、1時間降水量などの期間最大値を分布図と一覧表で表示。

●風の状況
各地の期間最大風速、期間最大瞬間風速を分布図と一覧表で表示。

●雪の状況
各地の降雪量の期間合計値、3時間降雪量などの期間最大値を分布図と一覧表で表示。

●全国観測値ランキング
期間中の合計値や最大値を要素ごとに上位20位まで表示。

●観測史上1位の値更新状況
期間中に観測史上1位の値を更新した観測所と観測値を表示。

特定期間の風の状況（2018 年 9 月 3 日～ 2018 年 9 月 5 日）

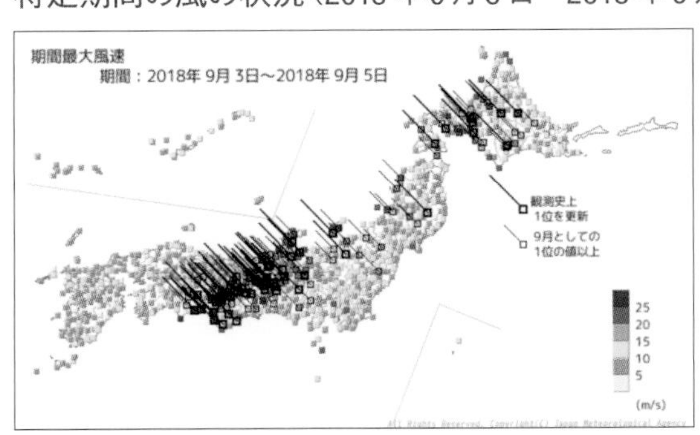

2018年9月3日～2018年9月5日の台風第21号による大雨と暴風の際の特定期間初日の0時1分から終日24時00分（この場合は最新時刻）までの各地の風速（10分平均値）のうち、最大値を表示している。この日、関空島で46.5m /s、神戸空港で34.6m /sと観測史上1位を更新した。

特定期間の雪の状況（2018 年 12 月 27 日～ 2019 年 1 月 3 日）

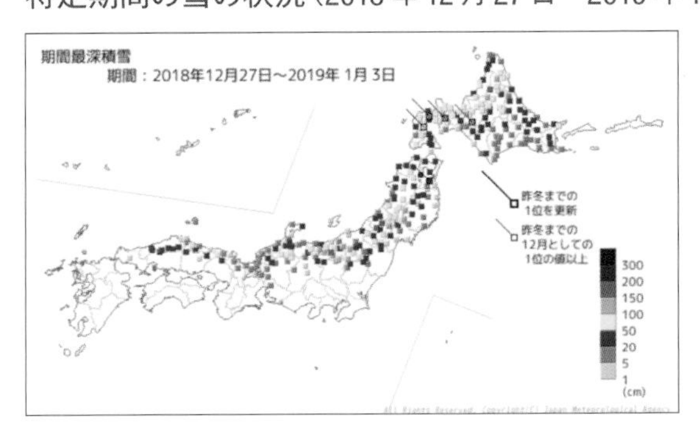

図は、2018年12月27日～2019年1月3日に強い冬型の気圧配置による大雪に見舞われた際の特定期間初日から終日（この場合は最新時刻）までの、各地の積雪の深さのうち、最も大きい値を表示している。この日、豪雪で知られる青森県の酸ケ湯(すかゆ)では、245㎝の積雪量を記録した。

特定期間の降水の状況（2018 年 9 月 3 日～ 2018 年 9 月 5 日）

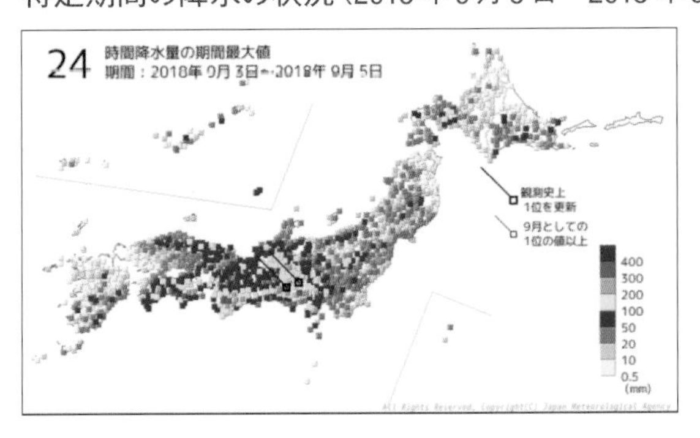

左図は、2018年9月3日から2018年9月5日の期間最大値を示したもの。この期間に愛知県北設楽(きたしたら)郡豊根村の茶臼山(ちゃうすやま)で、24時間降水量の期間最大値が354㎜を記録して観測史上1位の値を更新。また、長野県下伊那(しもいな)郡大鹿(おおしか)村の大鹿では217.5㎜を記録して、これまた観測史上1位の値を更新した。

気象庁が発表している「天気図」をチェックする

気象庁では、実況天気図(日本周辺、アジア太平洋域)をはじめ、予想天気図や高層天気図など、いろいろな天気図を提供している。
その天気図は、テレビの解説や新聞の天気欄、船舶や航空機の安全運航など、実に様々なシーンで使われている。

天気図(実況・予想)

右に示したのは、気象庁がインターネットで提供している**天気図(実況・予想)**のページである。インターネットで**〈気象庁|天気図〉**を検索すると表示される。

情報選択 の欄(☜㉕)で、「日本周辺域 カラー」「日本周辺域 白黒」「アジア太平洋域 カラー」「アジア太平洋域 白黒」のいずれかを選択できるほか、**表示時間** の欄(☜㉖)で日時を指定することで、実況天気図については最新のものから過去3日分を、また12時間おきに発表される予想天気図については、「24時間予想図」と「48時間予想図」を見ることができる。

❶「日本周辺域」の表示例

右上の画面で表示されている天気図は、2019年9月14日21時時点の日本周辺域の実況天気図のカラー版、右下は「48時間予想図」である。

「日本周辺域 実況天気図」は、1日7回(3、6、9、12、15、18、21時)の観測データをもとに、日本周辺域における実況天気図の解析を行い、観測時刻の約2時間10分後に発表している。

一方、「予想天気図」は、1日2回(9、21時)の観測データをもとに、観測時刻から24時間後および48時間後の高気圧、低気圧、前線、等圧線などを予想している。

2019年9月14日21時時点の実況天気図
(日本周辺域カラー)

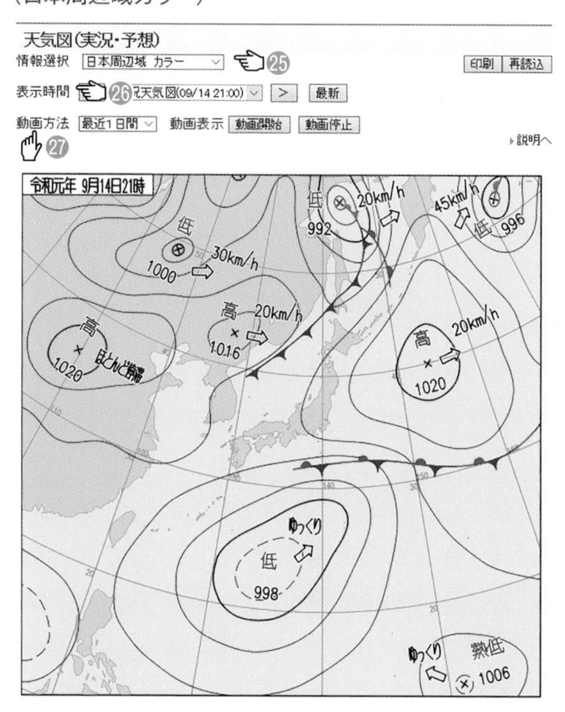

48時間予想図

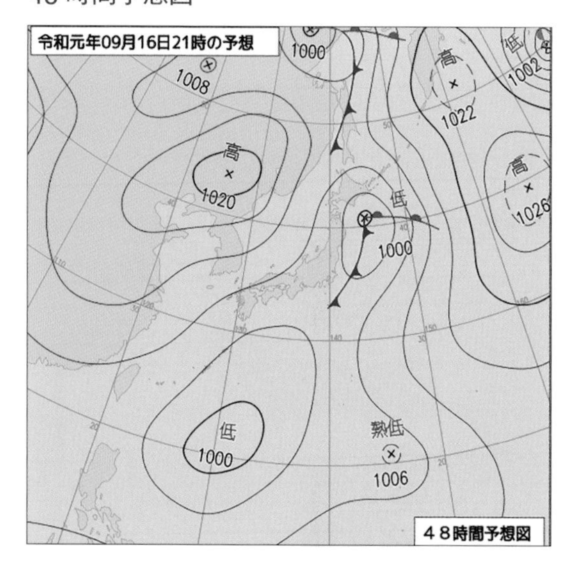

❷「アジア太平洋域」の表示例

気象庁は、1日4回（3、9、15、21時）の観測データをもとに、日本周辺域よりも広いアジア太平洋域の実況天気図の解析を行い、気象庁が船舶向けの予報警報を担当している海域（赤道～北緯60度東経100度～東経180度）における警報事項（海上台風、海上暴風、海上強風、海上風、海上濃霧）や、陸上および海上の観測データ（気温、風向風速、雲形雲量等）を英語表記で、観測時刻の約2時間30分後に発表している。日本域の天気図は日本語表記であるのに対し、アジア太平洋域の天気図は英字表記となっている。

2019年9月14日21時時点の実況天気図（アジア太平洋域カラー）

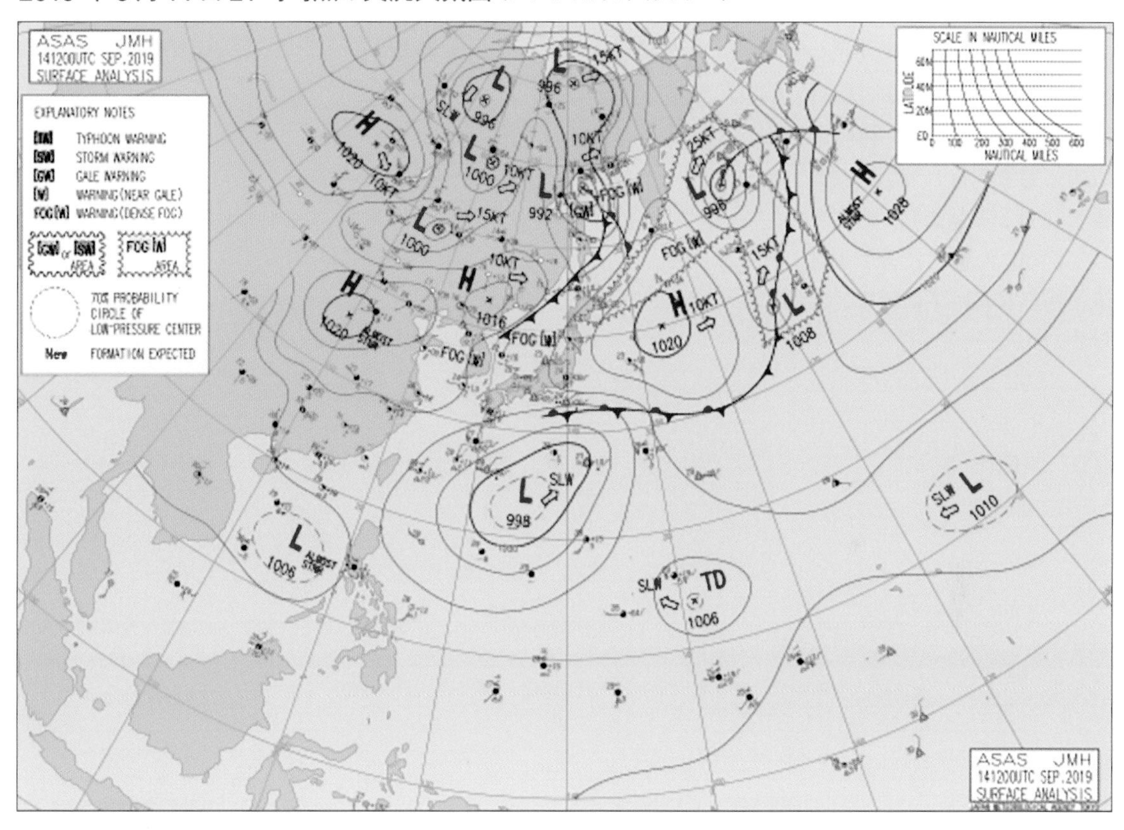

48時間予想図

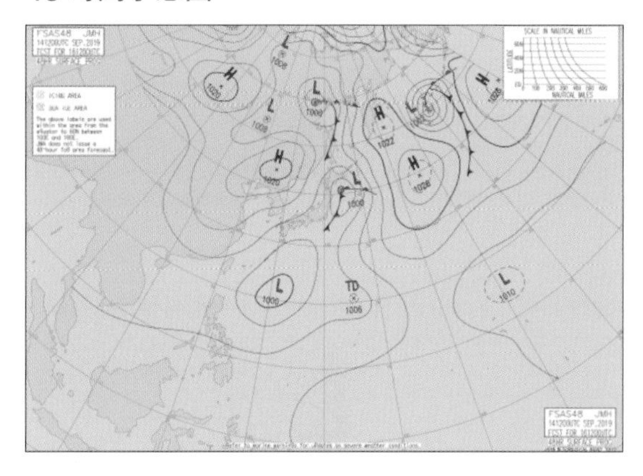

なお、画面上の**動画方法**の欄（☜㉗）をクリックして「最近1日間」か「最近3日間」のいずれかを選択したのち、**動画表示**の動画開始をクリックすることで、天気図の変化を動画で見ることができ、前線などの動きがよりわかりやすい。

「海上警報・海上予報」をチェックする

船舶の運航には台風や発達中の低気圧などによる荒天時の安全のほか、海上輸送における経済性や安全性などの確保が求められる。

このため、気象庁では日本近海の船舶向けに、「風」「波」「視程（霧）」「着氷」「天気」を、「海上警報・海上予報」として、海上予報区や細分海域ごとに発表している。

気象庁は、毎日7時と19時の定時に「海上予報」を発表しているのに加え、船舶の航行に危険となる現象が24時間以内に発生すると予想される場合には「海上警報」を発表している。発表される予報区域と担当官署は下に示すとおりだ。

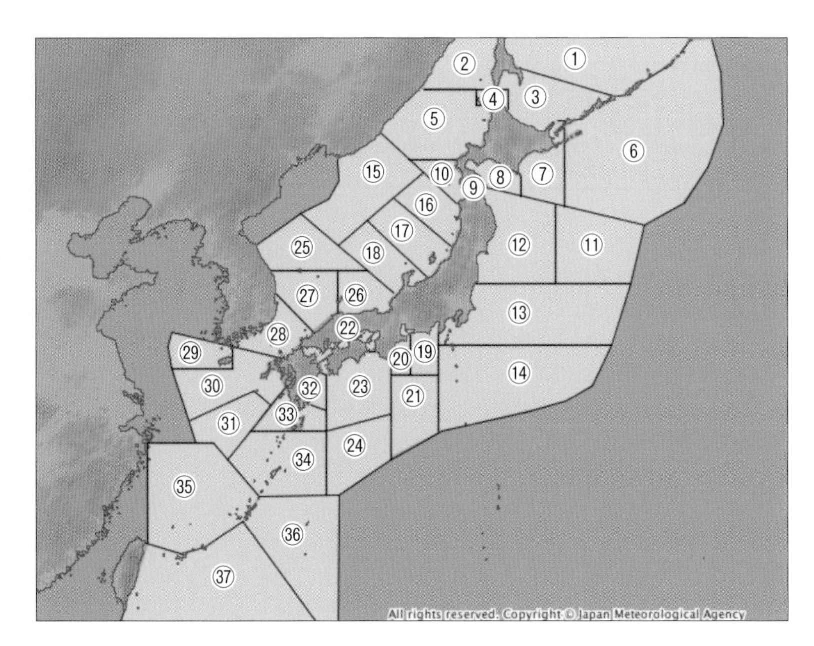

地方海上予報区	細分海域	担当官署
日本海北部及びオホーツク海南部	①サハリン東方海上、②サハリン西方海上、③網走沖、④宗谷海峡 ⑤北海道西方海上	札幌管区気象台
北海道南方及び東方海上	⑥北海道東方海上、⑦釧路沖、⑧日高沖、⑨津軽海峡、⑩檜山津軽沖	札幌管区気象台
三陸沖	⑪三陸沖東部、⑫三陸沖西部	仙台管区気象台
関東海域	⑬関東海域北部、⑭関東海域南部	気象庁
日本海中部	⑮沿海州南部沖、⑯秋田沖、⑰佐渡沖、⑱能登沖	新潟地方気象台
東海海域	⑲東海海域東部、⑳東海海域西部、㉑東海海域南部	名古屋地方気象台
四国沖及び瀬戸内海	㉒瀬戸内海、㉓四国沖北部、㉔四国沖南部	高松地方気象台
日本海西部	㉕日本海北西部、㉖山陰沖東部及び若狭湾付近、㉗山陰沖西部	大阪管区気象台
対馬海峡	㉘（細分海域なし）	福岡管区気象台
九州西方海上	㉙済州島西海上、㉚ 長崎西海上、㉛女島南西海上	福岡管区気象台
九州南方海上及び日向灘	㉜日向灘、㉝鹿児島海域、㉞奄美海域	鹿児島地方気象台
沖縄海域	㉟東シナ海南部、㊱沖縄東方海上 、㊲沖縄南方海上	沖縄気象台

❶「海上予報」の表示例

気象庁は、天気や風向・風速、波の高さなどについての「海上予報」を、毎日7時、19時に定期的に発表している。インターネットで**〈気象庁｜海上予報〉**を検索すると、左下の画面が立ち上がる。その画面で海域をクリックすると、右下のような文字による「海上予報」のページに飛ぶことができる。例は、2019年7月13日7時発表の関東海域北部の海上予報。

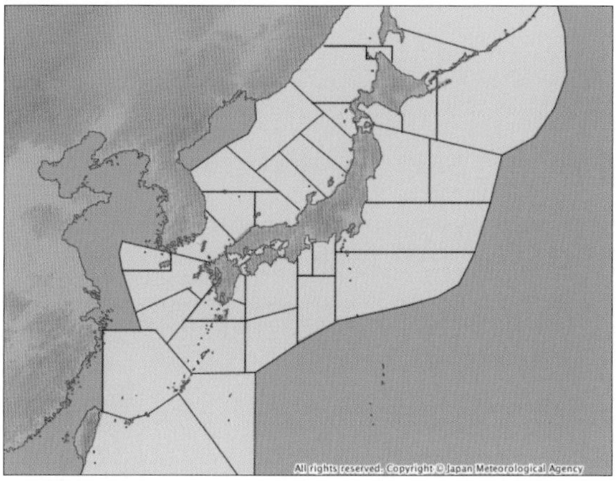

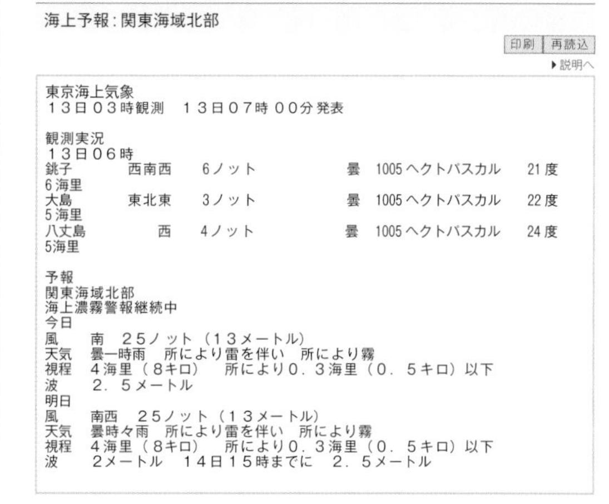

海上予報：関東海域北部

印刷 再読込

▶説明へ

東京海上気象
１３日０３時観測　１３日０７時００分発表

観測実況
１３日０６時
銚子　西南西　6ノット　曇　1005ヘクトパスカル　21度
6海里
大島　東北東　3ノット　曇　1005ヘクトパスカル　22度
5海里
八丈島　西　4ノット　曇　1005ヘクトパスカル　24度
5海里

予報
関東海域北部
海上濃霧警報継続中
今日
風　南　２５ノット（１３メートル）
天気　曇一時雨　所により雷を伴い　所により霧
視程　４海里（８キロ）　所により０．３海里（０．５キロ）以下
波　２．５メートル
明日
風　南西　２５ノット（１３メートル）
天気　曇時々雨　所により雷を伴い　所により霧
視程　４海里（８キロ）　所により０．３海里（０．５キロ）以下
波　2メートル　１４日１５時までに　２．５メートル

❷「海上警報」の表示例

「海上警報」には、①海上台風警報（台風による風が最大風速64ノット以上）、②海上暴風警報（最大風速48ノット以上）、③海上強風警報（最大風速34ノット以上48ノット未満）、④海上風警報（最大風速28ノット以上34ノット未満）、⑤海上濃霧警報（視程0.3海里以下、瀬戸内海は0.5海里以下）、⑥その他の海上警報（海上着氷警報、海上うねり警報など）がある。気象庁は、そうした現象が発生しているか、24時間以内に発生することが予想される場合に「海上警報」を発表している。インターネットで**〈気象庁｜海上警報〉**を検索すると、左下の画面が表示される。さらに海域をクリックすると、右下に示す文字による情報ページに飛ぶことができる。例は、2019年7月13日11時35分発表の東シナ海南部の海上警報。

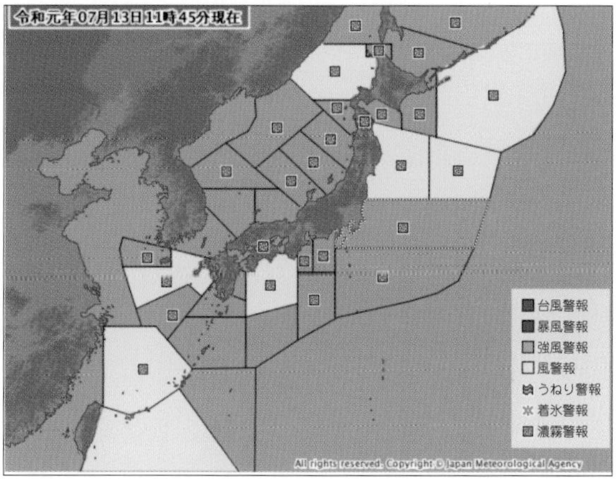

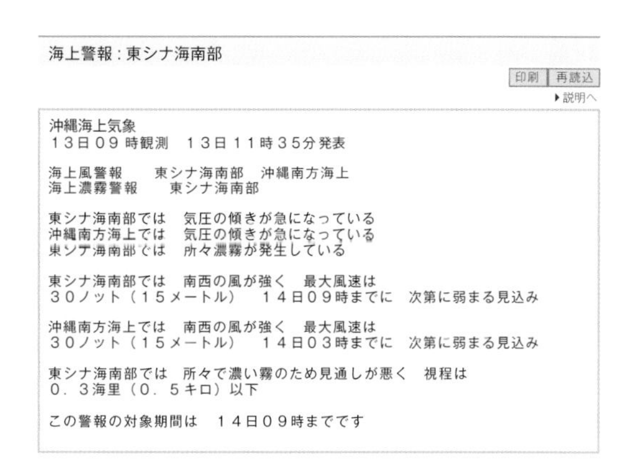

海上警報：東シナ海南部

印刷 再読込

▶説明へ

沖縄海上気象
１３日０９時観測　１３日１１時３５分発表

海上風警報　東シナ海南部　沖縄南方海上
海上濃霧警報　東シナ海南部

東シナ海南部では　気圧の傾きが急になっている
沖縄南方海上では　気圧の傾きが急になっている
東シナ海南部では　所々濃霧が発生している

東シナ海南部では　南西の風が強く　最大風速は
３０ノット（１５メートル）　１４日０９時までに　次第に弱まる見込み

沖縄南方海上では　南西の風が強く　最大風速は
３０ノット（１５メートル）　１４日０３時までに　次第に弱まる見込み

東シナ海南部では　所々で濃い霧のため見通しが悪く　視程は
０．３海里（０．５キロ）以下

この警報の対象期間は　１４日０９時までです

❸「海上分布予報」の表示例

気象庁では、「海上予報」「海上警報」に加え、「海上分布予報」を発表している。これは、「風」「波」「視程(霧)」「着氷」「天気」の気象要素を格子単位(緯度・経度とも0.5度の格子)の分布図形式で示すもので、3時、9時、15時、21時の観測に基づき、24時間先までの天気を予報して、それぞれ6時、12時、18時、24時ごろに発表している。

インターネットで**〈気象庁|海上分布予報〉**を検索すると、下記の画面が表示される。

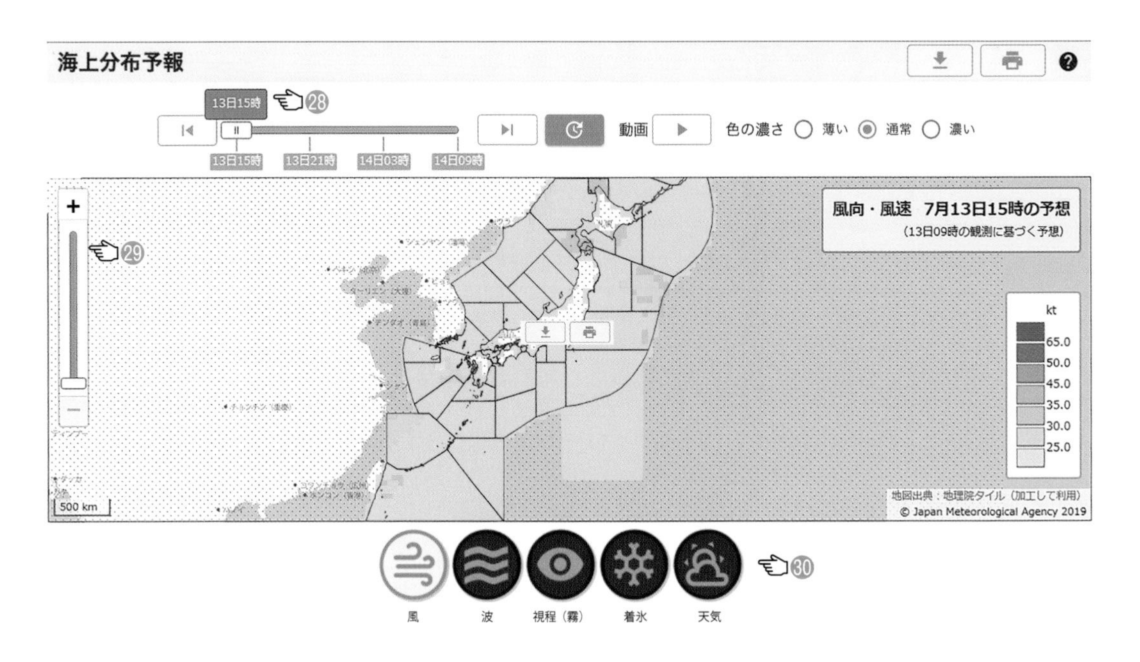

上に示した画面は「風向・風速」の予報画面だが、上のカーソル(☜㉘)を操作することで、6時間後、12時間後、18時間後、24時間後の予報を見ることができるし、画面左のカーソル(☜㉙)で縮尺を上げることもできる。

また画面下の波、視程、着氷、天気のマーク(☜㉚)をクリックすると、以下に示すそれぞれの予報ページに飛ぶことができる。

波の高さ

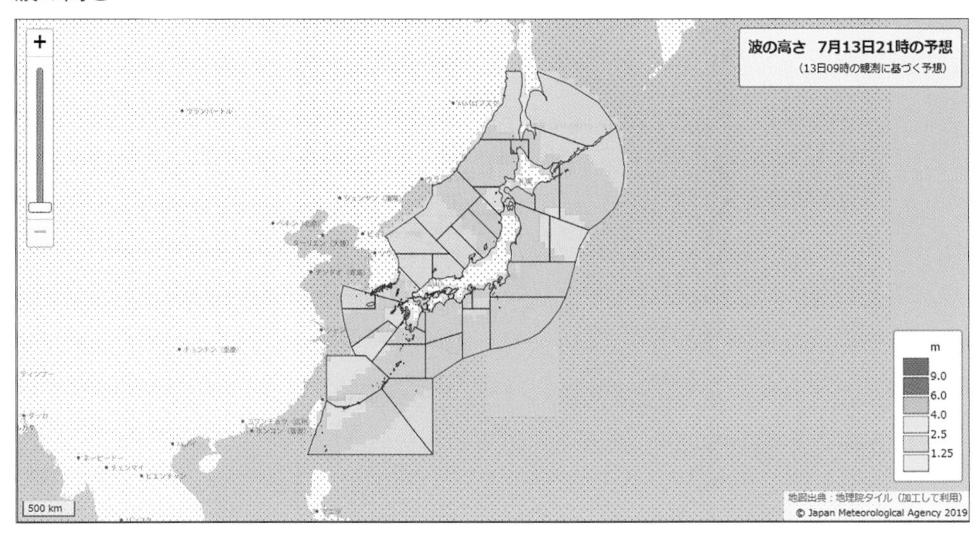

視程

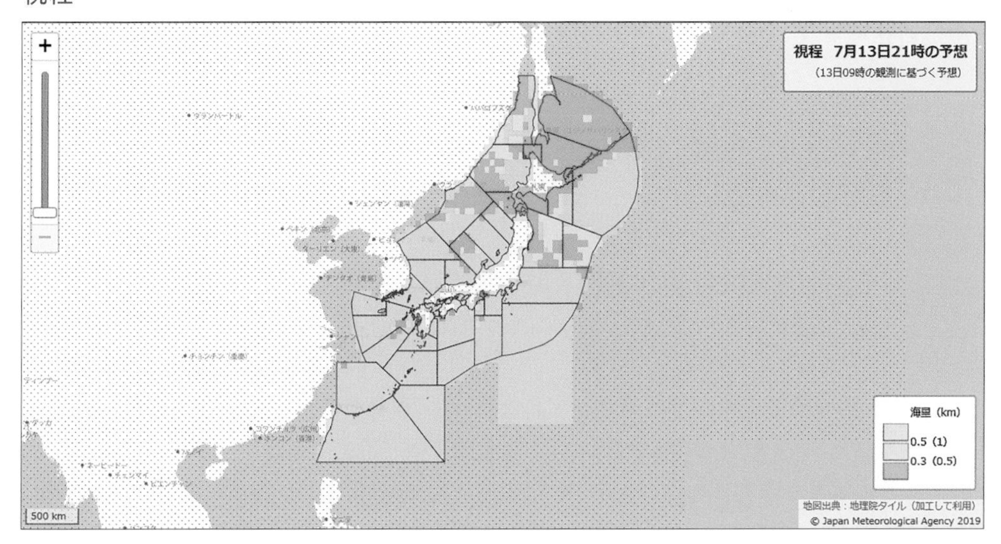
視程　7月13日21時の予想
（13日09時の観測に基づく予想）
海里（km）
0.5（1）
0.3（0.5）
500 km
地図出典：地理院タイル（加工して利用）
© Japan Meteorological Agency 2019

着氷

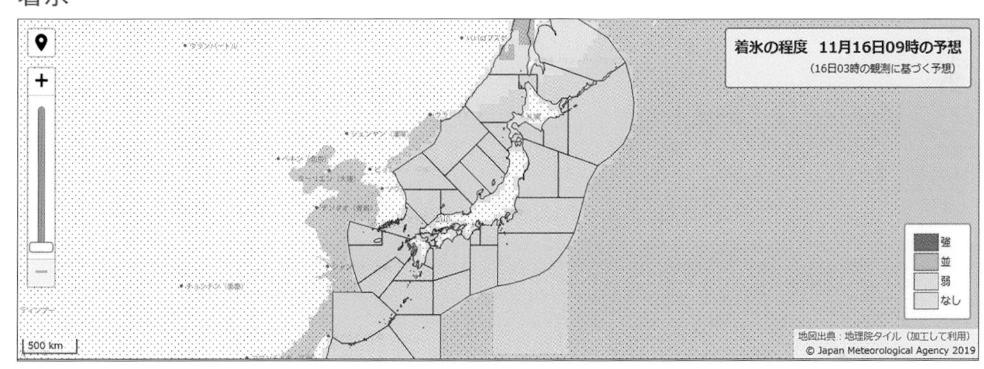
着氷の程度　11月16日09時の予想
（16日03時の観測に基づく予想）
強
並
弱
なし
500 km
地図出典：地理院タイル（加工して利用）
© Japan Meteorological Agency 2019

天気

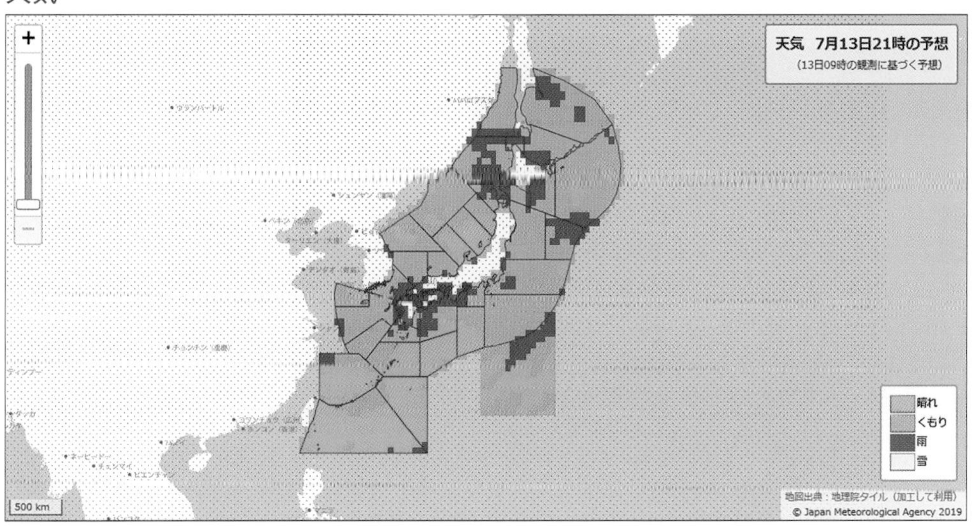
天気　7月13日21時の予想
（13日09時の観測に基づく予想）
晴れ
くもり
雨
雪
500 km
地図出典：地理院タイル（加工して利用）
© Japan Meteorological Agency 2019

気象庁が発表する「気象警報・注意報」で命を守る

近年、異常気象と、それに伴う数々の災害で大きな犠牲が出ている現状を踏まえ、気象庁は予報の発表の方法にも数々の改善を進めている。たとえば大雨、洪水、高潮など気象に関して、災害に結びつくような激しい現象が予想される数日前から「早期注意情報(警報級の可能性)」を発表、その後も危険度の高まりに応じて「注意報」「警報」「特別警報」を段階的に発表している。

被害を防ぐためには、国や都道府県が行う治水工事などの対策だけでなく、一人ひとりの自主的な行動が重要であることは言うまでもない。そのために役立つのが、気象庁が発表している「防災気象情報」だ。

大雨や台風は、地震災害のように突然襲ってくるものではなく、いつ、どこで、どのくらいの規模のものがやってくるのかなど、ある程度予測することができ、早めの防災対策を立てられる。

気象庁では一般的な警報や注意報に先立ち、「大雨に関する気象情報」や「台風に関する気象情報」などを発表している。また、2013年８月30日からは重大な災害が起こるおそれが著しく大きい場合に「特別警報」を発表している。それはまさに自分たち自身の命を守るために必要不可欠な情報だ。

	気象庁が発する注意報、警報、特別警報の種類	
高↑危険度↓低	特別警報	大雨(土砂災害、浸水害)、暴風、暴風雪、大雪、波浪、高潮
	警報	大雨(土砂災害、浸水害)、洪水、暴風、暴風雪、大雪、波浪、高潮
	注意報	大雨、洪水、強風、風雪、大雪、波浪、高潮、雷、融雪、濃霧、乾燥、なだれ、低温、霜、着氷、着雪
	早期注意情報(警報級の可能性)	大雨、暴風(暴風雪)、大雪、波浪

① 特別警報

特別警報は、数十年に一度の大雨、暴風、高潮、波浪、暴風雪、大雪などが予想され、重大な災害の起こるおそれが著しく高い場合に、大雨特別警報(土砂災害、浸水害)、暴風特別警報、暴風雪特別警報、大雪特別警報、波浪特別警報、高潮特別警報として発表される。

② 警報

警報とは、雨、風、雪などの自然現象が原因で、「重大な災害」が起こるおそれがある場合に発表されるもので、大雨警報(土砂災害、浸水害)、洪水警報、暴風警報、暴風雪警報、大雪警報、波浪警報、高潮警報を発表している。

③ 注意報

気象庁は、大雨注意報、洪水注意報、大雪注意報、強風注意報、風雪注意報、波浪注意報、高潮注意報、雷注意報、濃霧注意報、乾燥注意報、なだれ注意報、着氷注意報、着雪注意報、融雪注意報、霜注意報、低温注意報の16種類を発表している。

④ 早期注意情報(警報級の可能性)

気象庁は、大雨、暴風(暴風雪)、大雪、波浪について、警報級の現象が5日先までに起きると予想される場合に、その可能性を「早期注意情報(警報級の可能性)」として、[高][中]の2段階で発表している。

●「早期注意情報・注意報・警報・特別警報」の表示例

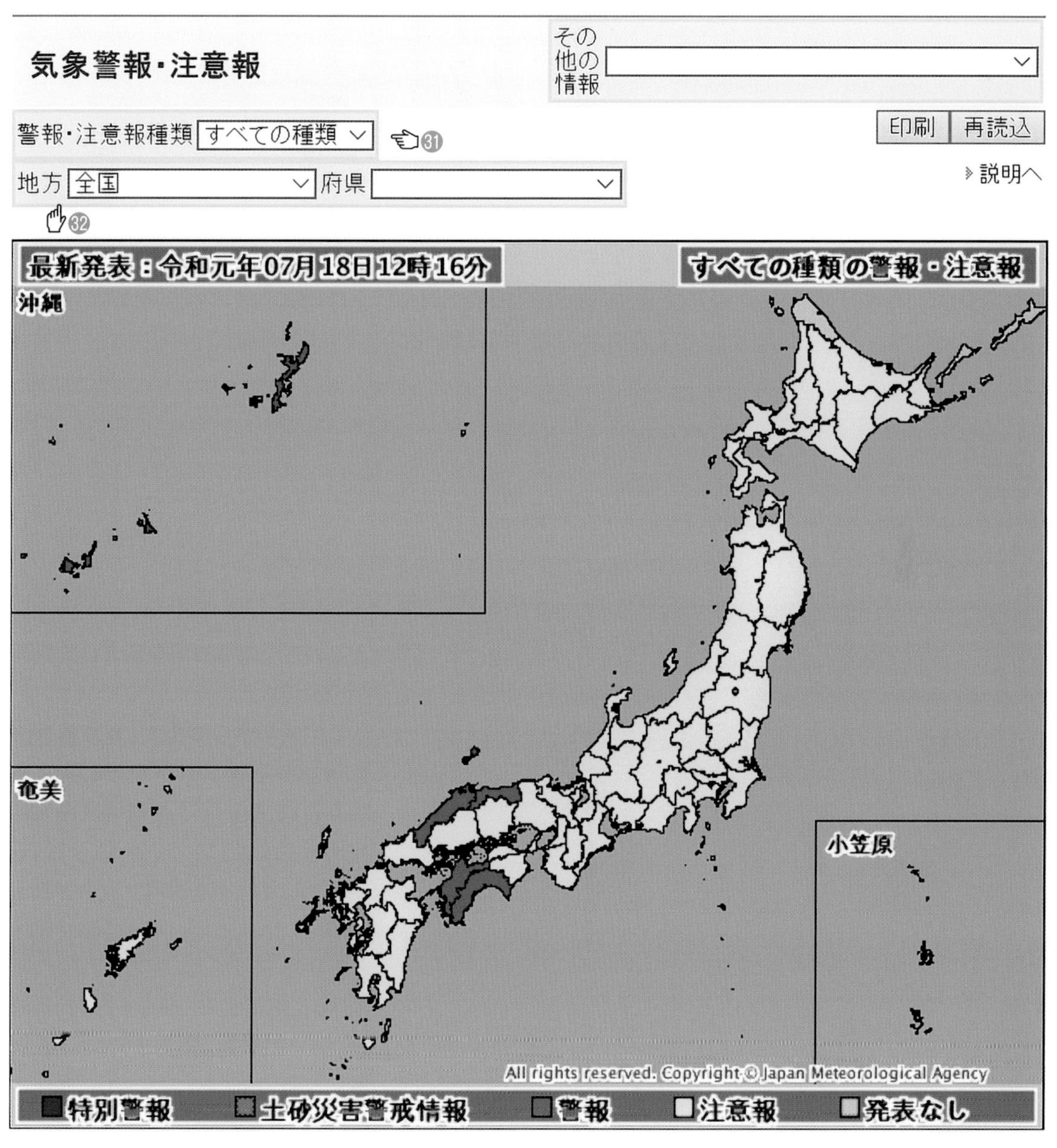

気象庁が発する「警報」や「注意報」は、テレビ、ラジオ、自治体の防災無線などでも流されるが、インターネットで確認するには、**〈気象庁｜気象警報・注意報〉**を検索すれば、上に示す画面が表示され、気象警報や注意報の発表状況が色分けして示される。

また、この画面の **警報・注意報種類**の欄（☜31）で、現在発表中の警報、注意報の情報に切り替えることができる。

例は、2019年7月18日12時16分に発表された情報だ。この日、台風第5号が日本に接近しつつあった。

続けて、**地方**の欄（☜32）で見たい地域を選択する。次ページ（上右）に〈四国地方〉を選択したときの画面を紹介する。

この画面でも、**警報・注意報種類**の欄で、現在発表中の警報、注意報の情報の情報に切り替えることができる。

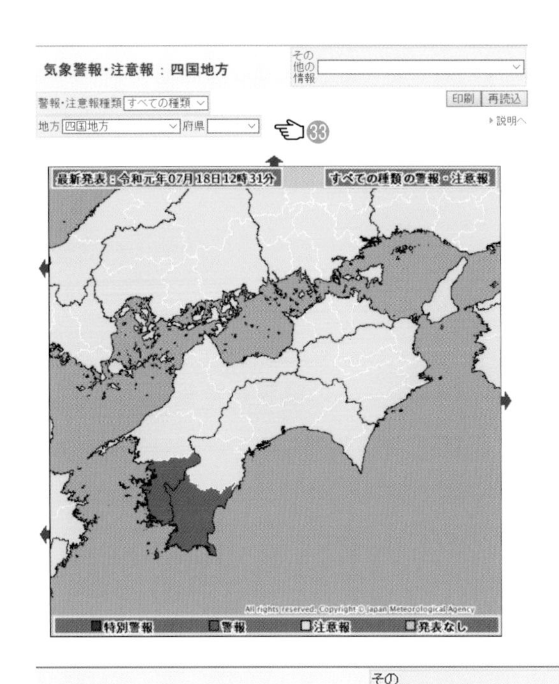

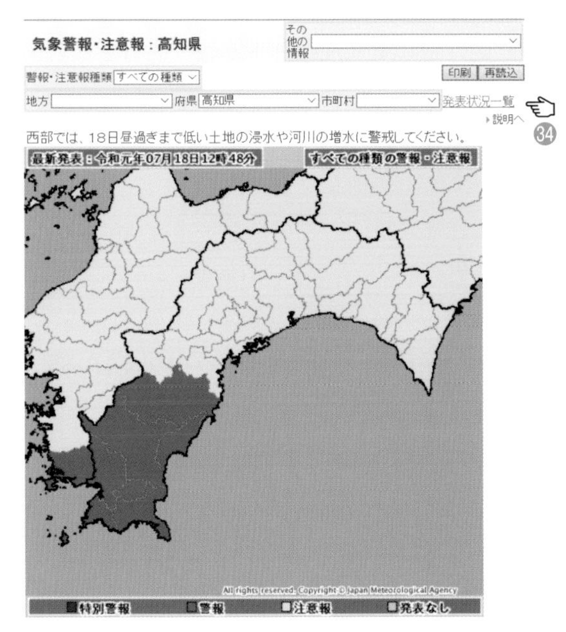

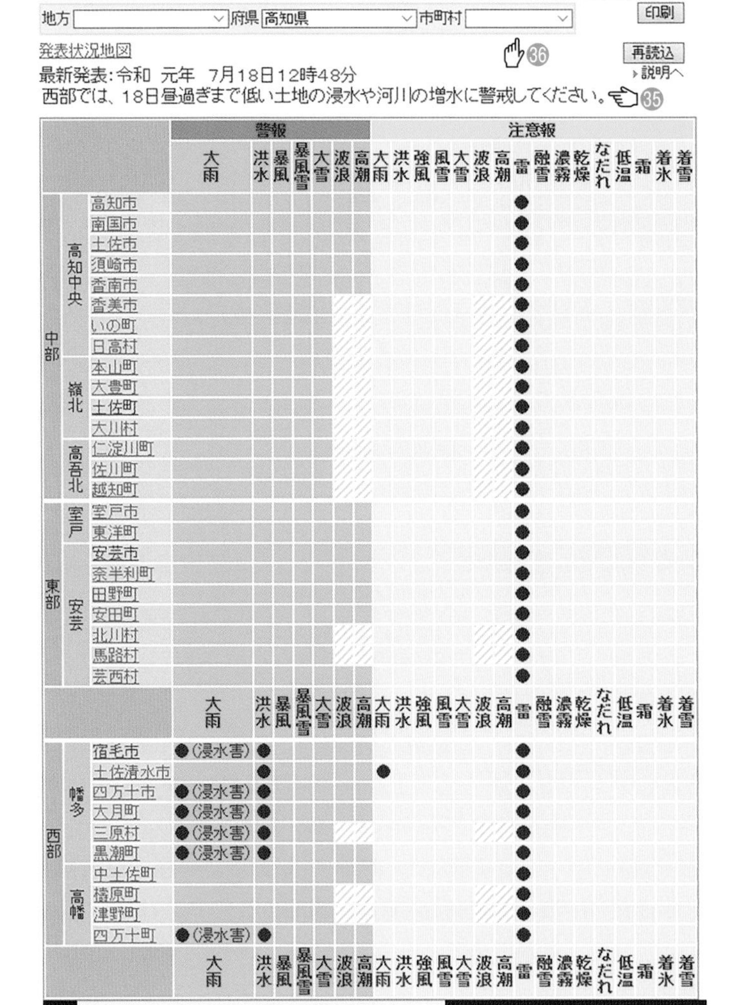

			警報							注意報															
			大雨	洪水	暴風	暴風雪	大雪	波浪	高潮	大雨	洪水	強風	風雪	大雪	波浪	高潮	雷	融雪	濃霧	乾燥	なだれ	低温	霜	着氷	着雪
中部	高知中央	高知市															●								
		南国市															●								
		土佐市															●								
		須崎市															●								
		香南市															●								
		香美市															●								
		いの町															●								
		日高村															●								
	嶺北	本山町															●								
		大豊町															●								
		土佐町															●								
		大川村															●								
	高吾北	仁淀川町															●								
		佐川町															●								
		越知町															●								
東部	室戸	室戸市															●								
		東洋町															●								
	安芸	安芸市															●								
		奈半利町															●								
		田野町															●								
		安田町															●								
		北川村															●								
		馬路村															●								
		芸西村															●								
			大雨	洪水	暴風	暴風雪	大雪	波浪	高潮	大雨	洪水	強風	風雪	大雪	波浪	高潮	雷	融雪	濃霧	乾燥	なだれ	低温	霜	着氷	着雪
西部	幡多	宿毛市	●(浸水害)	●													●								
		土佐清水市		●						●							●								
		四万十市	●(浸水害)	●													●								
		大月町	●(浸水害)	●													●								
		三原村	●(浸水害)	●													●								
		黒潮町	●(浸水害)	●													●								
	高幡	中土佐町															●								
		梼原町															●								
		津野町															●								
		四万十町	●(浸水害)	●													●								
			大雨	洪水	暴風	暴風雪	大雪	波浪	高潮	大雨	洪水	強風	風雪	大雪	波浪	高潮	雷	融雪	濃霧	乾燥	なだれ	低温	霜	着氷	着雪

さらに、この画面の**府県**の欄（33）で希望する地域を選択できる。たとえば、〈高知県〉を選択すると、上右のように高知県を拡大した画面が表示される。

この高知県の画面で、**発表状況一覧**（34）をクリックすると表示されるのが、左に示す高知県全域の詳細情報の画面である。発表日時の下（35）に注意警戒事項が言及される。高知県のほぼ全域に雷注意報が出されているのに加え、高知県西部の宿毛（すくも）市、土佐清水市、四万十（しまんと）市、大月町、三原村、黒潮町、四万十町に、「大雨警報（浸水害）」や「洪水警報」が出され、十分な警戒が必要であることがわかる。

また、この画面で**市町村**の欄（36）で市町村名を選択するか、表の左に並んでいる市町村名をクリックすると、次ページに示すような、市町村ごとの「注意警戒事項」と「早期注意情報（警報級の可能性）」の詳細情報のページに飛ぶことができ、発表中の警報・注意報と今後の推移が時系列で示される。

令和　元年　７月１８日１３時５５分　高知地方気象台発表

高知県の注意警戒事項
西部では、18日昼過ぎまで低い土地の浸水や河川の増水に警戒してください。

＝＝＝＝＝＝＝＝＝＝＝＝＝＝＝＝＝＝＝＝＝＝＝＝＝＝＝＝＝＝＝＝＝＝＝＝＝
宿毛市 ［継続］大雨（浸水害），洪水警報　雷注意報

宿毛市		今後の推移（■警報級 □注意報級）									備考・関連する現象
発表中の警報・注意報等の種別		18日				19日					
		12-15	15-18	18-21	21-24	0-3	3-6	6-9	9-12	12-15	
大雨	1時間最大雨量（ミリ）	40	40								
	（浸水害）	■	□								浸水警戒
	（土砂災害）	□	□								土砂災害注意
洪水	（洪水害）	■	□								氾濫
雷		□	□	□	□	□	□	□	□	□	以後も注意報級 竜巻

警報は、警報級の現象が予想される時間帯の最大6時間前に発表します。
▨で着色した種別は、今後警報に切り替える可能性が高い注意報を表しています。
各要素の予測値は、確度が一定に達したものを表示しています。
警報や注意報の発表、切替、解除を行った場合、本ページは通常は数分以内に更新していますので、ページを再読込し、最新の情報をご利用ください。

令和元年　７月１８日１２時００分　高知地方気象台発表

高知県西部の早期注意情報（警報級の可能性）
西部では、１９日までの期間内に、大雨警報を発表する可能性が高い。

高知県西部	警報級の可能性						
種別	18日	19日		20日	21日	22日	23日
	夕方まで	夜～明け方	朝～夜遅く				
	12-18	18-6	6-24				
大雨	[高]	－	[中]	[中]	[中]	－	－
暴風	－	－	－	－	－	－	－
波浪	－	－	－	－	－	－	－

[高]：警報を発表中、又は、警報を発表するような現象発生の可能性が高い状況です。明日までの警報級の可能性が[高]とされているときは、危険度が高まる詳細な時間帯を本ページ上段の気象警報・注意報で確認してください。

[中]：[高]ほど可能性は高くありませんが、命に危険を及ぼすような警報級の現象となりうることを表しています。明日までの警報級の可能性が[中]とされているときは、深夜などの警報発表も想定して心構えを高めてください。

なお、気象庁の「早期注意情報」ページには、**〈気象庁｜早期注意情報（警報級の可能性）地域選択〉**を検索して、府県予報区の一覧画面を立ち上げ、府県予報区名をクリック。そこで出てきた市町村名一覧の中から希望する市町村名を選択してもたどりつける。

「大雨・洪水警報の危険度分布」をチェックしよう

大雨が近づいたり、続いたりしているような場合には、早い段階で確実な情報をつかんでおくことが大切だ。

「大雨警報（土砂災害）」は発表された段階で、すでに警戒レベル3に相当しており、避難の準備が整い次第、土砂災害警戒区域の外の少しでも安全な場所への避難を開始することが求められる。「大雨警報（浸水害）」も発表された段階で、側溝や下水が溢（あふ）れ、道路がいつ冠水してもおかしくない状態で、周囲より低い場所にある家屋が、床上まで水に浸かるおそれがあり、安全確保行動をとる準備ができ次第、早めの行動をとることが求められる。また「洪水警戒警報」では、避難の準備ができ次第、避難を開始することが求められる。

①大雨警報（土砂災害）の危険度分布

大雨による土砂災害発生の危険度の高まりを、地図上に5段階に色分けして表示する情報で、「土砂災害警戒判定メッシュ情報」ともいう。10分ごとに更新され、土砂災害警戒情報や大雨警報（土砂災害）などが発表されたときに、どこで危険度が高まっているかを把握することができる。

「大雨警報（土砂災害）の危険度分布」を見るには、インターネットで〈**気象庁｜大雨警報（土砂災害）の危険度分布**〉を検索すれば、左下に示す画面が表示される。

この画面の左のカーソル（☜㊲）を操作すれば、地図の縮尺を拡大して、見たい地域のより詳しいデータを見ることができる。

右下に例として挙げたのは、2018年6月28日から7月8日まで続いた「平成30年7月豪雨」の際の画像だが、この大雨では、死者263名、行方不明者8名、負傷者484名（重傷141名、軽傷343名）、住家全壊6783棟、半壊1万1346棟、一部破損4362棟、床上浸水6982棟、床下浸水2万1637棟など、大きな被害が出ることとなった（消防庁：2019年8月20日13時現在）。

●「大雨警報（土砂災害）の危険度分布」の表示例

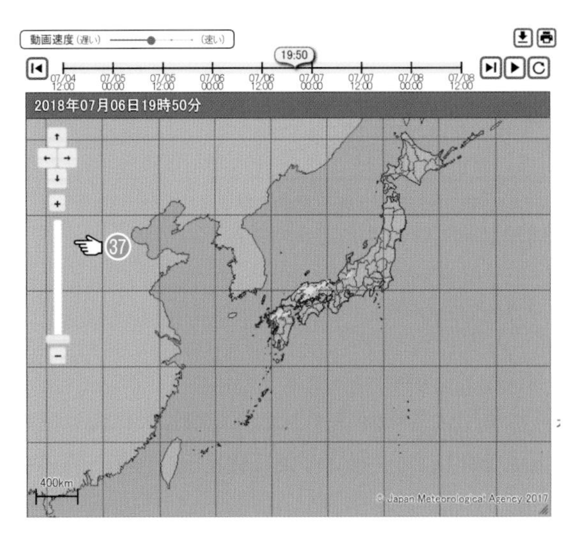

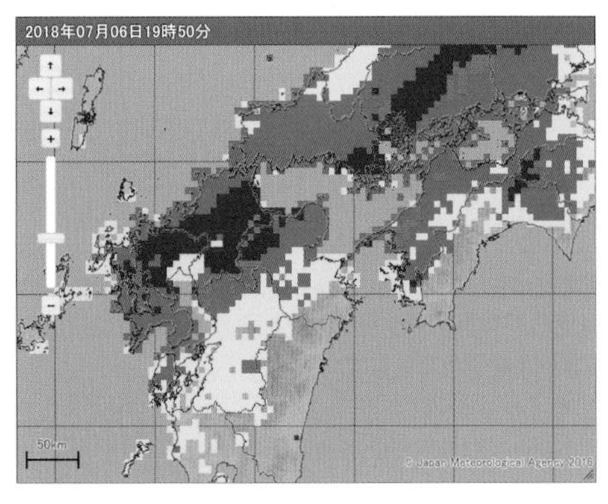

大雨警報（土砂災害）の危険度分布

危険度	区分	相当
高	極めて危険	【警戒レベル4相当】
	非常に危険	【警戒レベル4相当】
	警戒	【警戒レベル3相当】
	注意	【警戒レベル2相当】
低	今後の情報等に留意	

②大雨警報（浸水害）の危険度分布

「大雨警報（浸水害）の危険度分布」は、「大雨警報（浸水害）」を補足する情報である。 短時間の強い雨による浸水害発生の危険度の高まりの予測を示しており、1時間先までの表面雨量指数の予測値が大雨警報（浸水害）などの基準値に到達したかどうかで、危険度を5段階に判定、色分けして表示。どこで危険度が高まるかを面的に確認することができる。

●「大雨警報（浸水害）の危険度分布」の表示例

インターネットで〈**気象庁｜大雨警報（浸水害）の危険度分布**〉を検索すると、左のような画面が表示される。

あるいは前述した「大雨警報（土砂災害）の危険度分布」の画面上の**浸水害**（38）をクリックしても同じページにたどりつける。

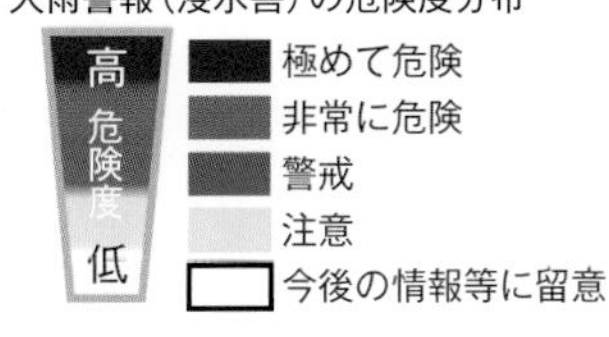

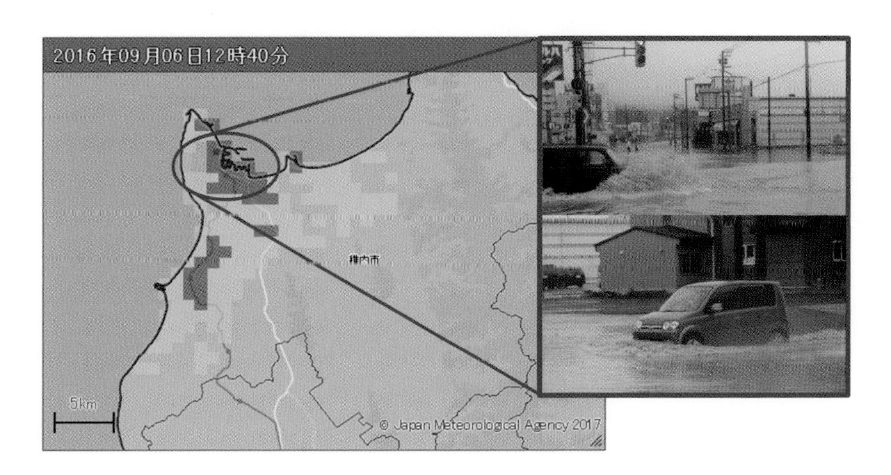

左の例は、2016年9月6日12時40分の「大雨警報（浸水害）の危険度分布」の稚内（わっかない）市周辺を拡大表示したもの。そのとき、稚内市では写真のように浸水害が発生していた。（気象庁ホームページより）

③洪水警報の危険度分布

「洪水警報の危険度分布」は、「洪水警報」を補足する情報として位置づけられている。そもそも気象庁は、国土交通省や都道府県の機関と共同して、あらかじめ指定した河川について、区間を決めて水位または流量を示した洪水の予報を行っており、状況に応じて、例に示すような文書の形で、「氾濫(はんらん)注意情報」「氾濫警戒情報」「氾濫危険情報」「氾濫発生情報」の4種類の「指定河川洪水予報」を発表している。それに合わせ、指定河川洪水予報の発表対象ではない中小河川（水位周知河川およびその他河川）の洪水害発生の危険度の高まりを予測し、発表しているのが「洪水警報の危険度分布」だ。

この「洪水警報の危険度分布」では3時間先までの流域雨量指数の予測値が洪水警報等の基準値に到達したかどうかで、危険度を5段階に判定したうえで色分け表示し、どこで危険度が高まるかを面的に確認することができる。

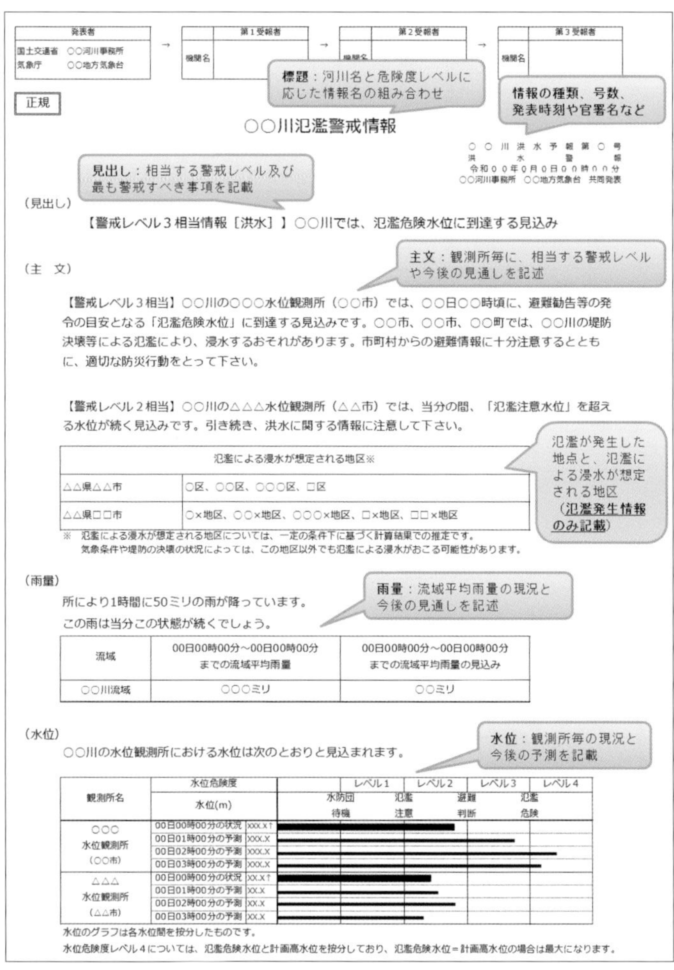

発表者	
国土交通省	○○河川事務所
気象庁	○○地方気象台

→ | | 第1受報者 | 機関名 | → | | 第2受報者 | 機関名 | → | | 第3受報者 | 機関名 |

正規

○○川氾濫警戒情報

○○川洪水予報第○号
洪水警報
令和００年０月０日００時００分
○○河川事務所　○○地方気象台　共同発表

（見出し）

【警戒レベル３相当情報［洪水］】○○川では、氾濫危険水位に到達する見込み

（主　文）

【警戒レベル３相当】○○川の○○○水位観測所（○○市）では、○○日○○時頃に、避難勧告等の発令の目安となる「氾濫危険水位」に到達する見込みです。○○市、○○市、○○町では、○○川の堤防決壊等による氾濫により、浸水するおそれがあります。市町村からの避難情報に十分注意するとともに、適切な防災行動をとって下さい。

【警戒レベル２相当】○○川の△△△水位観測所（△△市）では、当分の間、「氾濫注意水位」を超える水位が続く見込みです。引き続き、洪水に関する情報に注意して下さい。

氾濫による浸水が想定される地区※	
△△県△△市	○区、○○区、○○○区、□区
△△県□□市	○×地区、○○×地区、○○○×地区、□×地区、□□×地区

※　氾濫による浸水が想定される地区については、一定の条件下に基づく計算結果での推定です。
気象条件や堤防の決壊の状況によっては、この地区以外でも氾濫による浸水がおこる可能性があります。

（雨量）

所により1時間に50ミリの雨が降っています。
この雨は当分この状態が続くでしょう。

流域	00日00時00分～00日00時00分までの流域平均雨量	00日00時00分～00日00時00分までの流域平均雨量の見込み
○○川流域	○○○ミリ	○○ミリ

（水位）

○○川の水位観測所における水位は次のとおりと見込まれます。

観測所名	水位危険度 / 水位(m)		レベル1 水防団待機	レベル2 氾濫注意	レベル3 避難判断	レベル4 氾濫危険
○○○水位観測所（○○市）	00日00時00分の状況	xxx.x↑				
	00日01時00分の予測	xxx.x				
	00日02時00分の予測	xxx.x				
	00日03時00分の予測	xxx.x				
△△△水位観測所（△△市）	00日00時00分の状況	xx.x↑				
	00日01時00分の予測	xx.x				
	00日02時00分の予測	xx.x				
	00日03時00分の予測	xx.x				

水位のグラフは各水位間を按分したものです。
水位危険度レベル４については、氾濫危険水位と計画高水位を按分しており、氾濫危険水位＝計画高水位の場合は最大になります。

指定河川洪水予報例

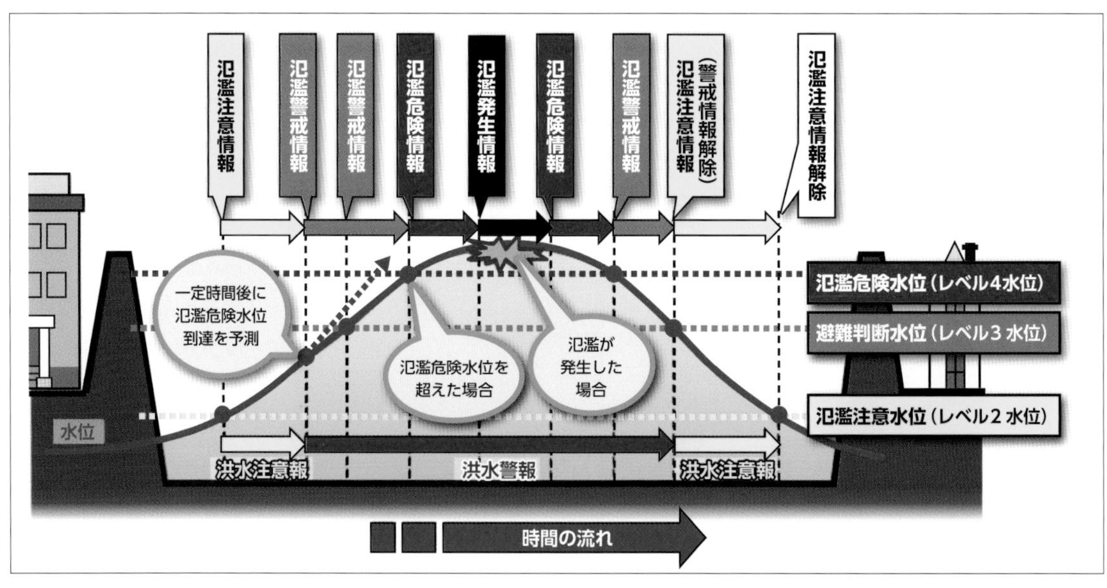

指定河川洪水予報の概念図（気象庁ホームページより）

●「洪水警報の危険度分布」の表示例

インターネットで**〈気象庁｜洪水警報の危険度分布〉**と検索すると、「大雨警報（土砂災害）の危険度分布」「大雨警報（浸水害）の危険度分布」のときと同様に、下のような画面が表示される。

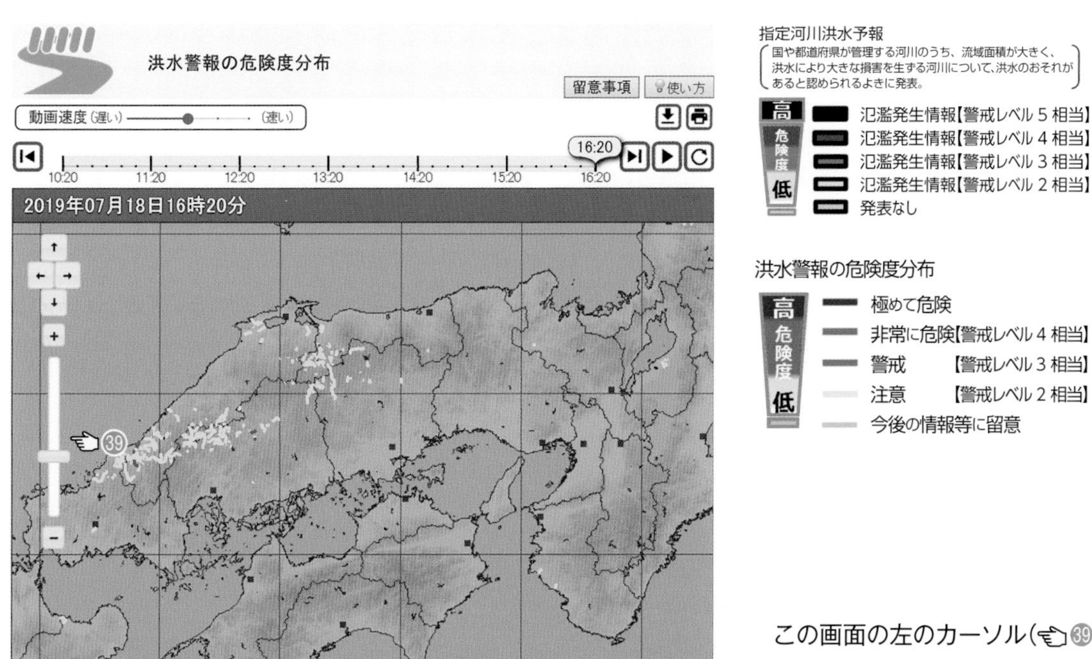

この画面の左のカーソル（☜39）で地図の縮尺を上げ、より詳細にしたものが右下の画面だ。

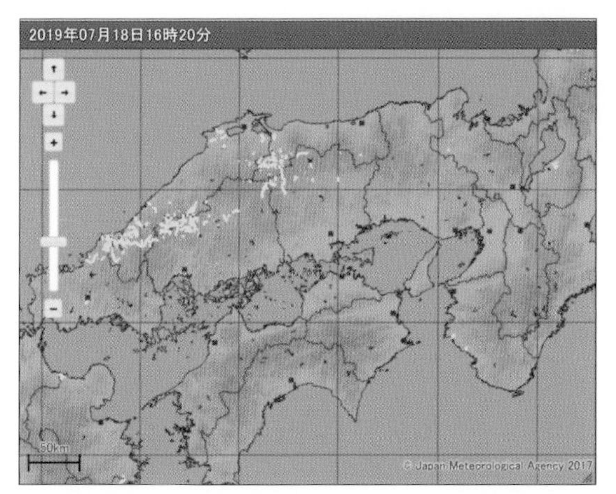

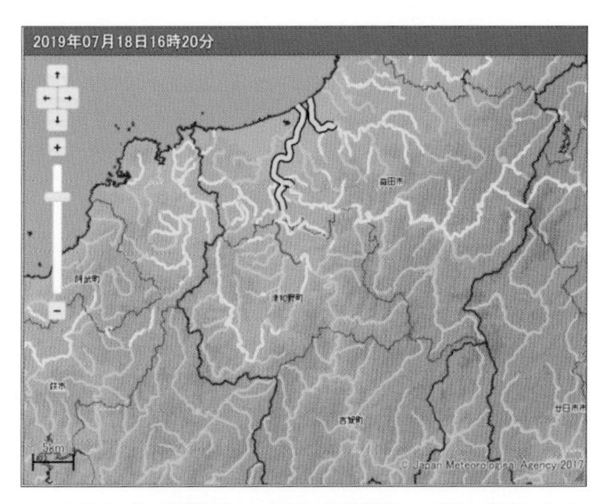

上の画面は、2019年7月18日の「洪水警報の危険度分布」の全国表示の画面だが、**注意**および**警戒**を表示されていた島根県津和野町周辺に寄ると、警戒レベル3に相当する箇所がはっきりと示される。

こうした情報をいち早く確認し、早い段階から、しっかりと災害に備え、準備を始めることが、命を守ることに繋（つな）がるのだ。

最新の「台風情報」で自分の命を守ろう

日本には毎年、多くの台風が来襲し、大きな被害に見舞われている。
それだけに台風情報をいち早く入手して、それに備えることが大切だ。

気象庁は、台風の1日（24時間）先までの12時間刻みの予報を3時間ごとに発表し、さらに5日（120時間）先までの24時間刻みの予報を6時間ごとに追加発表。

さらに、台風が日本に接近し、影響するおそれがある場合には、台風の位置や強さなどの実況と1時間後の推定値を1時間ごとに発表するとともに、24時間先までの3時間刻みの予報を3時間ごとに発表している。予報の内容は、各予報時刻の台風の中心位置（予報円の中心と半径）、進行方向と速度、中心気圧、最大風速、最大瞬間風速、暴風警戒域である。

● 台風情報の表示例

台風情報をインターネットで入手するには、**〈気象庁｜台風情報〉**と検索すればいい。下に示すような画面が表示される。

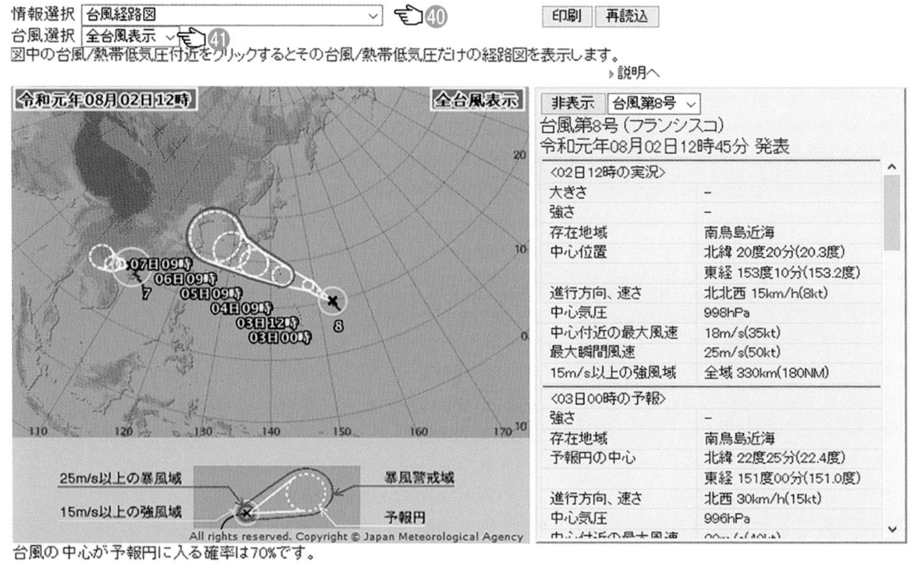

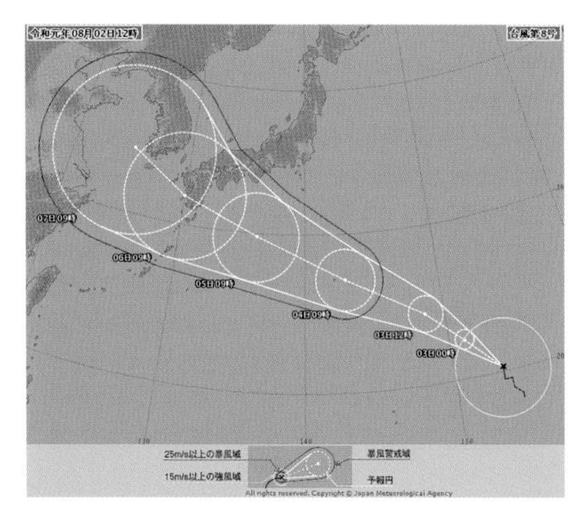

この画面の情報選択の欄（☜40）で、〈台風経路図〉〈台風の暴風域に入る確率（地域ごと時間変化）〉〈台風の暴風域に入る確率（分布表示）〉〈台風に関する気象情報（全般台風情報）〉を選択し、表示できる。

また、複数の台風が日本に接近している場合、台風選択の欄（☜41）で、確認したい台風を選択でき、指定した台風の経路が、左図のように、より大きく表示される（上の画面の台風経路をクリックしても選択可）。

■気象庁の情報と市町村の対応、そして住民がとるべき対応

2019年3月に改定された「避難勧告等に関するガイドライン」では、「警戒レベル」を下の表に示すように5つとしている。

実際に運用が始まったのは、同年出水期からのことだが、そもそも、この「5段階の警戒レベル」が新たに決められたのは、「平成30年7月豪雨」を受けてのことだった。

このときは、7月6日17時10分に長崎・福岡・佐賀の3県に大雨特別警報が発表されたのに続き、19時40分には広島・岡山・鳥取、22時50分には京都・兵庫に大雨特別警報が発表され、さらに翌7日12時50分には岐阜県、8日5時50分には高知、愛媛の2県にも大雨特別警報が発表され、最終的には11府県で大雨特別警報が発表された。そして、237人の死者・8人の行方不明者を出すこととなった(2019年1月9日、内閣府)。

これほどの被害となった背景には、従来からあった避難勧告などの情報が理解されておらず、住民が逃げ遅れたことなどをはじめ、様々な原因があったが、「警戒レベル」の導入の狙いは、その反省を生かし、大雨や洪水時に出される気象庁などが発表する防災気象情報や市町村の避難情報に、危険度に応じた5段階の「警戒レベル」を加えることで、住民に避難のタイミングを明確に示すことにある。

この警戒レベルと、ここまで紹介してきた気象庁の防災気象情報がどう対応しているのか、また私たちがどう行動すべきかを理解しておこう。

防災気象情報をもとにとるべき行動と、相当する警戒レベル

防災気象情報	住民が取るべき行動	警戒レベル
大雨特別警報 氾濫発生情報	災害がすでに発生していることを示す警戒レベル5に相当する。すでに何らかの災害が発生している可能性が極めて高い状況で、命を守るための最善の行動をとる必要がある。	警戒レベル5相当
土砂災害警戒情報 高潮特別警報 高潮警報 氾濫危険情報 危険度分布（非常に危険）	地元の自治体が避難勧告を発令する目安となる情報で、避難が必要とされる警戒レベル4に相当する。災害が想定されている区域等では、自治体からの避難勧告の発令に留意するとともに、避難勧告が発令されていなくても危険度分布や河川の水位情報等を用いて自ら避難の判断をすることが求められる。	警戒レベル4相当
大雨警報（土砂災害） 洪水警報 高潮注意報(警報に切り替える可能性が高い旨が言及されているもの) 氾濫警戒情報 危険度分布（警戒）	地元の自治体が避難準備・高齢者等避難開始を発令する目安となる情報で、高齢者等の避難が必要とされる警戒レベル3に相当する。災害が想定されている区域等では、自治体からの避難準備・高齢者等避難開始の発令に留意するとともに、危険度分布や河川の水位情報等を用いて高齢者等は自ら避難の判断をすることが求められる。	警戒レベル3相当
氾濫注意情報 危険度分布（注意）	避難行動の確認が必要とされる警戒レベル2に相当する。ハザードマップ等により、災害が想定されている区域や避難先、避難経路を確認することが求められる。	警戒レベル2相当
大雨注意報 洪水注意報 高潮注意報(警報に切り替える可能性に言及されていないもの)	避難行動の確認が必要とされる警戒レベル2。ハザードマップ等により、災害が想定されている区域や避難先、避難経路を確認することが求められる。	警戒レベル2
早期注意情報(警報級の可能性) ※大雨に関して、明日までの期間に[高]または[中]が予想される場合	災害への心構えを高める必要があることを示す警戒レベル1。最新の防災気象情報等に留意するなど、災害への心構えを高めることが求められる。	警戒レベル1

現時点で警戒レベルの色は正式に決定されておらず、今後変更となる可能性もある。

さらに、気象庁が発表する防災気象情報と市町村の対応がどのように連動しているのかも、知っておく必要がある。

その概略は下のようになっているが、住んでいる自治体の体制も調べておきたい。

こうした知識を身につけ、日頃から「いざというときにどう行動するか」について考え、十分な備えをすることが、自分や家族の大切な命を守ることになる、ということを肝に銘じておきたいものである。

気象状況	気象庁が発表する防災情報					市町村の対応	警戒レベル
数十年に一度の大雨	大雨特別警報				氾濫 発生情報	災害発生情報 ・可能な範囲で発令	5
	土砂災害 警戒情報	高潮警報 ・暴風警報が発表されている高潮警報に切り替える可能性が高い注意報は、避難勧告（警戒レベル4）に相当する	高潮 特別警報	危険度分布 極めて危険 非常に危険	氾濫 危険情報	避難指示（緊急） ・緊急的または重ねて避難を促す場合等に発令 避難勧告 第4次防災体制 （災害対策本部設置）	4
大雨の数時間～2時間程度前	大雨警報 ・夜間～翌日早朝に大雨警報（土砂災害）に切り替える可能性が高い注意報は、避難準備・高齢者等避難開始レベル（警戒レベル3）に相当する 洪水警報	高潮警報に切り替える可能性が高い 高潮注意報		警戒 （警報級）	氾濫 警戒情報	避難準備・高齢者等避難開始 第3次防災体制 ・避難勧告を発令で判断きる体制をとる	3
	大雨警報に切り替える可能性が高い 注意報			注意 （注意報級）	氾濫 注意情報	第2次防災体制 ・避難準備・高齢者等避難開始の発令を判断できる体制をとる	2
大雨の半日～数時間前	大雨注意報 洪水注意報	高潮注意報				第1次防災体制 ・連絡要員を配置	2
大雨の数日～約1日前	早期注意情報 （警報級の可能性）					災害への心構えを一段高める ・職員の連絡体制を確認	1

Chapter 2

正確な天気予報は気象観測から始まる

天気予報をするためには、言うまでもなく正確な観測を行うことが必要である。

そのため、気象庁では、①地上の観測、②高層の観測、③レーダーによる観測、④海上の観測、⑤気象衛星による観測、などを行っている。

1 地上の観測

Chapter1で紹介した全国の気象台、測候所では、観測者が目視や地上気象観測装置を用いて下記のような気象観測を行っている。

地上での気象観測種目

<table>
<tr><th>観測種目</th><th>観測方法</th><th>観測場所</th></tr>
<tr><td>気圧、気圧変化の型と量、日最低海面気圧・同起時※</td><td>電気式気圧計</td><td>観測室</td></tr>
<tr><td rowspan="3">気温、水蒸気圧、露点温度、相対湿度、日最高気温・同起時、日最低気温・同起時、日最小相対湿度・同起時</td><td>電気式温度計</td><td rowspan="3">露場※※</td></tr>
<tr><td>電気式湿度計</td></tr>
<tr><td>携帯用通風乾湿計</td></tr>
<tr><td>風向、風速、日最大瞬間風速・同風向・同起時、日最大風速・同風向・同起時</td><td>風車型風向風速計</td><td>測風塔または屋上</td></tr>
<tr><td rowspan="2">降水量、降水強度、日最大1時間または10分間降水量・同起時、大気現象（降水現象の有無）</td><td>転倒ます型雨量計</td><td rowspan="6">露場</td></tr>
<tr><td>感雨器</td></tr>
<tr><td rowspan="2">積雪の深さ</td><td>積雪計</td></tr>
<tr><td>雪尺</td></tr>
<tr><td rowspan="2">降雪の深さ</td><td>積雪計</td></tr>
<tr><td>雪板</td></tr>
<tr><td>全天日射量</td><td>全天電気式日射計</td><td rowspan="3">測風塔または屋上</td></tr>
<tr><td rowspan="2">日照時間</td><td>回転式日照計</td></tr>
<tr><td>太陽電池式日照計</td></tr>
<tr><td rowspan="4">視程、現在天気、大気現象</td><td>視程計</td><td rowspan="4">露場（無人の場合）</td></tr>
<tr><td>感雨器</td></tr>
<tr><td>電気式温度計</td></tr>
<tr><td>電気式湿度計</td></tr>
<tr><td rowspan="6">視程、現在天気、大気現象</td><td>視程計</td><td rowspan="6">露場（有人〔自動観測〕の場合）</td></tr>
<tr><td>感雨器</td></tr>
<tr><td>電気式温度計</td></tr>
<tr><td>電気式湿度計</td></tr>
<tr><td>気象レーダー</td></tr>
<tr><td>雷監視システム</td></tr>
<tr><td>視程、現在天気、大気現象、雲量・雲形・雲の向き（雲片または雲塊の進行してくる方向）</td><td>観測者による目視または聴音</td><td>露場（有人〔観測者による観測〕の場合）</td></tr>
</table>

※同起時とは、その現象が起きた時刻のこと。　※※露場とは、観測装置が周囲の人工物の影響を受けず、安定した環境で観測が行えるように配慮した場所で、地面からの熱を避けるために芝生が植えられている。

■主な地上気象観測用機器

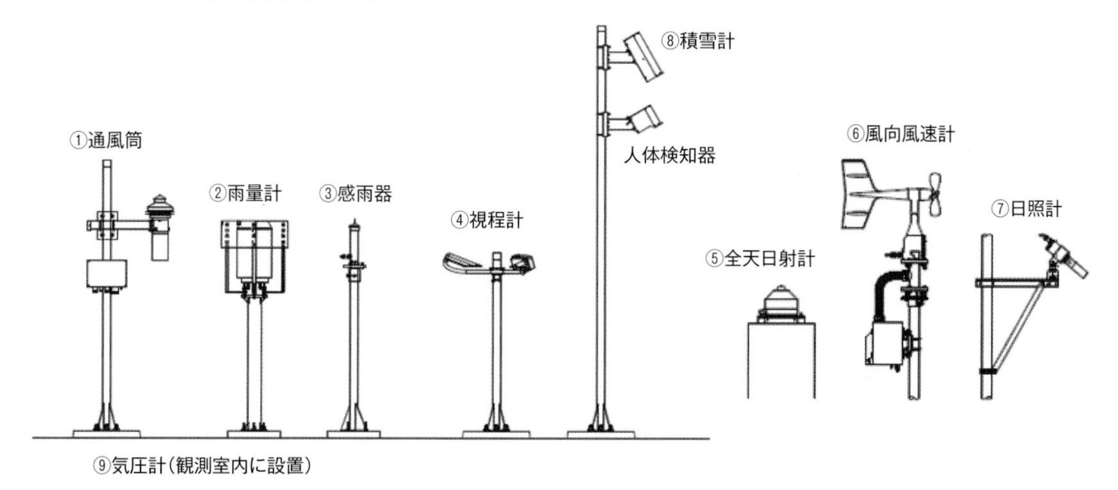

①通風筒 (電気式温度計、電気式湿度計)

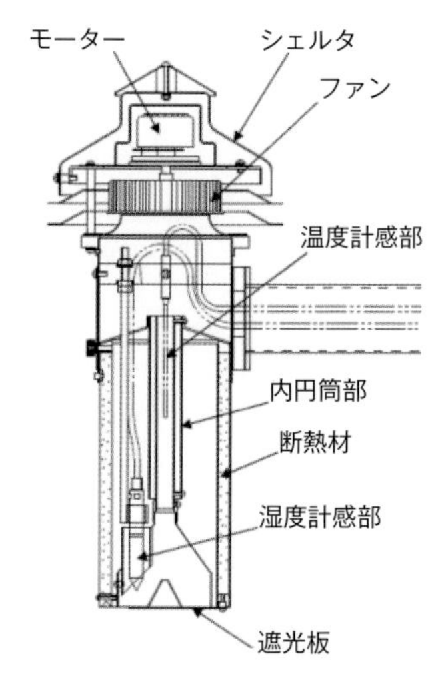

通風筒の外観(左)と構造(右)

気温や湿度の観測に対する日射の影響を防ぐため、断熱材を入れた二重の円筒に、電気式の「温度計」と「湿度計」を入れ、常に風を通した状態で、温度と湿度を測定している。

電気式温度計は温度変化とともに電気抵抗が変化する材料(白金)の抵抗値を測定することで温度を求める。また電気式湿度計は、吸湿性の高分子膜を用いて、湿度の変化による静電容量の変化を電気信号に変換することで湿度を測定している。

②雨量計〔転倒ます型〕

口径20㎝の「受水器」に入った降水(雨や雪など)を「ろ水器」で受け、「転倒ます」に注ぎ入れる。転倒ますは、2個の容器がシーソーのような構造になっており、片方のますに流れ込んだ雨量が一定量(降水量0.5㎜)になると、重みで反対方向に転倒して水を下へ排出する。

その転倒数を計測することによって「降水量」を測定するのだ。ちなみに降水量とは、ある時間内に降った雨や雪などの量で、降水が流れ去らずに地表面を覆ったときの水の深さ(雪などの固形降水の場合は溶かして水にしたときの深さ)のことである。

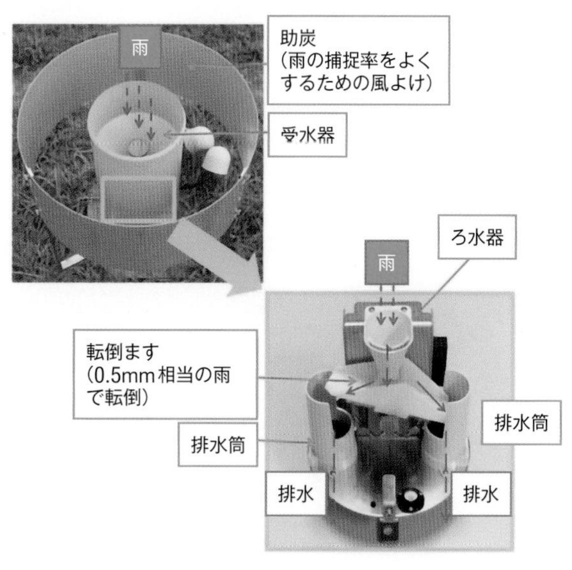

③感雨器

感雨器の外観（左）と感雨面（右）

くし状の電極板（感雨面）に雨滴や雪片などが滴下・付着して電極が短絡することを電気的に検知して、降水（雨や雪が降ったかどうか）を検出する。感雨面は直径約8㎝で、水はけをよくするため頂部は傘状に傾斜させている。また、感雨面の裏側には、加熱用のヒーターと温度検出用のセンサーが取り付けられており、降水現象を感知した場合は、パルス信号を出力すると同時に、加熱用ヒーターの加熱温度を上昇させて雨水の蒸発を早めている。

④視程計

光の散乱を測定し、「視程＝肉眼で物体がはっきりと確認できる距離」を測定する。ただし、視程計が設置されているのは、特別地域気象観測所と一部の気象官署のみとなっている。

⑤全天日射計〔電気式〕

「日射量」（単位面積・単位時間あたりの太陽放射エネルギーの量）を測定する装置。受光面は、風雨などからの防護や風による受光面温度の乱れを防ぐために、半球のガラスドームで覆われており、ガラスドームの防塵（ぼうじん）・防霜（ぼうそう）用として通風ファンが取り付けられている。このガラスドームから入射した日射エネルギーによって発生する電力（熱起電力）を測定し、日射量に変換する。

⑥風向風速計〔風車型〕

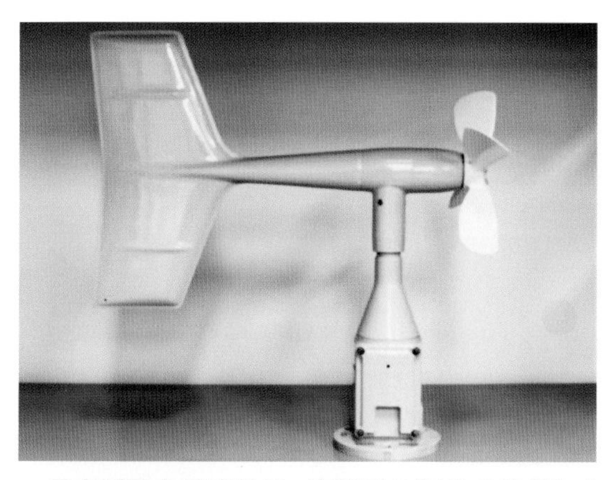

風車型風向風速計は、流線型の胴体の先端に4枚の羽根を持つプロペラ(風車)を、後部に垂直尾翼を配置して、それが水平に自由に回転するように支柱に取り付けられている。その結果、風車は常に風上を向くようになり、風車の回転数から風速を、胴体の向きから風向を測定できる。

⑦日照計〔回転式〕

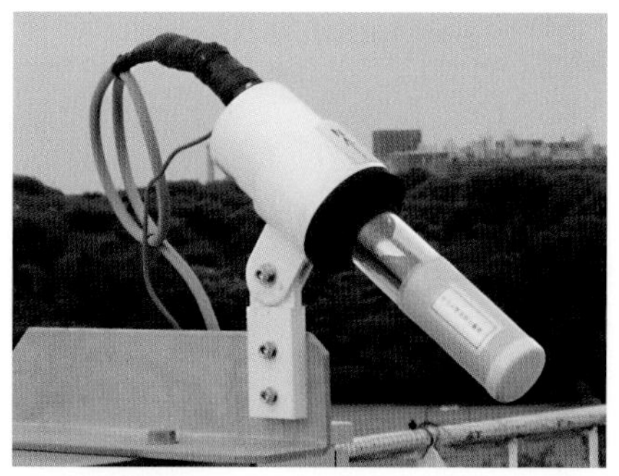

「日照時間」(太陽が照った時間)を測定する測器。ガラス円筒内に本体の主軸(南北方向)に沿って30秒で一回転する散乱反射鏡を、また、その反射鏡の回転を検出する機構も取り付けてある。この反射鏡による反射光(太陽光)は受光素子(焦電素子)に導かれ、その太陽光の強度(直達日射量)を計測して、一定の値以上であれば、「日照有り」のパルス信号が出力される構造になっている。

⑧積雪計〔光電式〕

支柱に固定された積雪計から10秒間隔で発射したレーザー光が、雪面で反射して感部に戻るまでの時間を計測して、積雪計から積雪面までの距離を計測する。支柱の影響を避けるため支柱と約30度の傾きで積雪計を設置してある。なお、人体の移動による赤外線変化を検出する人体検知器を併設して、人体を検知した場合、一定期間レーザー光の照射を止めている。積雪量ではなく積雪深を計測する。

⑨気圧計〔静電気容量型〕

電気式気圧計のセンサーは、縦・横約6㎜、厚さ約1.5㎜のシリコン基板に薄さ約4μmの真空部を取り付けた構造になっている。大気圧の変化に伴って真空部上下の電極間に変位が生じて、その静電容量が変化する。そのわずかな変化を電気信号でとらえて気圧を測定する。

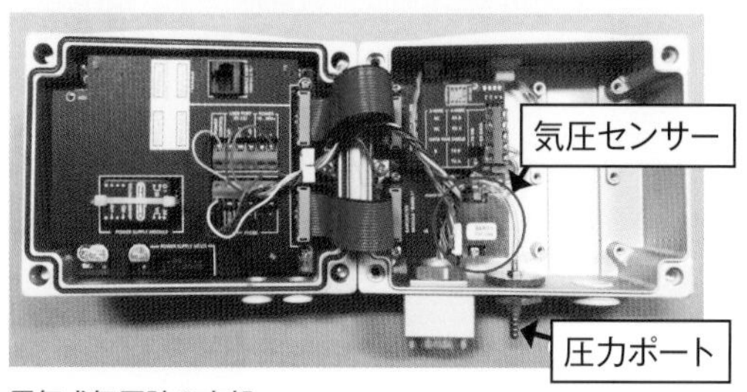

電気式気圧計の内部

■ 全国を網羅するアメダス観測網

気象庁では、全国約1300か所の観測地点を展開し、1974年11月1日から「アメダス観測網」を運用している。この「アメダス観測網」の観測点はおよそ17kmおきで、降水量を計測しているが、このうち約840か所(約21km間隔)では降水量に加えて、風向・風速、気温、日照時間などを観測しているほか、雪の多い地方の約320か所では積雪の深さも観測している。

こうして集められた観測データは、注意報・警報や天気予報の発表などに利用されているほか、中長期にわたる気候変動の把握や産業活動の調査・研究などで活用されている。

アメダスで観測している気象情報

種類	内容	単位
降水量	降った雨や雪の量	0.5㎜単位で表示。雪やあられなどは、溶かして水にしてから観測している。
風向	風の吹いてくる方向	観測前10分間の平均値を、北、北北東、北東、東北東、東、東南東、南東、南南東、南、南南西、南西、西南西、西、西北西、北西、北北西の16方向で表示。
風速	風の速さ	観測前10分間の平均値を0.1m/秒単位で表示。(アメダス地図形式は1m/秒単位)。
気温	空気の温度	0.1℃(摂氏)単位で表示。
日照時間	太陽が照らした時間	0.1時間(6分)単位で表示。(たとえば、11時から12時の1時間にすべて太陽が照っていたら1時間と表示)
積雪の深さ	積っている雪の地面からの高さ	1㎝単位で表示。

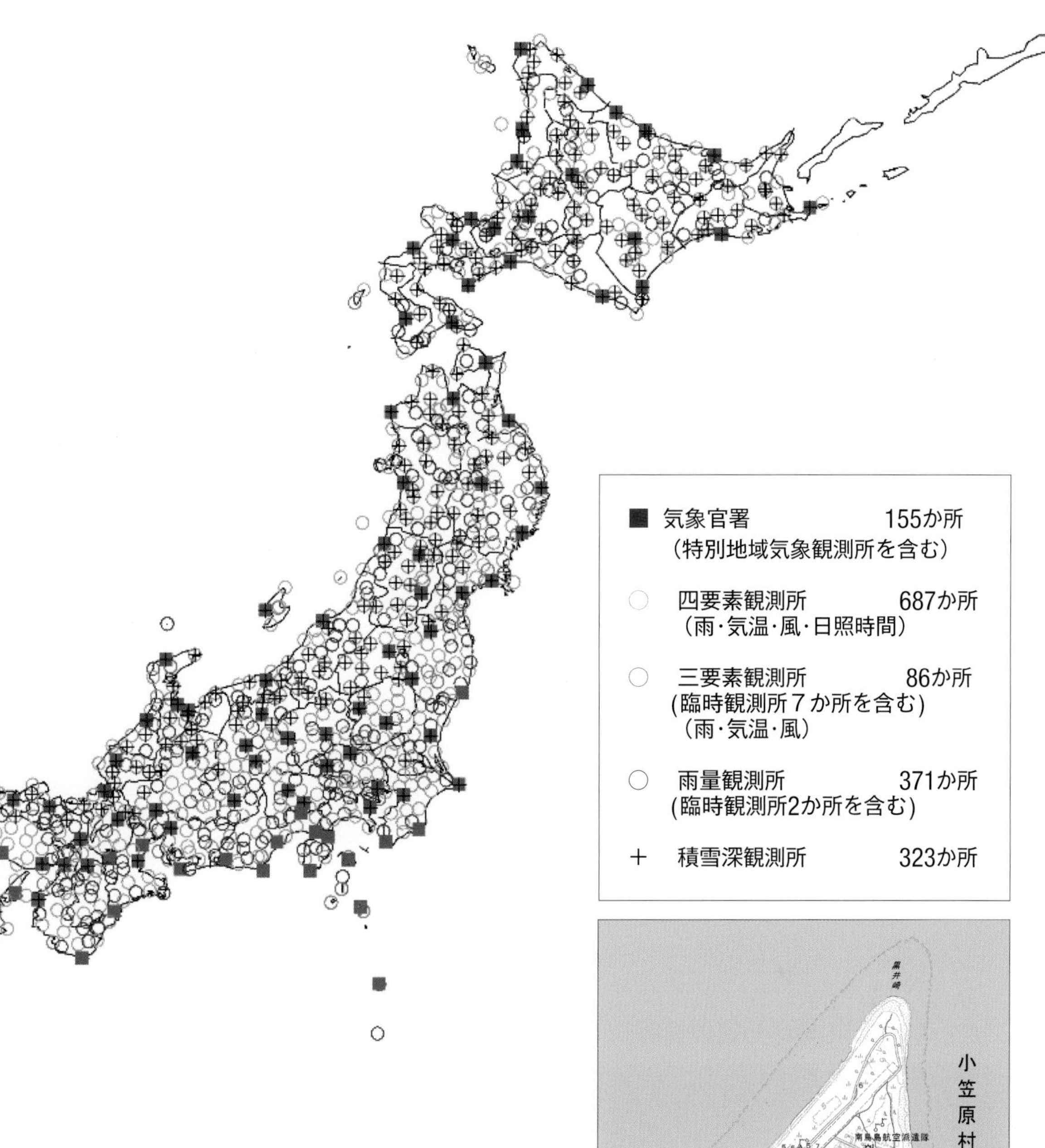

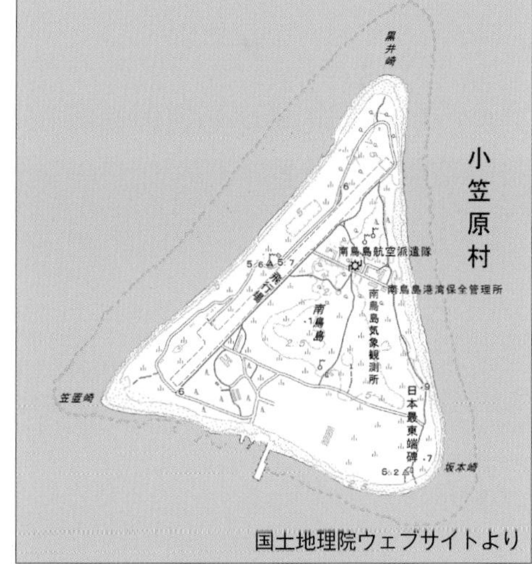

地図内にはおさまらないが、日本の 最東端の島「南鳥島」にも気象庁の観測所（南鳥島観測所）があり、アメダス観測網の一翼を担っている。
この南鳥島観測所は、温室効果ガス等の重要な観測点として位置づけられており、世界気象機関（WMO）の「全大気監視（GAW）計画」の観測所にもなっている。

「地図方式」と「表形式」で発表されるアメダス

気象庁は上記の観測結果を、1時間ごとに更新してインターネット発信しているが、その際、「地図方式」と「表形式」の2つの表示方法をとっている（表形式は観測地点ごと）。

まず、**〈気象庁|アメダス〉**で検索すると、右のような「地図方式」の表示画面が表示される。この画面上部のアメダス表形式→全国の全国（㊷）をクリックすると、一次細分区域の地方・都府県名の表が出てくる。その中から、希望する地点名をクリックすると、下のような観測地点を示す地図が出てくる。さらにその地点をクリックすることで、その地点の「表形式」のアメダスデータが表示される（下記の例は、[東京]を選択した場合）。

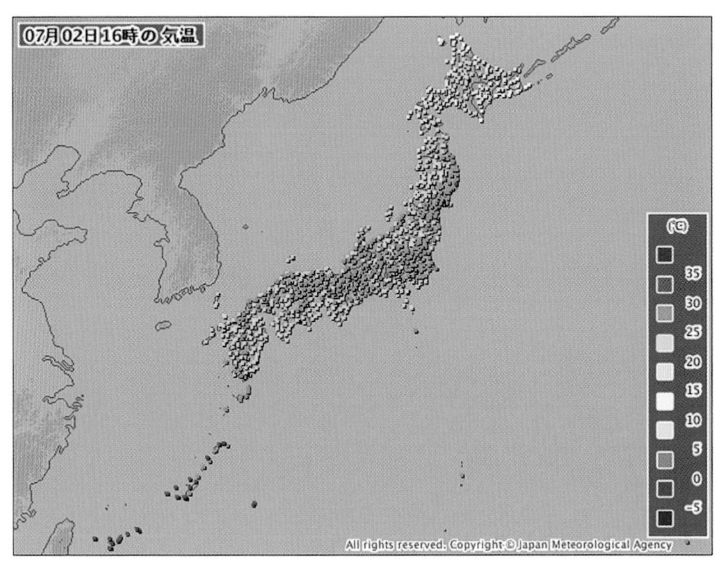

アメダスで観測している気象情報

左の画面で、東京の■をクリックすると、右の表形式の画面が表示される。

2019年05月19日　東京（トウキョウ）

北緯：35 度 41.5 分　東経：139 度 45.0 分　標高：25 m　昨日の観測データ　最低・最高気温

時刻	気温	降水量	風向	風速	日照時間	湿度	気圧
時	℃	mm	16方位	m/s	h	%	hPa
1	18.6	0.0	南南東	3.4		74	1023.7
2	18.6	0.0	南東	3.8		71	1023.5
3	18.5	0.0	南南東	3.6		72	1023.3
4	18.0	0.0	南東	2.1	0.0	75	1023.6
5	18.6	0.0	南東	2.3	0.0	72	1023.7
6	18.9	0.0	南東	3.2	0.0	72	1023.6
7	19.5	0.0	南南東	3.1	0.2	70	1023.9
8	20.5	0.0	南	3.0	0.4	65	1023.9
9	22.0	0.0	南南東	3.8	1.0	58	1023.5
10	23.1	0.0	南南東	4.1	1.0	56	1023.2
11	22.6	0.0	南東	4.7	0.9	54	1023.0
12	24.3	0.0	南南東	3.4	0.3	54	1022.5
13							

● アメダス「地図形式」の表示例

アメダスのトップページの画面上部の要素選択の欄（㊸）をクリックすると、〈降水量〉〈風向・風速〉〈気温〉〈日照時間〉〈積雪深〉（積雪深のデータ表示は雪のシーズンのみ）が選択でき、〈地方〉の欄では全国か希望する地点を選択でき、それぞれ、右ページに示すような画面が表示される。

降水量　全国

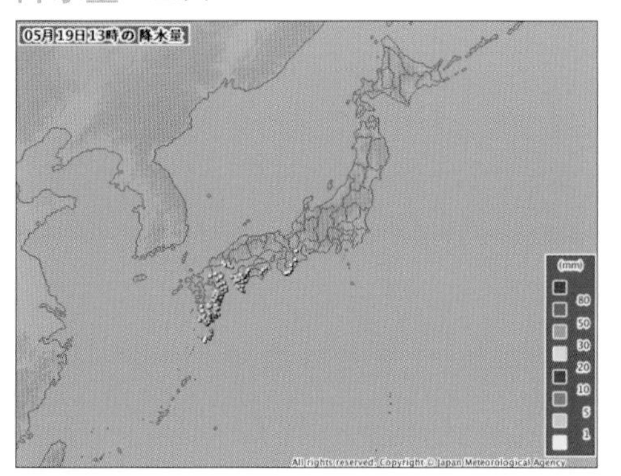

九州地方（南部）

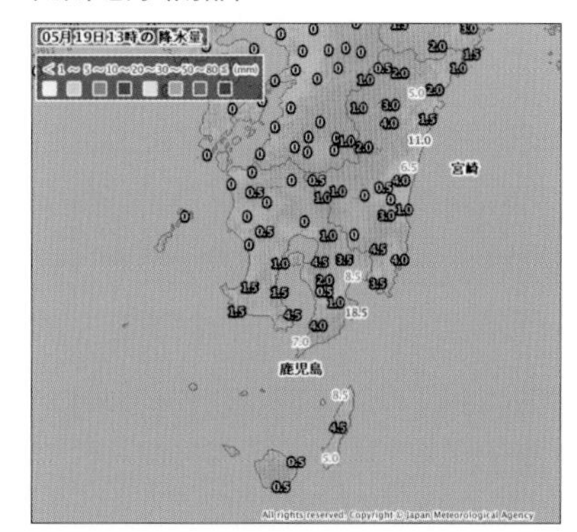

風向・風速　全国

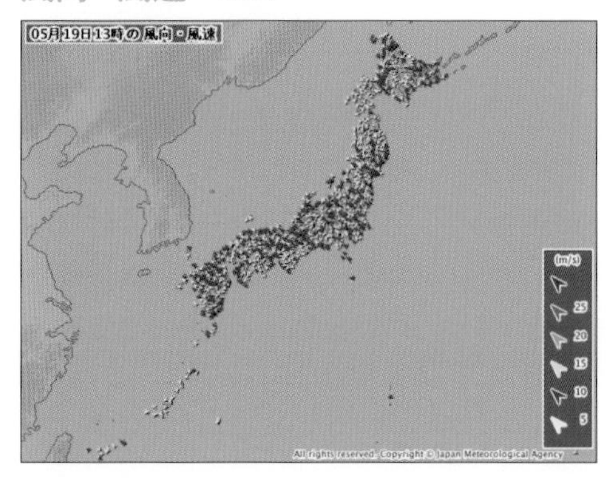

北海道地方（北西部）

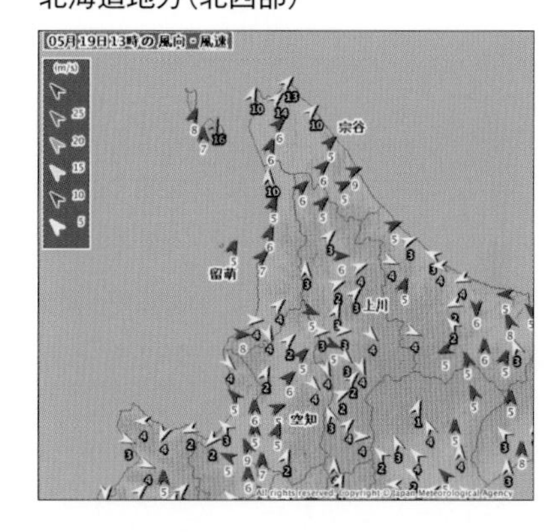

気温　全国

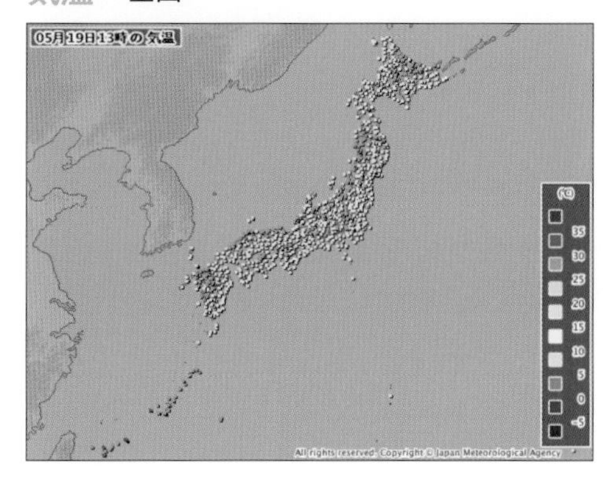

九州地方（北部）

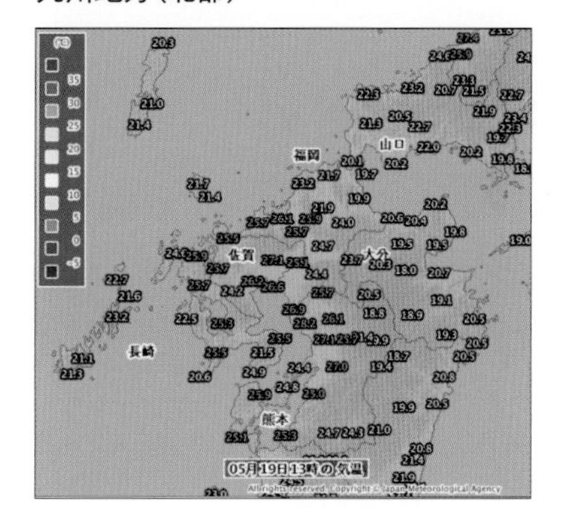

日照時間　全国

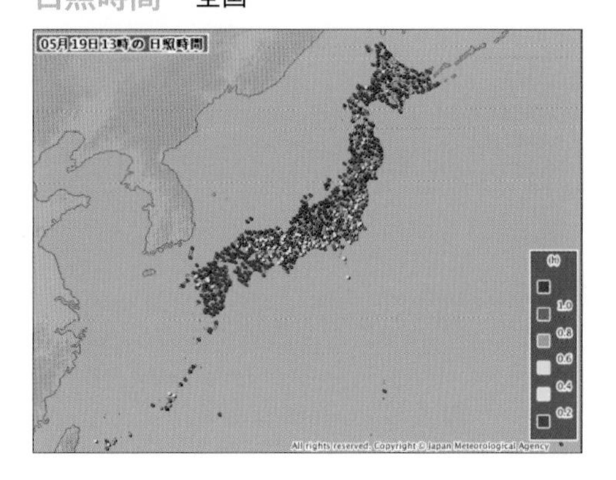

関東地方

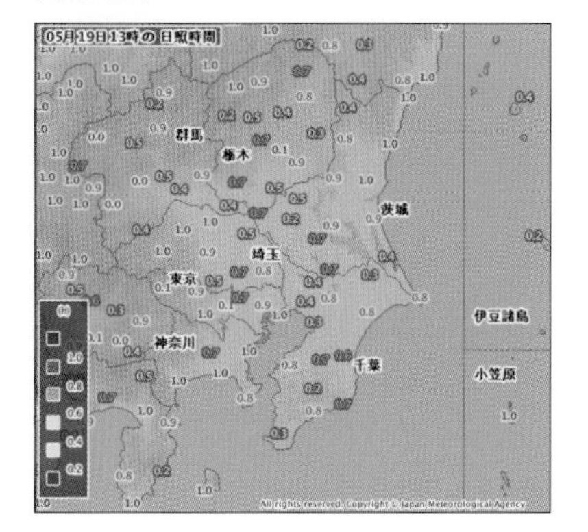

2 高層の観測

地球の大気は、高度約500㎞近くまで広がっており、対流圏、成層圏、中間圏、熱圏からなっているが、様々な気象現象が起きているのは、そのうち対流圏である。この対流圏は、赤道付近では18㎞程度と厚く、北極や南極に近い高緯度では約8㎞程度と薄くなっているが、より正確な天気予報を出すためには、高層の観測を行い、対流圏の大気の状況や動きを知ることが欠かせない。

■高層観測の主力は「ラジオゾンデ」

高層観測の主力として活躍しているのが、気圧、気温、湿度などを測定するセンサーや、測定した情報を送信するための無線送信機を備えた気象観測器「ラジオゾンデ」(Radiosonde)である。このラジオゾンデを、水素ガスまたはヘリウムガスを詰めたゴム気球に吊るして飛ばし、地上から高度約30㎞までの大気の状態(気圧、気温、湿度、風向・風速等)を観測しているのだ。

観測は、地上から気球とラジオゾンデを空に放つ「放球」で始まり、観測されたデータは無線によってリアルタイムで地上の受信器に送られる。気球は少しずつ膨張しながら一定の速度でどんどん上昇し、気球が大きくなり過ぎて割れたところで観測終了となり、観測を終えたラジオゾンデはパラシュートでゆっくりと落ちてくる。

こうしたラジオゾンデによる高層気象観測は、世界の約800か所で毎日決まった時刻(協定世界時のUTC 0時とUTC 12時=日本標準時の9時と21時)に行われている。

気象庁では、全国22か所の気象観測所や昭和基地(南極)、海洋気象観測船で、ラジオゾンデによる高層気象観測を行っているが、台風接近時などには臨時に観測を行うこともある。こうした観測データは日本だけではなく、世界中で天気予報や気候監視などで利用される。

ラジオゾンデによる高層気象観測地点

大気の鉛直構造とラジオゾンデによる観測範囲

高層気象台で、人の手で放たれるラジオゾンデ。一番上に気球、中央部にパラシュート、一番下にラジオゾンデ(気象観測器)がぶら下げられている。

石垣島地方観測所のラジオゾンデ自動放球システム(ABL)で放たれるラジオゾンデ。

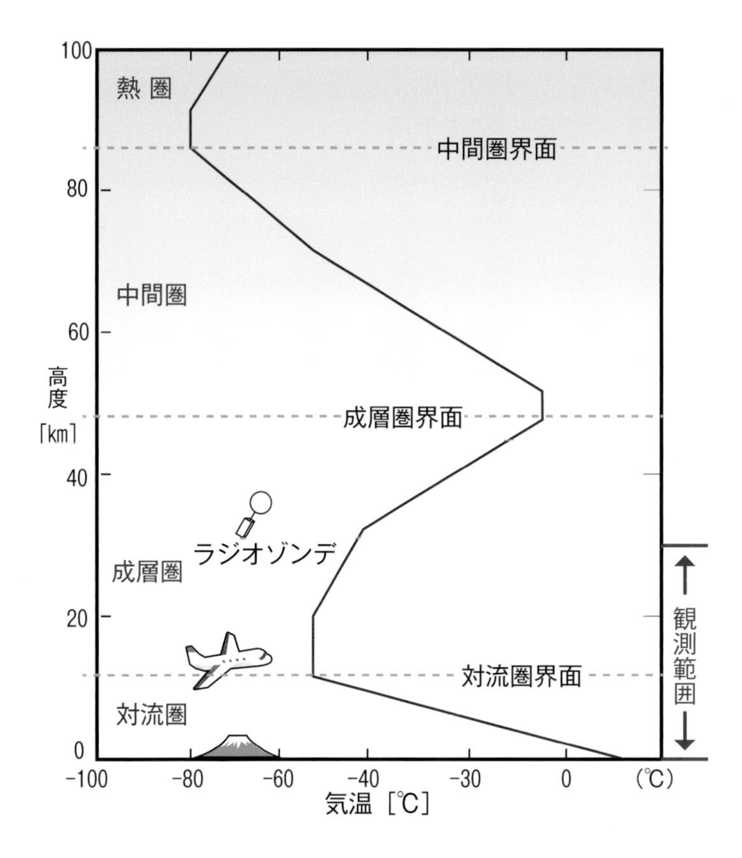

気温の高度分布・大気層の区分とラジオゾンデによる観測範囲

図・写真/提供:気象庁

左図は、地球の中緯度での代表的な気温の鉛直構造を示したもの。気温変化の特徴別に下から、対流圏(Troposphere)、成層圏(Stratosphere)、中間圏(Mesosphere)、熱圏(Thermosphere)と名づけられている。

また、それぞれの境界面を、対流圏界面(Tropopause)、成層圏界面(Stratopause)、中間圏界面(Mesopause)という。

ラジオゾンデによる高層気象観測は、対流圏と高度約30kmまでの下部成層圏を観測対象としている。

ラジオゾンデで得られるデータの種類

ラジオゾンデによる観測結果は、国際的に取り決められている特定の気圧(指定気圧面)となる高度における気温、湿度、風速、風向などが観測データとして収集･記録される。その特定の気圧とは、右の表に示す25面である。

1000hPa	925hPa	900hPa	850hPa	800hPa
700hPa	600hPa	500hPa	400hPa	350hPa
300hPa	250hPa	200hPa	175hPa	150hPa
125hPa	100hPa	70hPa	50hPa	40hPa
30hPa	20hPa	15hPa	10hPa	5hPa

データの種類	内容
指定気圧面の観測データ	地上と指定気圧面の高度、気温、湿度、風向、風速データを観測地点および1観測ごとに表示。
気温･湿度の観測データ	気圧、高度、気温、湿度データを1観測ごとに表示。このデータには気温･湿度特異点データ、圏界面データが含まれる。
風の観測データ	気圧、高度、風向、風速データを1観測ごとに表示。このデータには風特異点データ、極大風速面データが含まれる。
月ごとの値	地上と指定気圧面の高度、気温、湿度、風向、風速データの月平均値と極値を観測地点および観測時間ごとに表示。
平年値	9時、21時について算出。10年ごとに更新している。
観測史上1～10位の値	各観測地点において、観測時間および指定気圧面ごとに、月ごとの値の中から極値･順位値を月および全年について10位まで求めたもの。3時および15時の要素は風のみ。

● ラジオゾンデでの観測で得られた指定気圧面データの表示例

気象庁は、ラジオゾンデで得られたデータを「高層天気図」(後述)に反映させているが、観測地点ごとの詳しい情報はホームページの「過去の気象データ」の中で発表している。インターネットで〈**気象庁|過去の気象データ検索(高層)**〉で検索し、表示されたページで、観測地点名、年月日、さらに指定気圧面の観測データを選択すると、右のように示す表形式のデータに行き着ける。例に挙げたのは、2019年2月28日9時に秋田地方気象台で観測された指定気圧面のデータ。

【秋田　2019年2月28日9時】

地上

気圧(hPa)	高度(m)	気温(℃)	相対湿度(%)	風速(m/s)	風向(°)
1019.3	7	0.6	71	2.4	110

指定気圧面

気圧(hPa)	ジオポテンシャル高度(m)	気温(℃)	相対湿度(%)	風速(m/s)	風向(°)
1000	161	1.1	57	2	50
925	787	0.1	7	2	296
900	1006	−0.8	26	7	240
850	1463	−3.1	7	9	247
800	1938	−5.9	45	11	258
700	2970	−10.0	88	21	234
600	4144	−15.8	82	25	244
500	5502	−22.1	76	26	252
400	7109	−32.3	75	40	250
350	8038	−39.8	81	44	247
300	9070	−48.8	///	49	246
250	10246	−54.8	///	54	247

■ウィンドプロファイラによる高層気象観測

気象庁では、ウィンドプロファイラによる高層気象観測も行っている。この装置の名称は「ウィンド(風)のプロファイル(横顔・輪郭・側面図)を描くもの」という意味の英語を合成して付けられたもの。地上の電波発射装置から上空の5方向に向けて電波を発射し、大気中の風の乱れなどによって散乱され、戻ってくる電波を受信・処理することで、上空の風向・風速を測定する。

ウィンドプロファイラは、2001年4月に運用が開始され、現在、全国33か所で運用が行われている。各ウィンドプロファイラで得られた観測データは、気象庁本庁にある中央監視局に集められ、きめ細かな天気予報のもととなる「数値予報」や「高層天気図」の作成などに利用されている。

この観測・処理システムは総称して「局地的気象監視システム＝ウィンダス」(WINDAS: Wind profiler Network and Data Acquisition System)と呼ばれている。

(右上)電波発射装置の外観(高松観測局)、(右下)雪が降る地方では電波発射装置はドーム内に収容されている。
写真提供:気象庁

●ウィンドプロファイラの観測の原理図

電波発射装置から発射された電波は、地上に戻ってきたときには、散乱した大気の流れに応じて周波数が変化している。これをドップラー効果というが、発射した電波の周波数と受信した電波の周波数の違いを分析することで、立体的な大気の動きがわかるのだ。

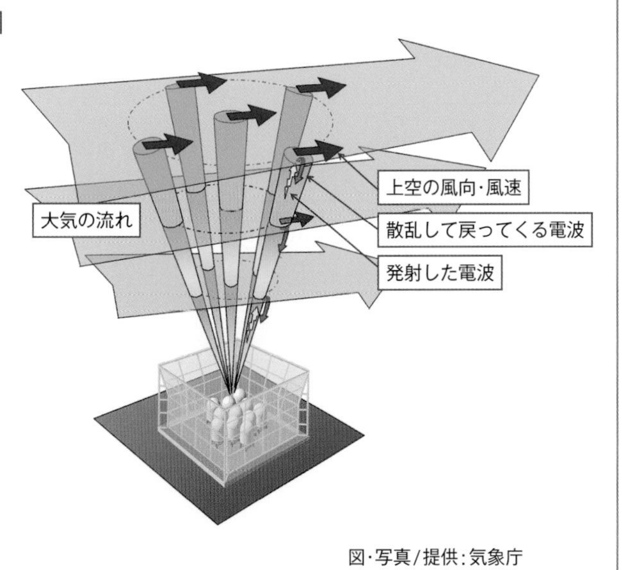

図・写真/提供:気象庁

気象庁ホームページのウィンドプロファイラの画面

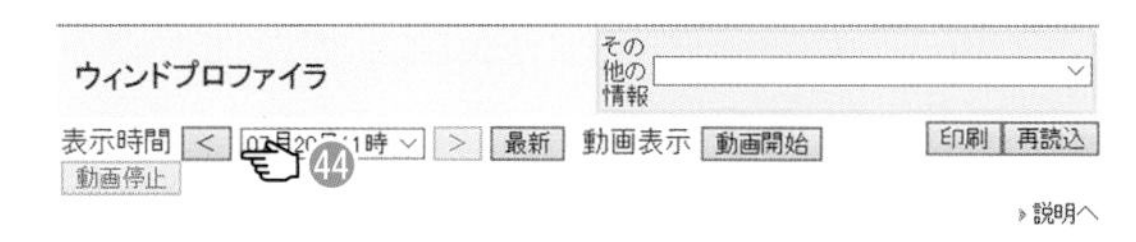

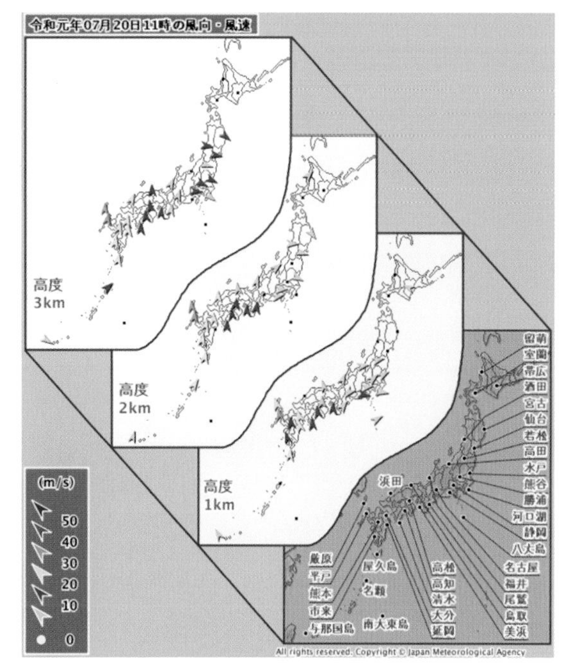

気象庁ホームページのウィンドプロファイラの画面

〈気象庁|ウィンドプロファイラ(上空の風)〉で検索すると、左の画面が表示される。地図の上にある**表示時間**の欄(☜44)で前日からの1時間ごとのデータが選択できる。

また、地図上の**観測地点名**、または**矢羽根**(◢)をクリックすると、下に示す表の形式の「ウィンドプロファイラ(観測表)」(毎時データ)が表示される。

ウィンドプロファイラの表示例（観測表）

ウィンドプロファイラ（観測表）

観測地点 福井　　印刷　再読込

ウィンドプロファイラ地図形式へ　時間-高度断面図へ　昨日の観測データ　説明へ

45

令和元年7月20日　福井

時刻	1km		2km		3km		4km		5km		6km
時	風向	風速(m/s)	風向	風速(m/s)	風向	風速(m/s)	風向	風速(m/s)	風向	風速(m/s)	風向
1	–	–	–	–	西	10	西	14	西	10	西南西
2	南	8	–	–	西	12	西	15	西	13	西南西
3	南	9	南南西	4	西	11	西	16	西	11	西南西
4	南南西	10	南南西	6	西北西	8	西北西	18	西	21	西北西
5	南南西	10	南南西	3	西北西	7	西	15	西	16	西
6	南南西	10	南南西	5	西南西	6	西南西	12	西	10	西

ウィンドプロファイラで観測した毎時の風向風速を高度1㎞ごとに表示している。(2019年7月20日の福井の観測データ)

さらにこの表の上にある**時間－高度断面図へ**(☜45)をクリックすると、下に示す「時間－高度断面図」を見ることができる。

● ウィンドプロファイラの表示例（時間 - 高度断面図）

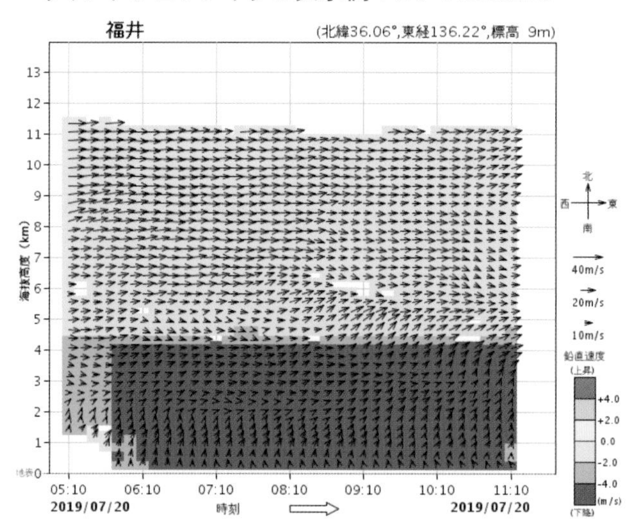

ウィンドプロファイラで観測した上空の風のようすを、横軸に観測時刻、縦軸に海抜高度で表した図。 矢印の長さは風速(長いほど風が強い)、矢印の方向は風向を示す。

また、上下方向の鉛直速度を色で表している。 上昇流は赤系色で、下降流または降水は青系色。表示している風向風速は、観測前10分間の平均値。

■綿密な天気予報を可能にする高層天気図

地上や海上の観測で得られたデータをもとにしてつくられた地表(海面)付近の気象状況を描いた天気図を「地上天気図」と呼ぶ。

それに対し、ラジオゾンデやウィンドプロファイラなどで得られたデータをもとに描いた天気図を「高層天気図」と呼ぶが、この高層天気図は地形などの影響が小さい大気の状態を示しているということになる。

地上天気図は、観測地点の気圧を調べたうえで、同じ気圧の地点を結んだ「等圧線」で記述されるのに対し、高層天気図は、決められた気圧を示す高度を調べて、同じ高度を持つ地点を結んだ「等高度線」で記述される。気象庁では次のような高層天気図を12時間ごとに作成すると同時に、東経130度と140度線の「高層断面図」も作成、公表している。

気象台が発表する主な高層天気図

①アジア太平洋200hPa高度・気温・風・圏界面天気図(AUPA20)
②アジア太平洋250hPa高度・気温・風天気図(AUPA25)
③北太平洋300hPa高度・気温・風天気図(AUPN30)
④アジア500hPa・300hPa高度・気温・風・等風速線天気図(AUPQ35)
⑤アジア850hPa・700hPa高度・気温・風・湿数天気図(AUPQ78)
⑥北半球500hPa高度・気温天気図(AUXN50)
⑦極東850hPa気温・風、700hPa上昇流/500hPa高度・渦度天気図(AXFE578)
⑧アジア地上気圧、850hPa気温/500hPa高度・渦度天気図(FEAS/FEAS50)
⑨高層断面図(風・気温・露点等)東経130度/140度解析(AXJP130/AXJP140)

こうした得られた複数の高層天気図と地上天気図を組み合わせて分析することで、より綿密な天気予報が可能となる。なお、「等高度線」ごとの高層天気図は、それぞれ次のように利用されている。

●850hPa天気図(海抜高度:約1300～1600m付近に相当)
850hPaは地表面の摩擦や熱などの影響が少なくなってくる高度で、地上の前線位置を解析するのに非常に役立つ。

●700hPa天気図(海抜高度:約2700～3100m付近に相当)
この高度の天気の湿った領域は、中層雲、下層雲の位置とよく一致しており、天気予報に役立つ。

●500hPa天気図(海抜高度:約4900～5700m付近に相当)
対流圏のほぼ中間に位置していて、対流圏の平均的な空気の流れを見ることができる。

●300hPa天気図(海抜高度では約8500～1万m付近に相当)
対流圏の高いところで、ジェット気流を解析する。海抜高度では約8500～1万m付近に相当する。ジェット気流の位置や強さは、冬の寒気の動きや、日本の東海上から大陸まで連なる梅雨前線のような大規模な前線の動きと密接な関係があり、天気予報に欠かせない。

気象庁提供の高層天気図を見る

気象庁は、過去24時間に作成した高層天気図をホームページで発表している。インターネットで〈**気象庁|高層天気図**〉を検索すると、右の画面が表示される。この中で紫色表示になっている部分をクリックすることで、希望する高層天気図を表示することができる。

高層天気図

時刻は全て協定世界時（UTC）です。（日本標準時（JST）＝協定世界時（UTC）＋9時間）
記載された時刻は、観測時刻を表します。

高層天気図

アジア太平洋200hPa高度・気温・風・圏界面天気図（AUPA20）
（12時間毎（00UTC，12UTC））

アジア太平洋250hPa高度・気温・風天気図（AUPA25）
（12時間毎（00UTC，12UTC））

北太平洋300hPa高度・気温・風天気図（AUPN30）
（12時間毎（00UTC，12UTC））

アジア500hPa・300hPa高度・気温・風・等風速線天気図（AUPQ35）
（12時間毎（00UTC，12UTC））

アジア850hPa・700hPa高度・気温・風・湿数天気図（AUPQ78）
（12時間毎（00UTC，12UTC））

北半球500hPa高度・気温天気図（AUXN50）
（24時間毎（12UTC））

極東850hPa気温・風、700hPa上昇流／500hPa高度・渦度天気図（AXFE578）
（12時間毎（00UTC，12UTC））

アジア地上気圧、850hPa気温／500hPa高度・渦度天気図（FEAS/FEAS50）
（24時間毎（12UTC））

高層断面図（風・気温・露点等）東経130度／140度解析（AXJP130/AXJP140）
（12時間毎（00UTC，12UTC））

高層天気図の読み方

500hPa高層天気図

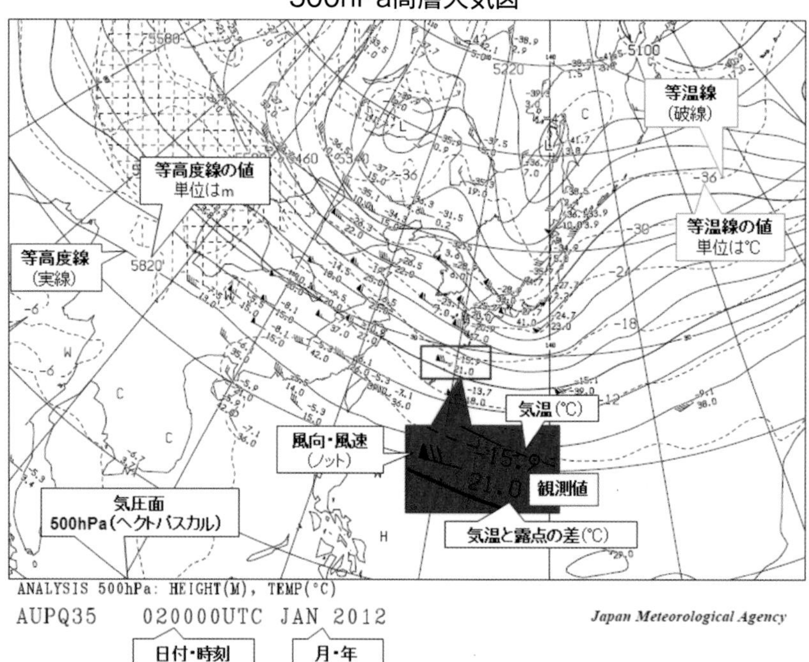

気象庁ホームページより

上の図は、500hPaの高層天気図に簡単な解説を加えたもの。図の最下部には、高層天気図を作成するために用いた観測データの年月日と時刻を示している。例の場合の「JAN　2012」は2012年1月。「020000UTC」は世界協定時刻の0時、日本時間では2日9時00分(午前9時)となる。

等温線(同じ気温のところを結んだ線)を破線で描き、線上にその値(単位:℃)を整数で示している。等高度線(同じ高度のところを結んだ線)を実線で描き、線上にその値(単位:m)を示している。

高層観測地点の数字は上段が気温(単位は℃)、下段は気温と露点の差。矢羽根の向きは風向を示し、三角形のペナントが50ノット、長い線が10ノット、短い線が5ノットを意味している。赤い枠で囲んで拡大表示している観測点では、気温が−15.9℃、気温と露点の差が21℃、西の風70ノットとなる。ちなみに1ノットの風は秒速0.514mの風にあたる。

● 高層天気図例

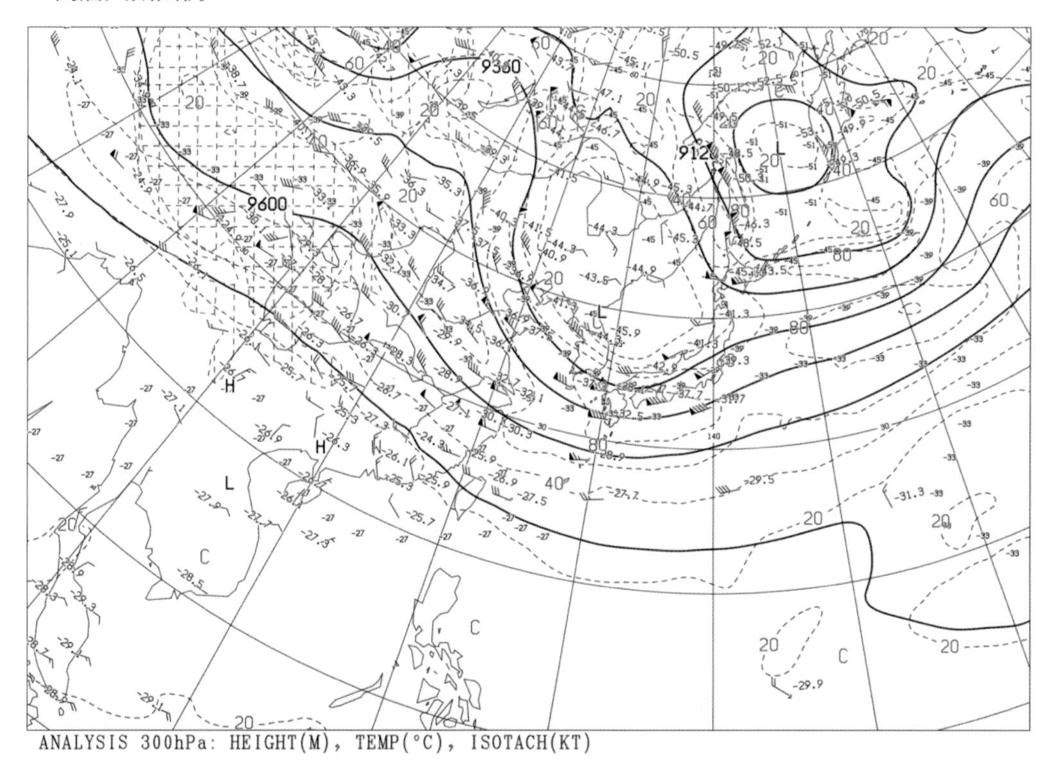

2019年6月10日（00UTC）の「アジア300hPa高度・気温・風・等風速線天気図」。
（00UTC）とは協定世界時で0時のことで、「日本標準時（JST）＝協定世界時（UTC）＋9時間」なので日本時間午前9時のこと。

● 高層断面図例

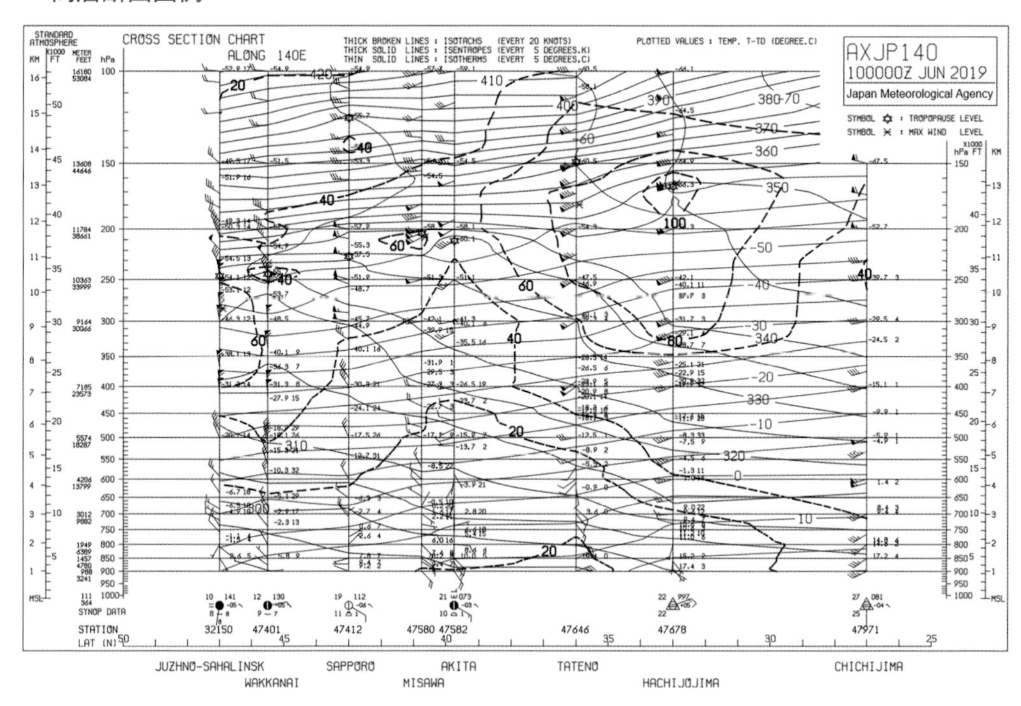

2019年6月10日（00UTC）の「高層断面図（風・気温・露点等）東経140度解析」

3 レーダーによる観測

気象庁は1954年に気象レーダーの運用を開始し、現在、全国20か所に設置している。

また、気象レーダーで観測した日本全国の雨の強さの分布は、リアルタイムの防災情報として活用されるだけでなく、「降水短時間予報」や「レーダー・ナウキャスト」「高解像度降水ナウキャスト」といった予報の作成にも利用されている。

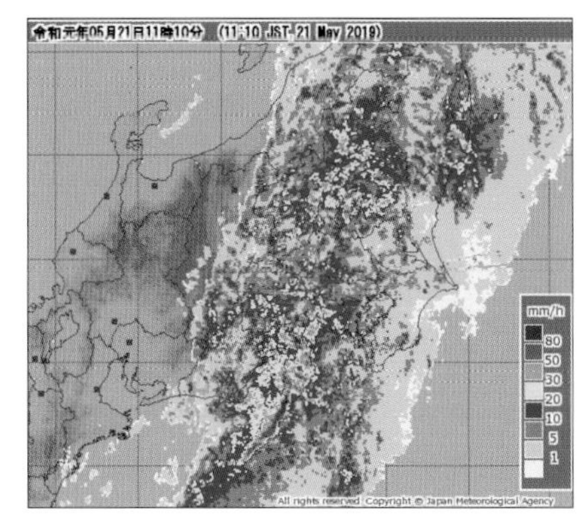

2019年5月21日11時現在の「レーダー・ナウキャスト」の甲信地方の画面

■気象レーダーのメカニズム

気象レーダーは、アンテナを回転させながら電波（マイクロ波）を発射し、半径数百kmの広範囲内に存在する雨や雪を観測する。発射した電波が戻ってくるまでの時間から雨や雪までの距離を測り、戻ってきた電波（レーダーエコー）の強さから雨や雪の強さを観測するのである。また、戻ってきた電波の周波数のずれ（ドップラー効果）を利用して、雨や雪の動き、すなわち降水域の風を観測することもできる。

東京レーダー（千葉県柏市）
写真提供：気象庁

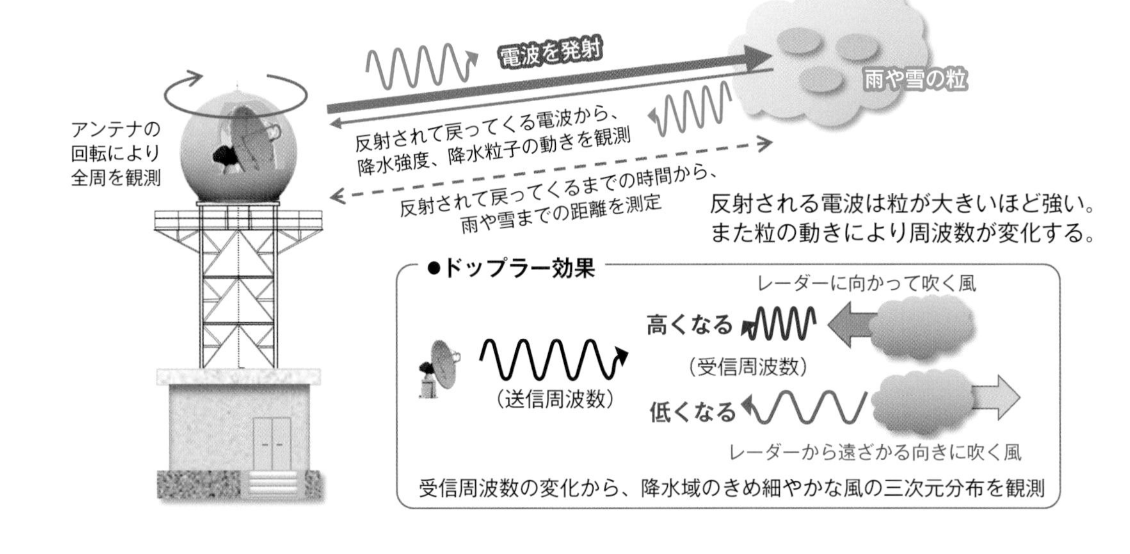

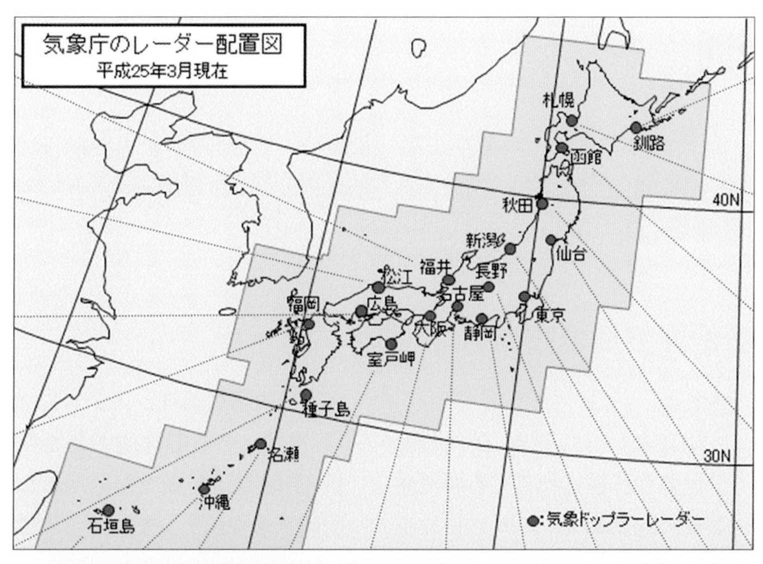

図・写真は気象庁ホームページより

地点名	所在地	緯度（度分秒）	経度（度分秒）	アンテナの海抜高度（m）	地上からの高さ（m）	周波数（MHz）
札幌	北海道小樽市（毛無山）	43°08′20″	141°00′35″	749	49	5345
釧路	北海道釧路郡（昆布森）	42°57′39″	144°31′03″	121.5	24	5345
函館	北海道亀田郡（横津岳）	41°56′01″	140°46′53″	1141.7	30.4	5360
秋田	秋田県秋田市（秋田地方気象台）	39°43′04″	140°05′58″	55.3	49.8	5365
仙台	宮城県仙台市宮城野区（仙台管区気象台）	38°15′44″	140°53′48″	98.2	60.3	5345
新潟	新潟県新潟市西蒲区（弥彦山）	37°43′07″	138°48′58″	645	12.2	5345
長野	長野県茅野市（車山）	36°06′11″	138°11′45″	1937.1	12.4	5320
東京	千葉県柏市（気象大学校）	35°51′35″	139°57′35″	74	55	5362.5
静岡	静岡県菊川市（牧之原）	34°44′34″	138°08′01″	186	29.8	5300
名古屋	愛知県名古屋市千種区（名古屋地方気象台）	35°10′06″	136°57′53″	73.1	22	5360
福井	福井県坂井市（東尋坊）	36°14′15″	136°08′32″	107	27	5370
大阪	大阪府八尾市（高安山）	34°36′59″	135°39′23″	497.6	24	5350
松江	島根県松江市（三坂山）	35°32′30″	133°06′12″	553	20.5	5345
広島	広島県呉市（灰ヶ峯）	34°16′13″	132°35′36″	746.9	21	5370
室戸岬	高知県室戸市（室戸岬特別地域気象観測所）	33°15′08″	134°10′38″	198.9	13.9	5352.5
福岡	佐賀県神埼市（脊振山）	33°26′05″	130°21′25″	982.7	12.7	5355
種子島	鹿児島県熊毛郡（中種子）	30°38′22″	130°58′43″	290.5	9.5	5350
名瀬	鹿児島県奄美市（本茶峠）	28°23′39″	129°33′07″	318.8	24.7	5300
沖縄	沖縄県南城市（糸数）	26°09′12″	127°45′52″	208.2	21.8	5350
石垣島	沖縄県石垣市（於茂登岳）	24°25′36″	124°10′56″	533.5	17.5	5350

2018年5月現在

4 海上の観測

気象庁では、観測局に設置した「沿岸波浪計」や「漂流型海洋気象ブイロボット」などを使って、常時、波浪観測を行い、沿岸の波浪実況と予想および、外洋の波浪実況と予想を発表している。

■ レーダー式波浪計による沿岸波浪の観測

気象庁では、全国6か所にレーダー式の波浪計を設置して、沿岸波浪の観測を行っている。

このレーダー式沿岸波浪計は、海岸からマイクロ波を海面に向けて発射し、波浪に伴う海面の動きに応じてドップラー効果により変調された反射波を測定することにより、波の高さや波の周期、あるいは波の向きを求める仕組みになっており、波浪観測データは「ADESS（アデス）（気象情報伝送処理システム：automatic data editing and switching system）」で気象庁本庁に伝送され、波浪観測情報として発表される。

ADESSとは、日々、国内および世界から送られてくる各種観測資料を集めて、スーパーコンピュータ等の処理システムに送り、また、そこで作成された解析・予報資料を様々な利用者に配信するシステムだ。

● レーダー式波浪計のシステム概念図

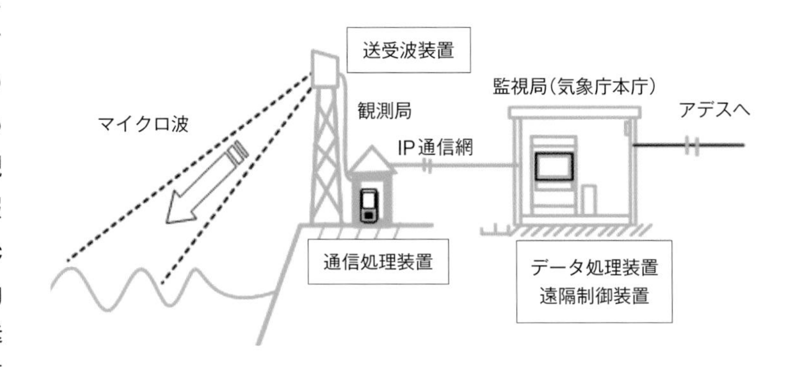

● 気象庁が設置している沿岸波浪計の位置図

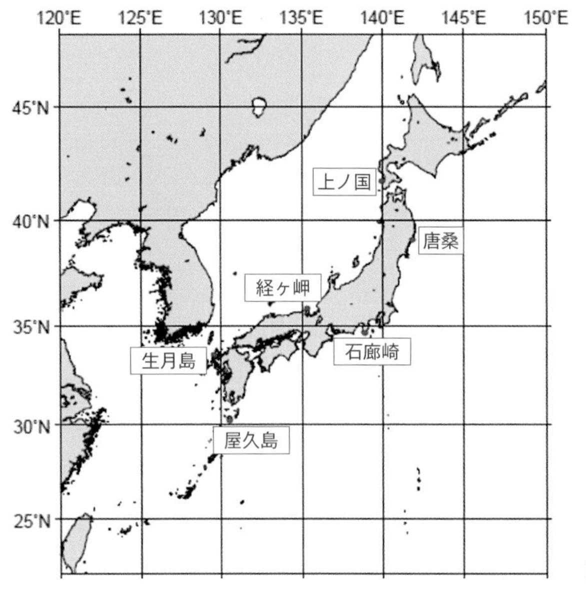

観測地点	北緯（度分秒）	東経（度分秒）	所在地
上ノ国（かみのくに）	41° 48' 09"	140° 04' 16"	北海道檜山郡
唐 桑（からくわ）	38° 51' 30"	141° 40' 25"	宮城県気仙沼市
石廊崎（いろうざき）	34° 36' 11"	138° 50' 39"	静岡県賀茂郡
経ヶ岬（きょうがみさき）	35° 46' 38"	135° 13' 25"	京都府京丹後市
生月島（いきつきじま）	33° 26' 23"	129° 25' 49"	長崎県平戸市
屋久島（やくしま）	30° 13' 57"	130° 33' 22"	鹿児島県熊毛郡

図版・資料は気象庁ホームページより

波浪観測情報

インターネットで〈**気象庁|波浪観測情報**〉を検索すると、右の地図データの画面が表示される。

その地図上の地名をクリックすると出てくるのが、下に示す、過去1週間の波浪のグラフと表の画面である。

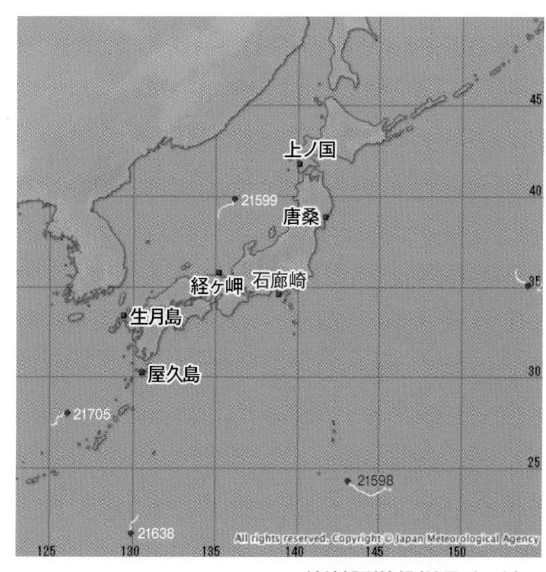

波浪観測情報（地図データ）

● 波浪観測情報表示例

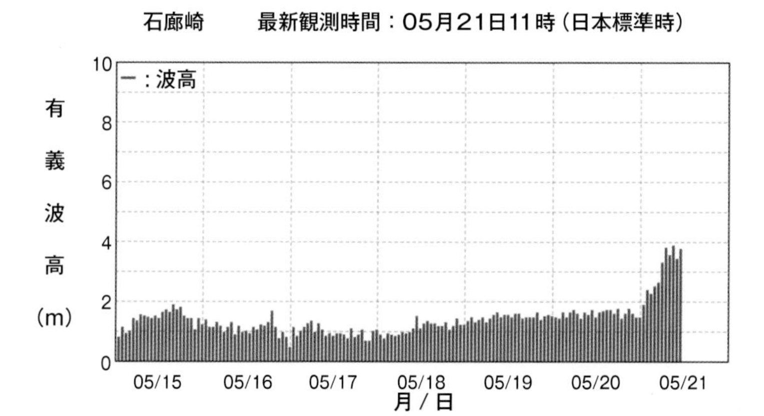

例に挙げているのは、2019年5月21日11時時点の石廊崎（いろうざき）特別地域観測所で得られた過去7日間の有義波高を示すグラフで、その下には波高と波の周期が表形式で表示される。

石廊崎	05/15		05/16		05/17		05/18		05/19		05/20		05/21	
	波高(m)	周期(s)	波高(m)	周期(s)	波高(m)	周期(s)	波高(m)	周期(s)	波高(m)	周期(s)	波高(m)	周期(s)	波高(m)	周期(s)
1時	0.8	6.0	1.3	8.7	1.1	6.7	0.8	7.0	1.3	6.4	1.4	7.7	1.8	6.6
2時	1.1	6.4	1.1	7.0	0.8	6.8	0.7	8.2	1.4	7.6	1.4	7.2	2.3	5.7
3時	0.9	5.8	1.1	8.0	0.9	8.8	0.9	8.0	1.3	7.2	1.6	7.2	2.2	7.2
4時	1.0	7.1	1.2	7.6	1.1	8.3	0.8	7.2	1.3	6.4	1.4	6.1	2.5	7.2
5時	1.4	6.3	1.1	8.2	1.2	8.3	0.8	8.2	1.4	6.6	1.6	7.1	2.6	6.5
6時	1.3	6.5	0.9	7.6	1.3	8.3	0.9	4.9	1.3	8.1	1.6	6.7	3.2	7.7
7時	1.5	6.8	1.1	8.1	0.9	8.8	0.9	7.8	1.4	6.3	1.5	6.8	3.8	7.2
8時	1.5	6.8	1.3	8.1	1.2	8.5	0.9	7.1	1.5	7.7	1.4	7.0	3.5	7.7
9時	1.4	6.7	0.8	8.7	1.0	8.9	0.9	6.3	1.6	5.2	1.6	7.1	3.8	7.3
10時	1.4	6.7	1.1	7.6	0.8	6.7	1.0	7.7	1.4	7.7	1.5	7.7	3.4	7.3
11時	1.5	6.7	0.9	7.7	0.9	7.8	1.5	7.7	1.5	6.7	1.7	6.7	3.7	7.7
12時	1.4	6.6	1.0	7.7	0.8	7.7	1.0	6.1	1.5	6.4	1.4	7.8		
13時	1.6	6.9	0.9	7.7	0.9	6.4	1.2	6.6	1.4	7.2	1.6	7.2		
14時	1.6	7.5	1.1	6.6	0.9	8.9	1.3	6.1	1.5	7.3	1.6	6.8		
15時	1.6	7.2	1.0	8.2	0.8	6.0	1.2	7.2	1.5	7.1	1.7	6.7		
16時	1.8	7.6	1.2	7.2	0.7	7.7	1.2	6.0	1.4	7.6	1.7	7.6		
17時	1.7	7.6	1.1	7.1	1.1	8.9	1.1	6.5	1.4	7.9	1.6	5.6		
18時	1.7	8.2	1.2	8.2	0.8	5.1	1.1	5.2	1.4	7.8	1.7	6.8		
19時	1.5	8.0	1.6	7.6	0.8	8.2	1.3	6.1	1.4	8.3	1.4	6.8		
20時	1.4	7.4	1.1	8.5	1.0	7.7	1.0	6.1	1.6	7.8	1.5	6.1		
21時	1.4	7.7	0.7	7.2	0.6	7.6	1.1	7.5	1.3	8.0	1.7	7.4		
22時	1.0	7.6	0.9	7.7	0.6	7.1	1.4	7.8	1.5	8.2	1.5	6.3		
23時	1.4	8.0	0.8	8.0	0.9	8.7	1.1	9.0	1.5	8.1	1.4	6.9		
24時	1.2	6.8	0.4	6.8	1.0	7.7	1.2	7.7	1.4	8.2	1.4	8.8		

■海洋気象観測船での観測

気象庁では、海上における海潮流や各種気象の観測を行うほか、地球温暖化の予測精度向上につながる海水中および大気中の二酸化炭素の監視、および海洋の長期的な変動をとらえ気候変動との関係等を調べるために、北西太平洋および日本周辺海域に観測定線を設け、凌風丸と啓風丸の2隻の海洋気象観測船で定期的に海洋観測を実施している。主な観測項目は右ページ表のとおりである。

写真提供：気象庁

● 海洋気象観測船による主な海洋観測ライン

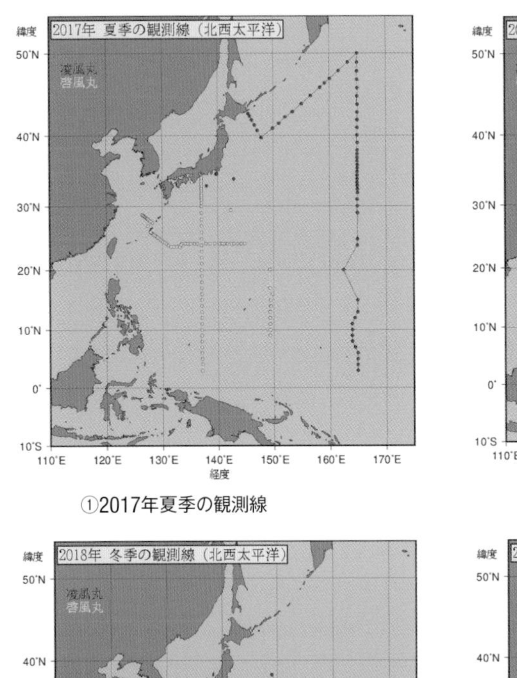

①2017年夏季の観測線

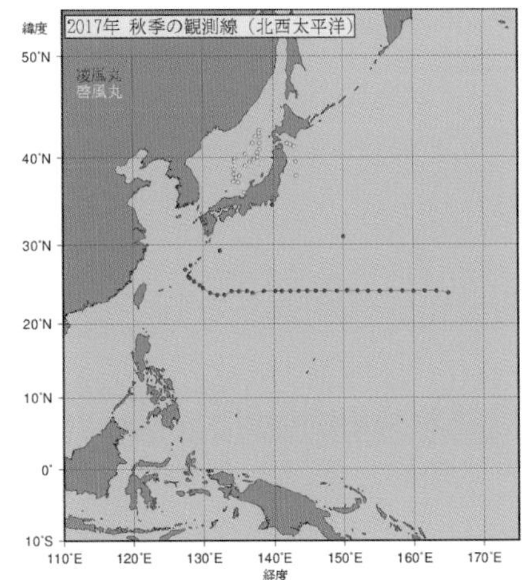

②2017年秋季の観測線

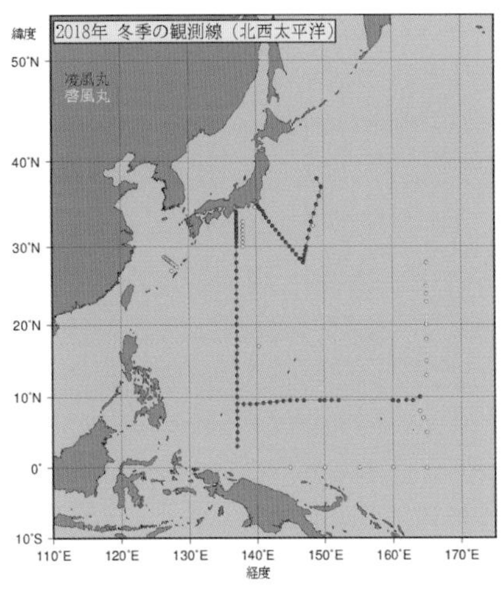

③2018年冬季の観測線

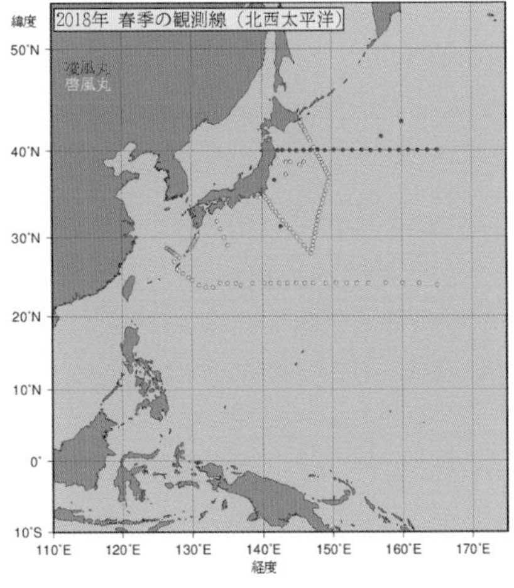

④2018年春季の観測線

写真・図版は
気象庁ホームページより

● 海洋気象観測船による主な観測項目

観測項目	観測機器
水温、塩分	電気伝導度水温水深計
表層水温	自記水温水深計
表面海水中および大気中の二酸化炭素濃度	二酸化炭素観測装置
全炭酸・アルカリ度	多筒採水器、全炭酸・アルカリ度分析装置
水素イオン濃度(pH)	多筒採水器、水素イオン濃度測定装置
溶存酸素量	溶存酸素計、多筒採水器、自動酸素滴定装置
栄養塩	多筒採水器、自動化学分析装置
植物色素	多筒採水器、植物色素測定装置
海面の油塊	ニューストンネット
海面の油膜、浮遊物	ブリッジ(操舵室)からの目視
油分	油分採水瓶、分光蛍光光度計
重金属	多筒採水器、原子吸光光度計
海潮流(海水の流向、流速)	舶用流向流速計
海上気象(気温、気圧、風、波浪等)	総合海上気象観測装置
高層気象(気温、気圧、風等)	高層気象観測装置、GPSゾンデ

COLUMN 太平洋北半球深層でのフロン類発見は世界初

気象庁が、2018年度(8～9月および2～3月)に行った東経165度沿いの観測(右図の赤線)において、世界で初めて太平洋北半球側の海底付近でフロン類が検出された。フロン類は、もともと海洋に存在しない物質であり、それを追跡することで海洋の循環などを調べることができるとされる。

これまでの調査で、1996年と2007年に南半球の西経170度付近(下図の青い矢印)でフロン類が検出されたことから、太平洋の海底付近には、南極周辺の海面で冷却されて海底まで沈みこんだ海水が、北上し赤道を越え、北西太平洋に流れてくると考えられていた。それが、北半球の東経165度線沿いでの気象庁によるフロン類発見によって裏付けられることとなった。

こうした観測は、地球温暖化の将来予測などに使われる「海洋大循環モデル」の信頼性を高めるものであり、気候変動対策などに重要な役割を果たすことになる。

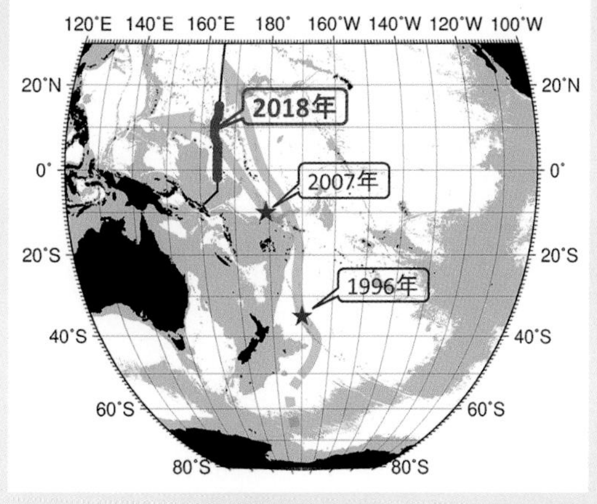

赤い太線は気象庁による観測ライン、薄い青矢印は海底付近の流れの経路、★はこれまでにフロン類が確認されていた場所、薄い灰色の陰影は4000m以浅の海域を示す。

海洋気象観測を助ける漂流型海洋気象ブイロボット

気象庁では、外洋における波浪観測を効率的に実施するために、「漂流型海洋気象ブイロボット」を導入している。

現在使用している海洋気象ブイは、直径46㎝（円板径64㎝、高さ54㎝、重量約30㎏）の球形で、船上から投入して洋上を漂流させ、気圧、水温、波高、波周期、位置情報の情報をリアルタイム、かつ継続的に取得している。

この海洋気象ブイは、3か月程度の期間、継続的な波浪の観測が可能で、気象庁では、日本周辺を4つの海域（日本の東、日本の南、東シナ海、日本海）に分け、各海域に年間4基の海洋気象ブイを投入して、1年を通じて日本周辺の波浪を観測している。

●海洋気象ブイの観測場所

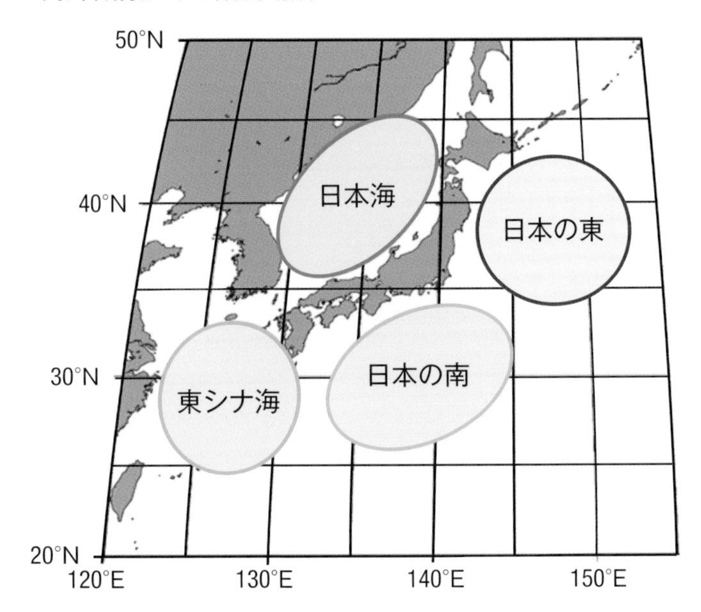

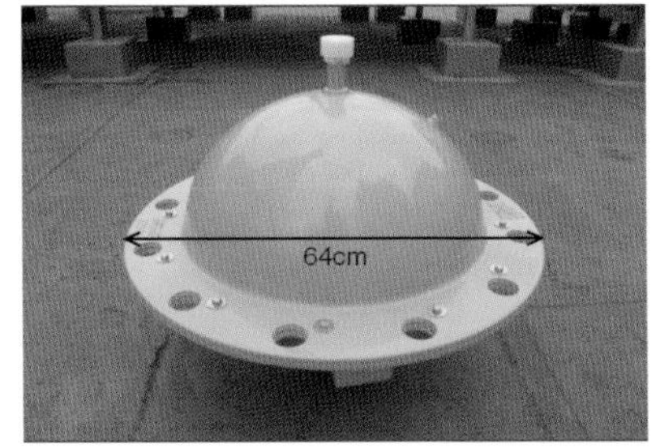

漂流型海洋気象ブイロボット

●海洋気象観測船からの投入風景

写真・図版は気象庁ホームページより

海洋気象ブイの軌跡図

インターネットで〈**気象庁 | 海洋気象観測資料ー漂流型海洋気象ブイロボット観測データ**〉を検索すると、下の画面が表示される。このページの**2018 ▼ 年**の▼（☜46）をクリックして年度を選択、さらに**選択**（☜47）をクリックすると、画面の地図が希望する年度のブイの軌跡図に更新される。

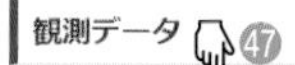

46 2018 ▼ 年 選択 年を選び、「選択ボタン」を押してください。

各ブイは、"yy-nn"という形式の番号で区別されます。"yy"は、投入された西暦年の下2桁、"nn"は各年に投入された順番を表しています。

右欄のブイ番号にマウスのカーソルを合わせるとそのブイだけの軌跡図が表示され、クリックすると、各ブイのデータページに移動します。

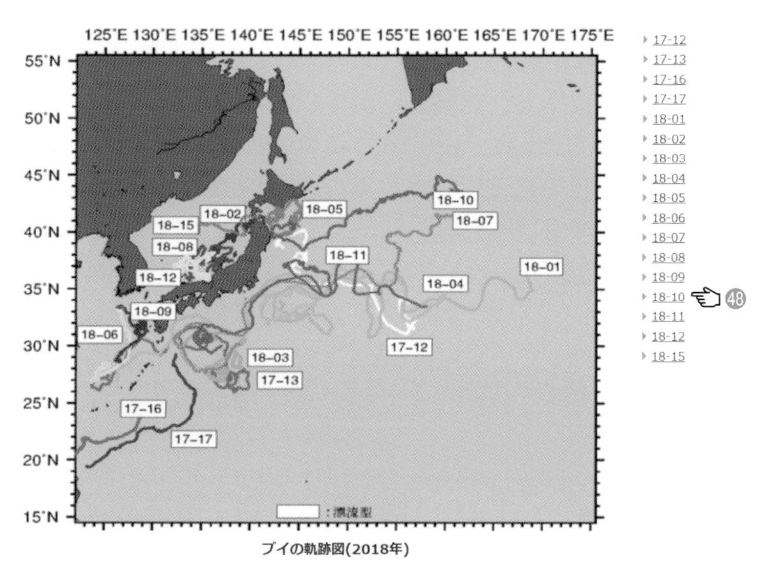

ブイの軌跡図(2018年)

表示された地図内の▭の数字は、そのブイが投入された西暦年と投入順を示している。

たとえば、18-10と記されているのは、2018年に10番目に投入されたブイのことだ。地図横に紫色で記された番号（☜48）をクリックすると、そのブイだけの軌跡図が表示される。

ここで18-10を選択すると、右下図が表示されるが、丸印は1日ごとのブイの位置を表し、黄丸は毎月1日時点の位置を、青丸および赤丸は観測開始日と観測終了時の位置をそれぞれ示している。さらに、**〈TXT形式〉**☜49をクリックすると、さらに詳細な数値データが表示される。

【観測データ】18-10 [TXT形式: 111kB] ☜49

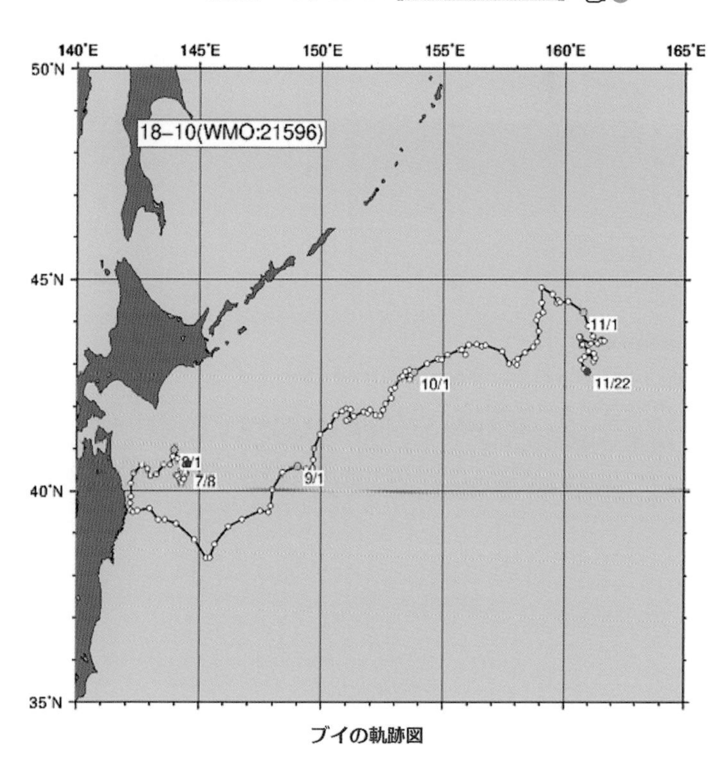

ブイの軌跡図

■気象庁が発表する「沿岸波浪情報」と「外洋波浪情報」

気象庁は、海上気象観測や沿岸波浪計、海洋気象ブイ、地球観測衛星などから得た様々な観測データを基に、9時、21時の波浪の状況を示した「沿岸波浪実況図（AWJP）」および「外洋波浪実況図（AWPN）」と、翌日9時、21時の波浪の予想を示した「沿岸波浪24時間予想図」（FWJP）および「外洋波浪24時間予想図（FWPN）」を、毎日2時頃と14時頃に発表している。

●「沿岸波浪実況図」の表示例

インターネットで〈**気象庁｜沿岸波浪実況図**〉を検索すれば、目的のページが表示される。下の例は、2019年9月15日21時（1200UTC）時点の「沿岸波浪実況図」の画面だ。この画面下の▶沿岸波浪実況図（AWJP）（pdfファイル）、あるいは▶沿岸波浪実況図（AWJP）カラー版（pdfファイル）をクリック（☜50）すると、前者ならモノクロ版、後者ならカラー版の波浪図が表示されるが、ここではカラー版を紹介する（下右図）。

この波浪図にはA～Zまでの全国26か所の波浪の推定値と気象庁の沿岸波浪計の観測値が記載されているが、表（☜51）には、そのデータがまとめてある（AからZの具体的な地点については右ページの表参照）。

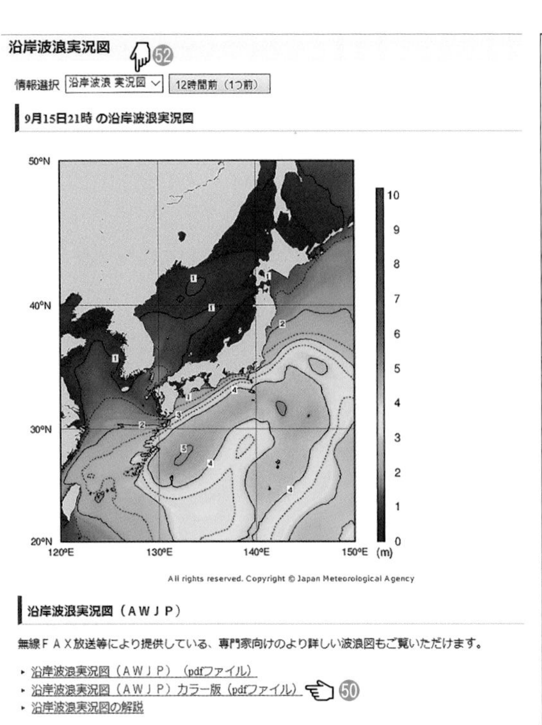

地図内の数字は波の高さ（m）を示している。

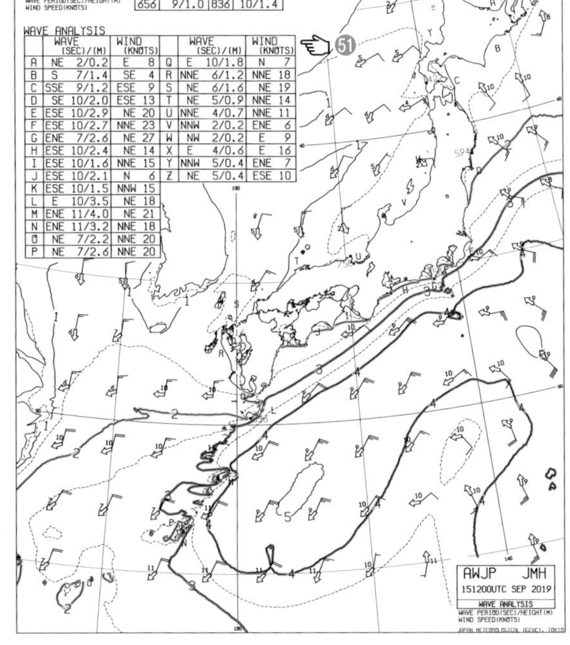

WAVE OBSERVATION

NO	(SEC)/(M)	NO	(SEC)/(M)
422	5/0.2	750	6/0.3
594	8/0.7	816	4/0.7
656	9/1.0	836	10/1.4

WAVE ANALYSIS

	WAVE (SEC)/(M)	WIND (KNOTS)		WAVE (SEC)/(M)	WIND (KNOTS)
A	NE 2/0.2	E 8	Q	E 10/1.8	N 7
B	S 7/1.4	SE 4	R	NNE 6/1.2	NNE 18
C	SSE 9/1.2	ESE 9	S	NE 6/1.6	NE 19
D	SE 10/2.0	ESE 13	T	NE 5/0.9	NNE 14
E	ESE 10/2.9	NE 20	U	NNE 4/0.7	NNE 11
F	ESE 10/2.7	NNE 23	V	NNW 2/0.2	ENE 6
G	ENE 7/2.6	NE 27	W	NW 2/0.2	E 9
H	ESE 10/2.4	NE 14	X	E 4/0.6	E 16
I	ESE 10/1.6	NNE 15	Y	NNW 5/0.4	ENE 7
J	ESE 10/2.1	N 6	Z	NE 5/0.4	ESE 10
K	ESE 10/1.5	NNW 15			
L	E 10/3.5	NE 18			
M	ENE 11/4.0	NE 21			
N	ENE 11/3.2	NNE 18			
O	NE 7/2.2	NNE 20			
P	NE 7/2.6	NNE 20			

沿岸波浪実況図（AWJP）カラー版

● 沿岸波浪実況図で示されるA～Z地点一覧表

記号	場所	北緯(度分)	東経(度分)	記号	場所	北緯(度分)	東経(度分)
A	網走沖	44°15′	144°30′	N	沖縄島沖(太平洋側)	26°00′	128°00′
B	釧路沖	42°30′	144°10′	O	石垣島沖	24°30′	124°35′
C	津軽海峡(太平洋側)	41°40′	141°40′	P	沖縄島沖(東シナ海側)	26°40′	127°30′
D	金華山沖	38°10′	141°50′	Q	薩摩半島沖	31°00′	130°15′
E	房総半島沖	35°20′	140°45′	R	天草灘	32°30′	129°20′
F	相模湾	34°50′	139°30′	S	玄界灘	34°15′	130°00′
G	伊豆半島沖	34°20′	138°50′	T	島根半島沖	35°45′	132°45′
H	遠州灘	34°20′	137°30′	U	若狭湾	35°45′	135°35′
I	紀伊水道	33°40′	134°50′	V	富山湾	37°30′	138°00′
J	土佐湾	33°10′	133°30′	W	酒田沖	39°00′	139°00′
K	豊後水道	32°50′	132°15′	X	津軽海峡(日本海側)	41°10′	139°50′
L	種子島東方沖	30°30′	131°30′	Y	石狩湾	43°40′	140°45′
M	奄美大島沖	28°05′	129°45′	Z	宗谷海峡	45°45′	141°30′

● 「沿岸波浪 24 時間予想図」の表示例

「沿岸波浪24時間予想図」を見るには、前述した「沿岸波浪実況図」の画面上の**情報選択**の欄(☞52)から、〈沿岸波浪　予想図〉を選択すればいい。すると、「沿岸波浪実況図」とほぼ同様の画面が表示される(インターネットで**〈気象庁｜沿岸波浪予想図〉**で検索しても同じ画面が出てくる)。

その画面の下の沿岸波浪24時間予想図(FWJP)カラー版(pdfファイル)をクリックすると、右のようなPDF版の予想図を見ることができる。この図の中で青い縦線で示されている部分は、船舶の航行が危険な海域となっていることを示している。

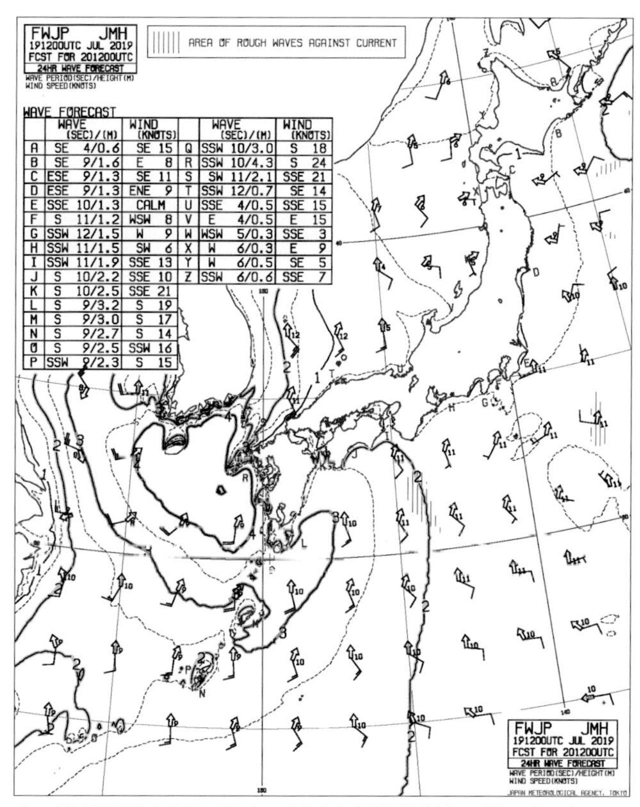

上の例は2019年9月15日21時に発表された「沿岸波浪24時間予想図」

●「外洋波浪実況図」と「外洋波浪24時間予想図」の表示例

「外洋波浪実況図」や「外洋波浪予想図」は、「沿岸波浪実況図」や「沿岸波浪24時間予想図」より、広い北西太平洋を中心とした外洋海域の波浪情報を、毎日2時頃と14時頃に発表している。「外洋波浪実況図」を見るには、「沿岸波浪実況図」の画面上の**情報選択**の欄(☜52)から〈外洋波浪実況図〉を選択すればいい(インターネットで**〈気象庁|外洋波浪実況図〉**を検索してもいい)。すると外洋波浪実況図の画面が表示される。また、その下にある**外洋波浪実況図(AWPN)カラー版(pdfファイル)**をクリックすると、PDF版の画面が表示される。右の例は、2019年9月15日21日の外洋波浪実況図と、そのPDF版だ。

一方、「外洋波浪予想図」を見るには、「沿岸波浪実況図」の画面上の**情報選択**の欄(☜52)から〈外洋波浪　予想図〉を選択するか、インターネットで**〈気象庁|外洋波浪予想図〉**を検索すればいい。後の手順は「外洋波浪実況図」と同様である。

外洋波浪実況図、あるいは外洋波浪予想図のPDF版には、台風が発生していた場合には、その台風の名前や中心気圧、中心位置などが表示される。

9月15日21時 の外洋波浪実況図

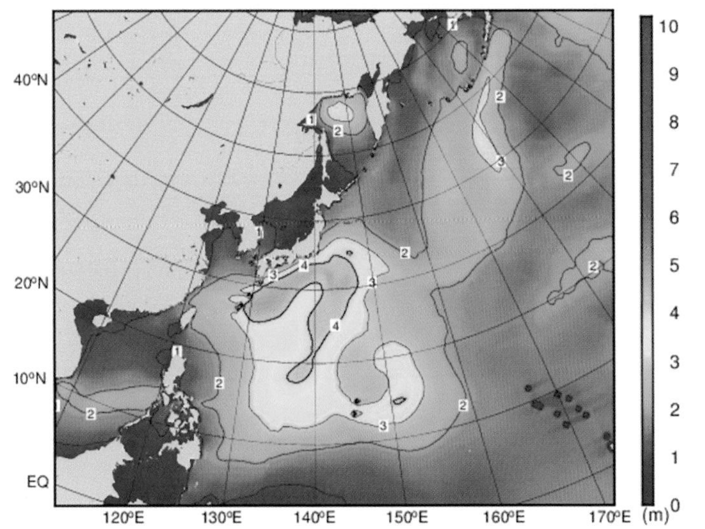

2019年9月15日21時の外洋波浪実況図

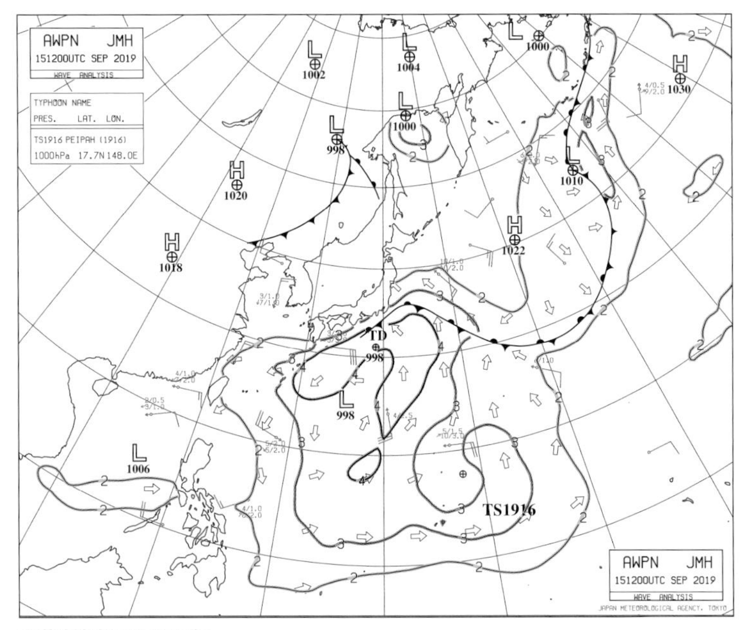

外洋波浪実況図PDF版

COLUMN 気象庁の波浪情報を補完する国土交通省の「ナウファス」

「ナウファス」(全国港湾海洋波浪情報網:NOWPHAS: Nationwide Ocean Wave information network for Ports and HArbourS)は、国土交通省港湾局・各地方整備局・北海道開発局・沖縄総合事務局・国土技術政策総合研究所および港湾空港技術研究所の相互協力のもとに構築・運営されている日本沿岸の波浪情報網で、下の地図に示す観測地点で波浪の定常観測を実施している。ナウファス波浪観測情報は、気象庁による波浪予報に活用されているほか、蓄積された長期間のデータの統計解析を通じて、港湾・海岸・空港事業の計画・調査・設計・施工をはじめとした沿岸域の開発・利用・防災などに幅広く活用されている。

■海洋気象観測船による地球環境の監視

気象庁の海洋気象観測船は、地球環境の監視も行っている。ここで示すのは、気象庁のホームページに掲載された「2018年春季」における北西太平洋域における海洋気象観測船による定期海洋観測の結果である。北緯40度線は、凌風丸が2018年5月1日から6月3日にかけて調査、北緯24度線は、啓風丸が5月18日から6月28日にかけて調査したものである。

なお、ホームページの北緯24度線を示す赤い線をクリックすると、各観測地点における下記のデータが表示される。

水温、塩分、海流、溶存酸素量、リン酸塩、ケイ酸塩、硝酸塩、亜硝酸塩、クロロフィル、フェオフィチン、全炭酸、全アルカリ度、25℃におけるpH

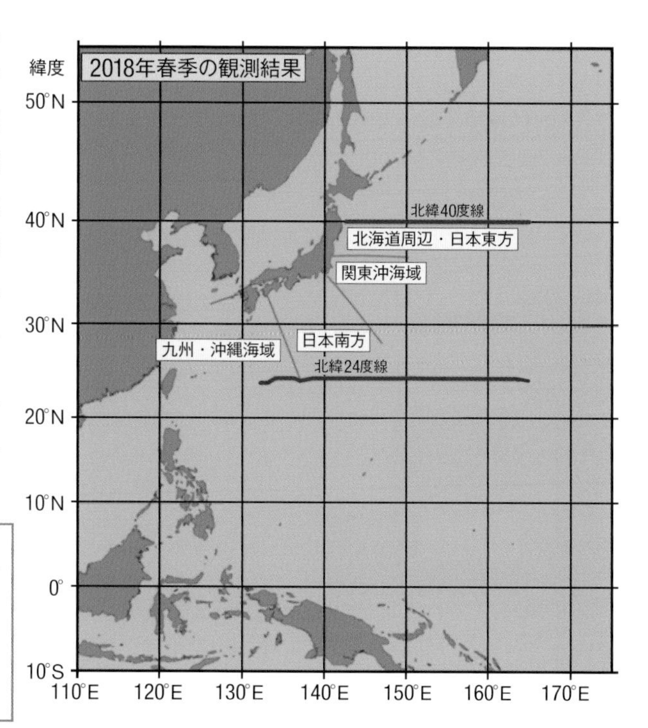

●各種データ表示例

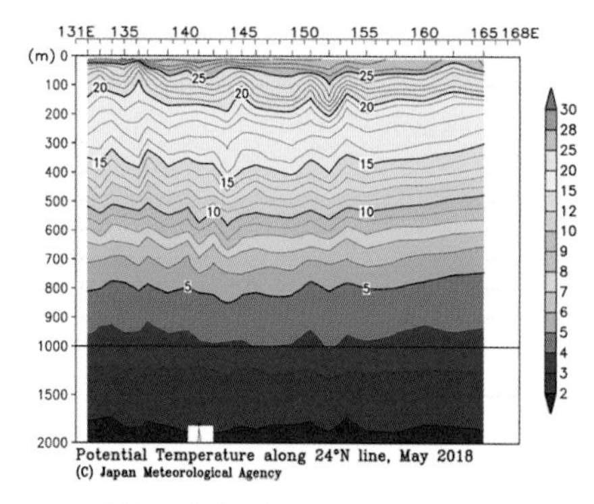

北緯24度線の水温の断面図（単位:℃）

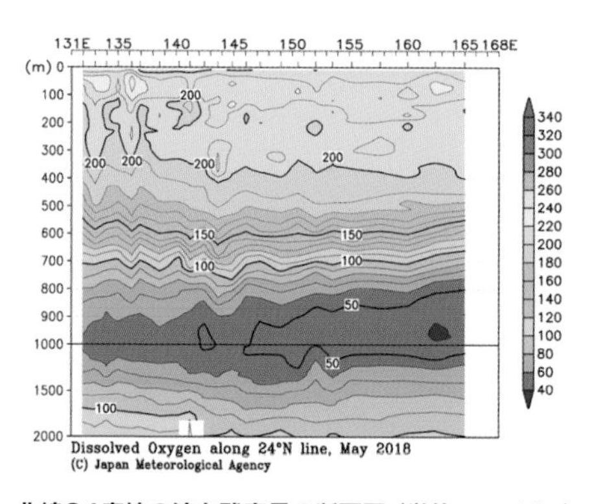

北緯24度線の溶存酸素量の断面図（単位:μmol/kg）

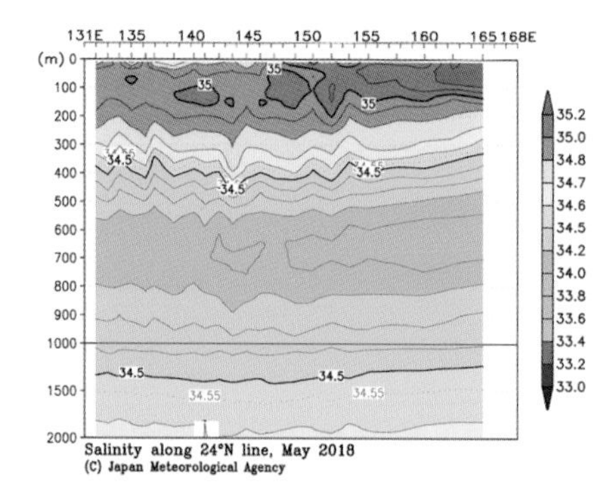

北緯24度線の塩分の断面図（単位:重量比 1/1000）

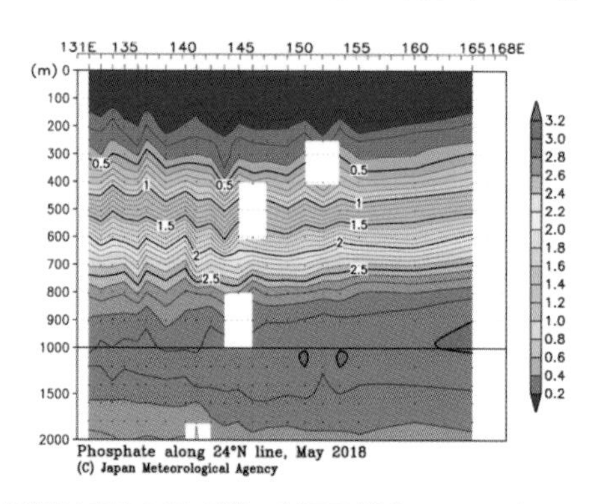

北緯24度線のリン酸塩の断面図（単位:μmol/kg）

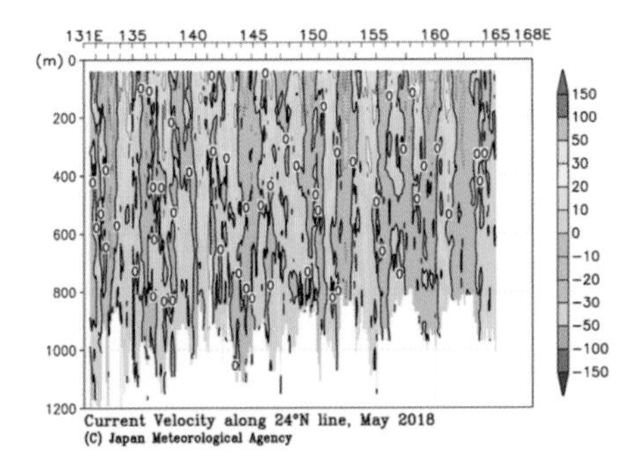

北緯24度線の海流の断面図（単位:cm/s）

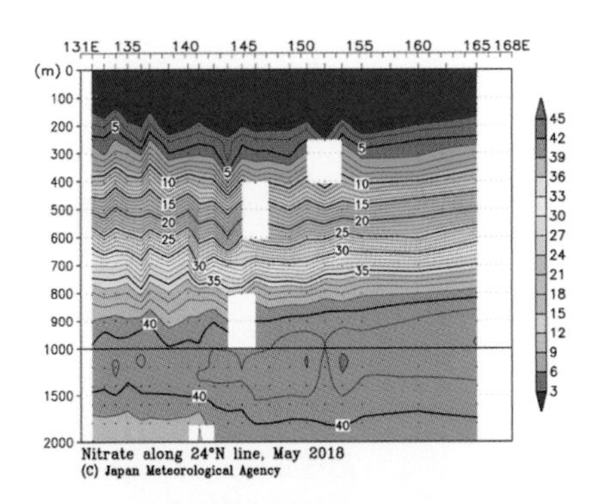

北緯24度線の硝酸塩の断面図（単位:μmol/kg）

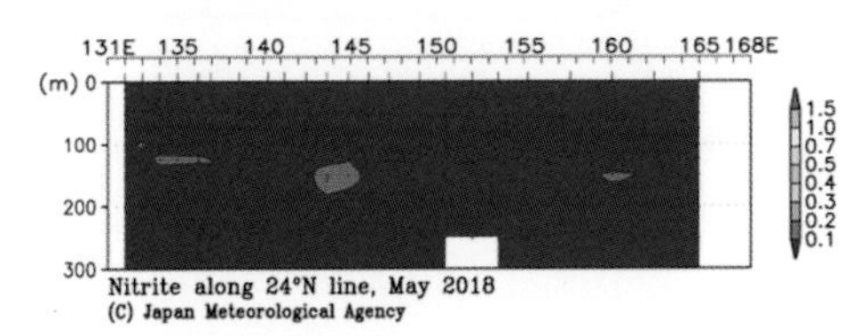

北緯24度線の亜硝酸塩の断面図（単位:μmol/kg）

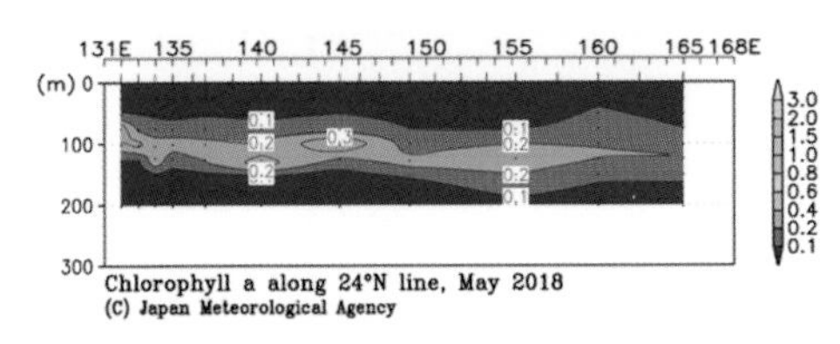

北緯24度線のクロロフィルの断面図（単位:μg/l）

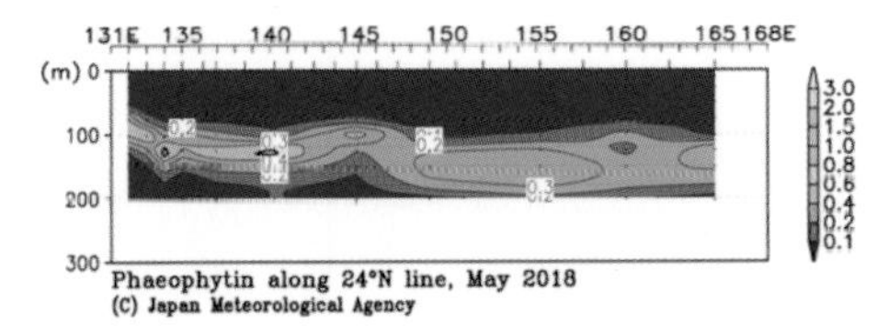

北緯24度線のフェオフィチンの断面図（単位:μg/l）

図の空白域は、観測していない、または、測定不良であることを表す。また、図中に段差がある場合、その段差を境に左右で観測時期が異なることを表す。

画像はいずれも気象庁ホームページより

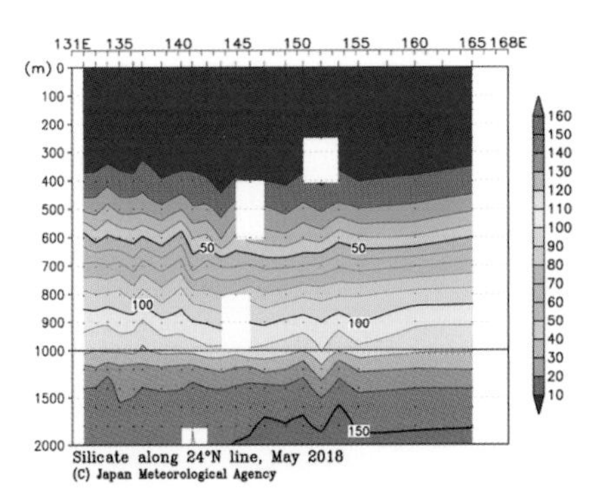

北緯24度線のケイ酸塩の断面図（単位:μmol/kg）

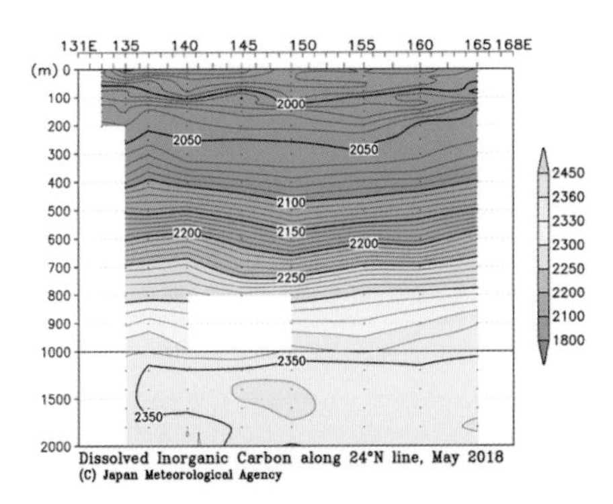

北緯24度線の全炭酸の断面図（単位:μmol/kg）

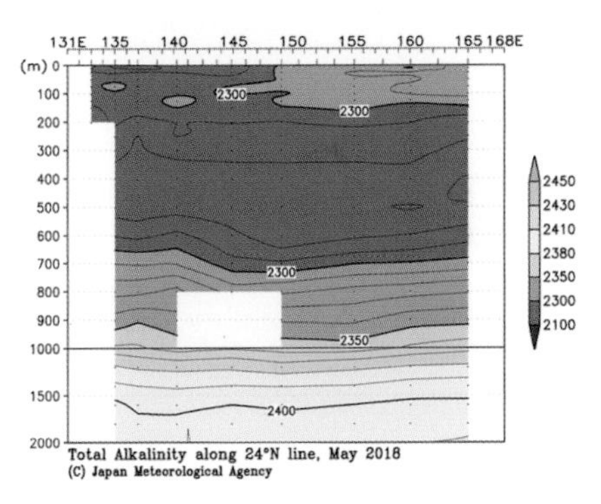

北緯24度線の全アルカリ度の断面図（単位:μmol/kg）

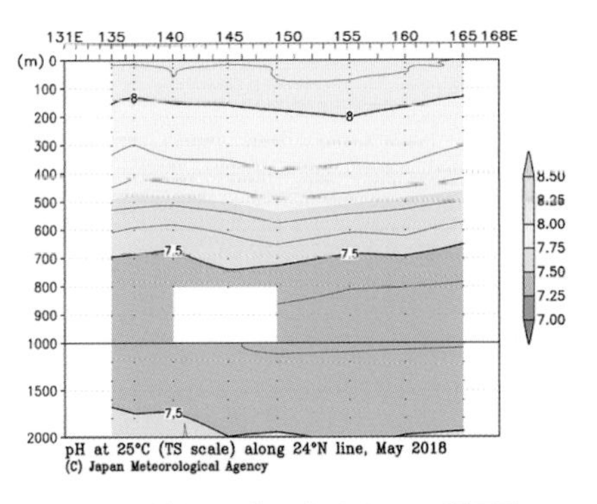

北緯24度線の25℃におけるpHの断面図

COLUMN 海洋気象観測で見えてきた気候変動のメカニズム

海洋気象観測船による海洋観測ラインの中でも最近注目されているのが東経137度定線である。このラインは、北太平洋を代表する黒潮や北赤道海流などの海流系を横断していることから、「海流の大規模な変動」を調査することを目的に、1967年冬季以来、水温、塩分、溶存酸素、栄養塩やクロロフィルなどの観測が継続されている。

また1980年代からは、地球温暖化の原因物質である温室効果ガスの監視のため、洋上大気と海水中の二酸化炭素系のパラメーター(全炭酸、アルカリ度、水素イオン濃度指数＝pH)やフロンなどの観測も開始して、それによって得られたデータは、国際的な全球海洋各層観測プログラム(GO-SHIP:Global Ocean Ship-based Hydrographic Investigations Program)や、全球海洋酸性化観測ネットワーク(GOA-ON:Global Ocean Acidification Observing Network)の一部に位置づけられ、黒潮流路の変動やエルニーニョ／ラニーニャ現象に伴う海洋内部の水温や塩分の分布の違いによる海洋構造の解明に大きく貢献している。

東経 137 度定線の観測点

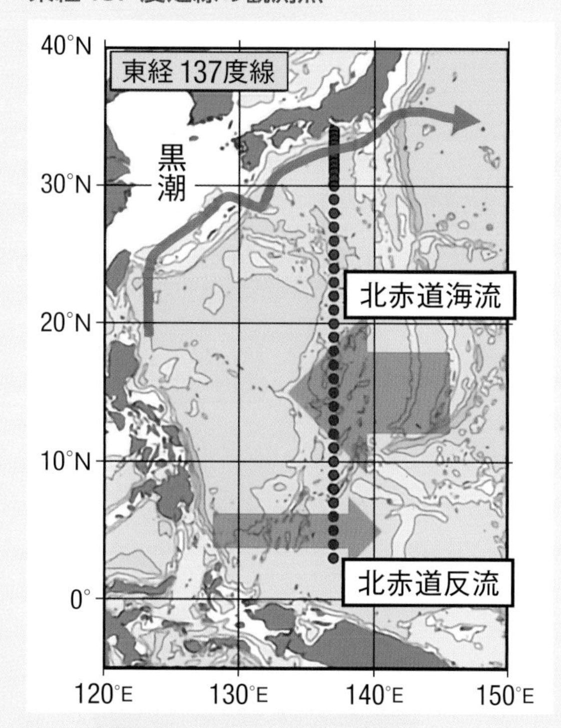

現在の観測点(●)

観測開始時からの緯度ごとの観測点と観測深度

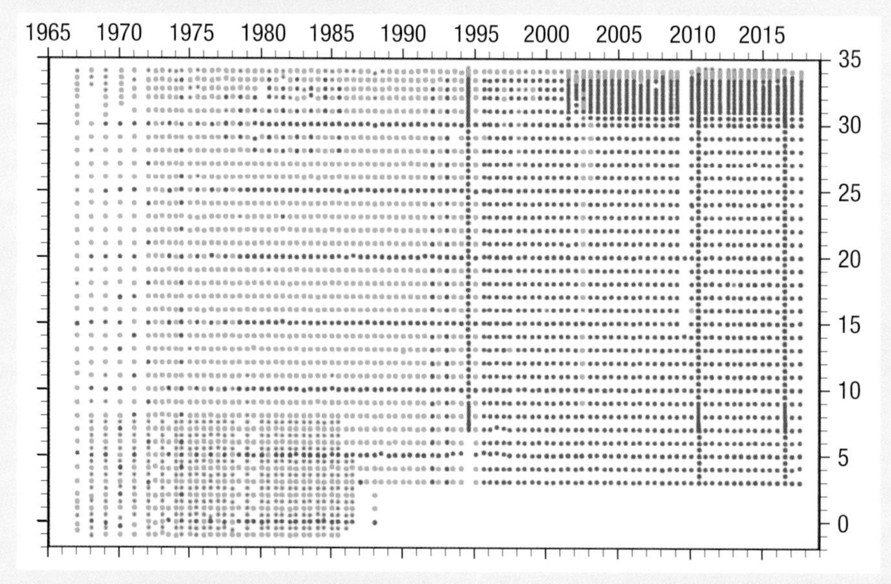

縦軸は緯度、横軸は年を表す。色は、最大観測深度が、●：1000m未満、●：1000mから2000m未満、●：2000mから4000m未満●：4000m以深、を表す。

こうした海洋気象観測により、気象変動のメカニズムを改名する出がかりも得られている。下の図は、東経137度定線と東経165度定線での表面海水中と大気中の二酸化炭素分圧の観測値の推移である。

分圧とは、2種類以上の気体が混ざっているときにおける、それぞれの気体の圧力のことであり、その数値が高いほど含まれている二酸化炭素の濃度が高いことを意味する。

この図を見てもわかるように、海水中も大気中も二酸化炭素濃度が右肩上がりで上昇している。

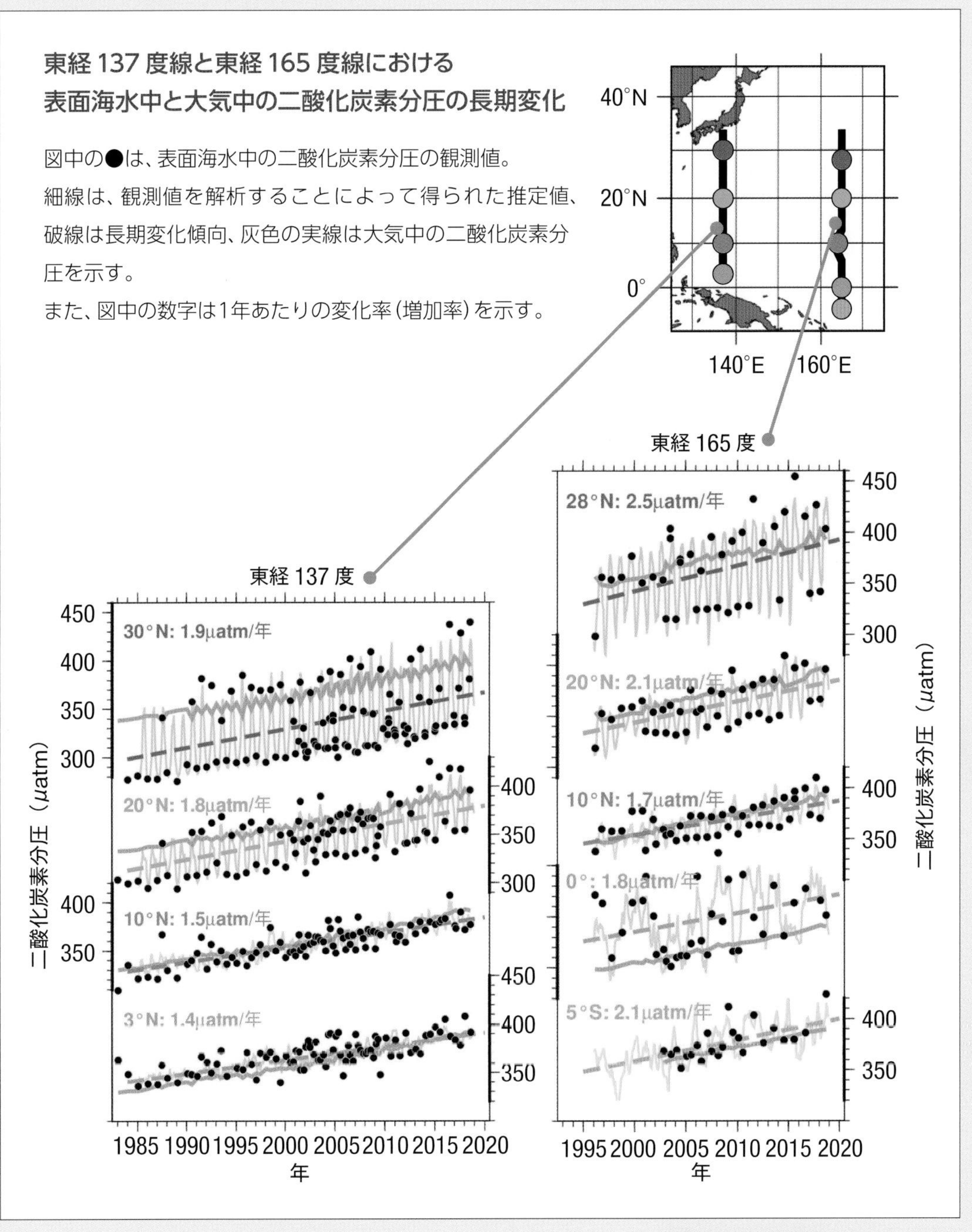

東経 137 度線と東経 165 度線における表面海水中と大気中の二酸化炭素分圧の長期変化

図中の●は、表面海水中の二酸化炭素分圧の観測値。
細線は、観測値を解析することによって得られた推定値、破線は長期変化傾向、灰色の実線は大気中の二酸化炭素分圧を示す。
また、図中の数字は1年あたりの変化率（増加率）を示す。

画像はいずれも気象庁ホームページより

5 気象衛星による観測

世界初の気象衛星TIROS-1が、アメリカのケープカナベラル空軍基地から打ち上げられたのは1960年4月1月のことだったが、1966年には初の静止気象衛星ATS-1を打ち上げ、天気変化の監視に衛星観測が有効であることが証明された。

それを受け、1963年には世界気象機関で世界気象監視計画が立案され、全世界をカバーする気象衛星観測ネットワーク構想がスタートした。1980年代初めまでに日本をはじめとする各国の協力で静止気象衛星と極軌道(きょくきどう)衛星によって地球全球を覆う観測網が確立された。

気象庁は、静止気象衛星「愛称:ひまわり」を用いて、宇宙から雲などの観測を行っているが、この衛星は、赤道上空約 3万5800㎞で、地球の自転と同じ周期で地球の周りを回っており、いつも地球上の同じ範囲を宇宙から観測することができる。そのため、台風や低気圧、前線といった気象現象を、連続観測することが可能である。また、「ひまわり」で得られたデータが広く世界で活用されていることは言うまでもない。

■世界の気象衛星観測網

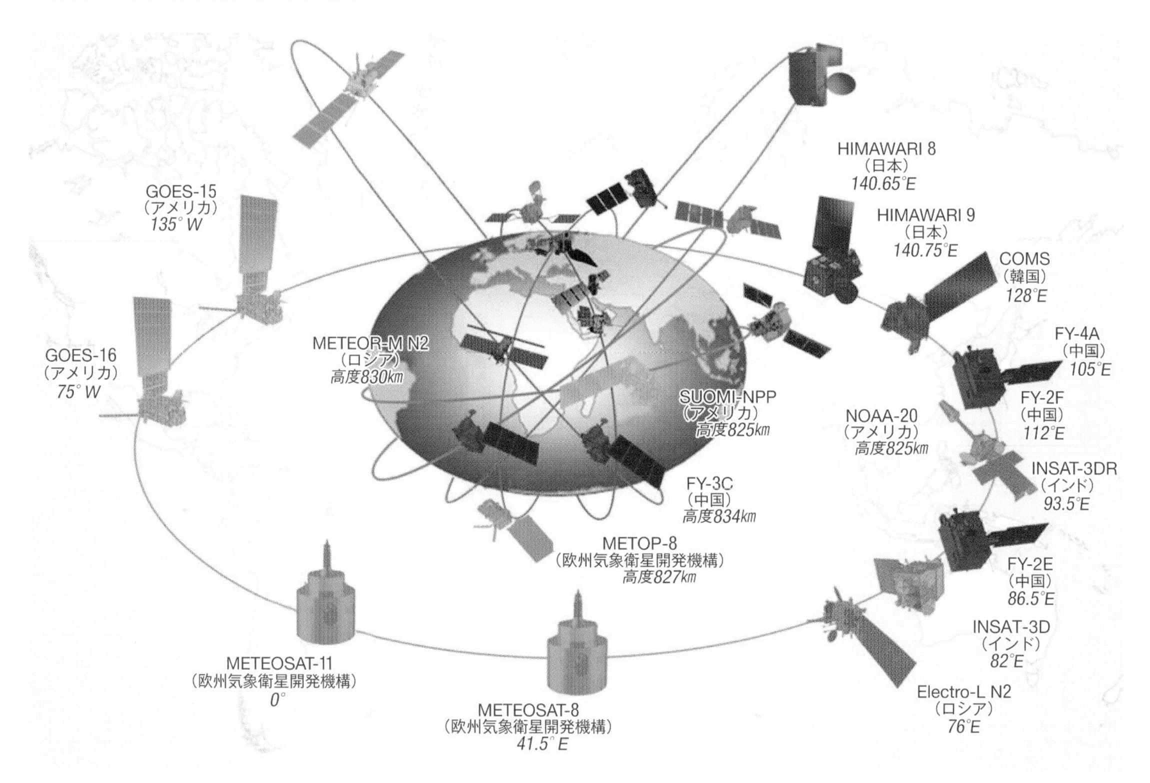

原図出典:WMO「Schematic overview of the space-based GOS」に新たな情報を加え、編集部で作成。

現在運用中の世界の主な静止気象衛星

主な監視区域	運用国(地域)	衛星名	位置
西太平洋(東経108度〜東経180度)	日本	HIMAWARI-8	東経140.65度(±0.05度)
		HIMAWARI-9(stand-by)	東経140.75度(±0.05度)
	中国	FY-2F	東経112度
	韓国	COMS	東経128.2度
東太平洋(西経180度〜西経108度)	アメリカ	GOES-15	西経135度
西大西洋(西経108度〜西経36度)	アメリカ	GOES-16	西経75度
東大西洋(西経36度〜東経36度)	ヨーロッパ	METEOSAT-11	西経0度
インド洋(東経36度〜東経108度)	ヨーロッパ	METEOSAT-8	東経41.5度
	インド	INSAT-3DR	東経93.5度
		INSAT-3D	東経82度
	中国	FY-2E	東経86.5度
		FY-4A	東経105度
	ロシア	ELECTRO-L N2	東経76度

気象衛星センターのホームページより(2019年5月27日現在)

現在運用中の世界の主な極軌道気象衛星

運用国(地域)	衛星名	高度
ロシア	METEOR-M N2	830 km
ヨーロッパ	METOP-B	827 km
中国	FY-3C	834 km
アメリカ	SUOMI-NPP	825 km
	NOAA-20	825 km

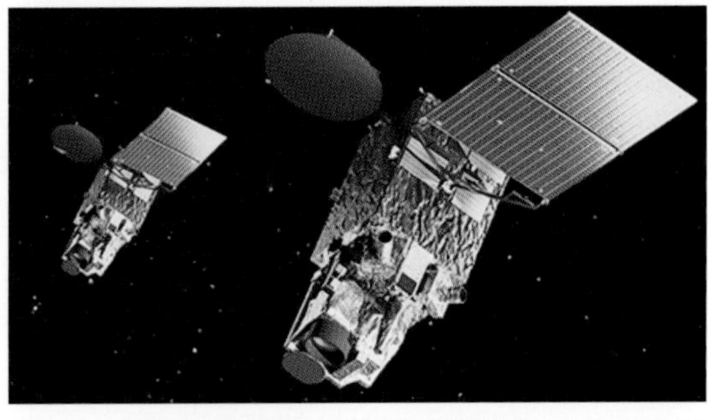
日本のひまわり8号、9号(三菱電機のホームページより)

静止気象衛星と極軌道気象衛星の軌道

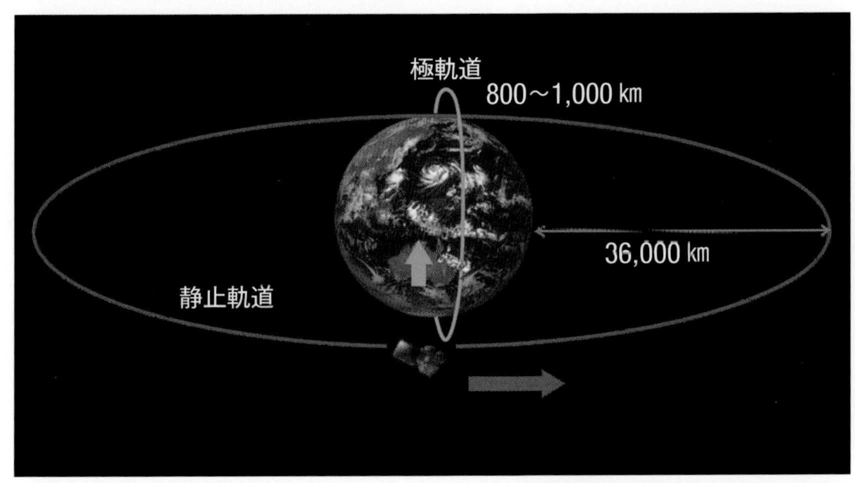

気象衛星センターのホームページより

ヨーロッパのMETEOSAT
(ESAのホームページより)

■日本の気象衛星「ひまわり」

日本で初めての静止気象衛星(GMS:Geostationary Meteorological Satellite、愛称「ひまわり」)は、1977年7月14日にアメリカのケープカナベラル空軍基地から打ち上げられ、7月18日に東経140度の赤道上空に静止し、気象観測を開始した。このGMSシリーズはその後、種子島宇宙センターから打ち上げられ、5号機まで運用された。 その後を継いだのが、運輸多目的衛星(MTSAT:Multi-functional Transport Satellite)シリーズである。気象観測機能以外に、衛星通信を利用した航空保安システムなどを搭載しているこのシリーズの1号機となった「ひまわり6号」が打ち上げられたのは2005年2月26日のことだったが、その後、ひまわり7号が2006年2月18日に打ち上げられた。

さらに2014年10月7日には、地球観測機能を大幅に強化した静止地球環境観測衛星としてひまわり8号が、2016年11月2日にはひまわり9号が打ち上げられ、現在の2機体制が確立された。

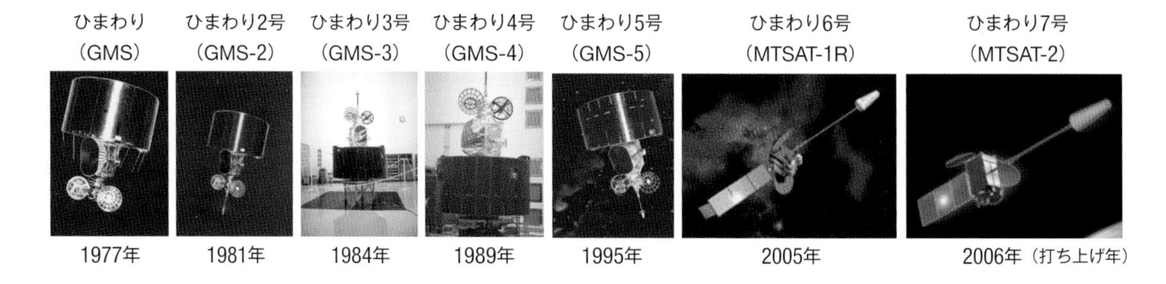

現在運用中の静止気象衛星「ひまわり8・9号」

ひまわり8・9号は、2.5分ごとの観測が可能で、水平分解能も従来に比べて2倍に向上した。また、世界に先駆けて次世代気象観測センサー(可視赤外放射計)を搭載。可視域3バンド、近赤外域3バンド、赤外域10バンドの計16バンドのセンサーで得られたデータを合成することで「カラー画像」が作成することが可能となり、黄砂や噴煙などの監視にも活用されている。

(左)ひまわり9号のイメージ図
(上)静止気象衛星「ひまわり9号」打ち上げの瞬間(JAXA)

ひまわり９号による初画像

ひまわり9号はひまわり8号と同様、気象庁が開発、三菱電機が製造して、三菱重工業と宇宙航空研究開発機構（JAXA）によって2016年11月2日に、種子島宇宙センターからH-IIAロケット31号機で打ち上げられた。右は2017年1月24日午前11時40分（日本時間）、ひまわり9号によって撮影された画像。

ひまわり８号が撮影した台風の映像
（2018年の台風第24号）

2018年の台風第24号は、9月28日から30日明け方にかけて、非常に強い勢力で沖縄地方に接近。和歌山県に上陸し、その後、急速に加速しながら、30日20時頃には、和歌山県に上陸し、東日本

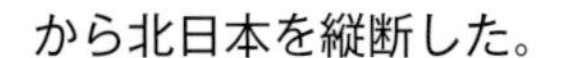

から北日本を縦断した。

そのため、南西諸島および西日本・東日本の太平洋側を中心に、観測記録を更新する猛烈な風の吹いたところがあった。

2018年9月28日16時（左上）、9月30日10時（右上）、30日13時（左下）、10月1日8時10分（右下）　提供：気象庁

天気予報で不可欠となった「スーパーコンピュータ」

ここまで挙げてきた様々な観測データをもとに予報官が検討を加えて天気予報を発表することになるが、現在ではその際、スーパーコンピュータを用いた「数値予報」が不可欠となっている。数値予報とは、流体力学などをはじめとする物理学の方程式を使い、風や気温などの時間変化をコンピュータで計算して将来の大気の状態を予測する方法である。

■1959年にコンピュータ導入

1955年に、アメリカ国立気象局が数値予報業務を始めたのに続き、1959年には日本の気象庁でも大型コンピュータを導入して数値予報業務を開始した。

とはいえ当時のコンピュータは、現在のパソコンに遠く及ばない性能しかなく、得られた数値予報の結果は予報官の信頼を得るレベルには達していなかったという。そこで気象庁をはじめとする各国の気象関係者は、「数値予報モデル」の改良に力を注いだ。

気象庁が数値予報を開始した当時のコンピュータ（IBM704）

数値予報モデルとは何か

そもそも気象現象は、地球を連続的に覆っている大気中で起きる物理現象である。それがどう変化していくかを予測するには、ナビエ–ストークス方程式（流体力学で用いられる微分方程式）や気圧傾度力と重力の釣り合いの方程式のほか、質量保存の法則、エネルギー保存の法則、水蒸気保存の法則、熱力学の状態方程式なども組み込んだ計算が必要となる。

日常的な天気予報で求められるのは、地球規模の天候の変化ではなく、自分たちが生活している一定の地域における、より詳しい情報である。そこで、気象庁ではコンピュータに各種大気状態を表す物理量の計算式を組み込んだ数値予報モデルを搭載し、数々のデータを入力して、予報精度の向上をはかっている。気象庁では、主として次ページのような数値予報モデルを運用している。

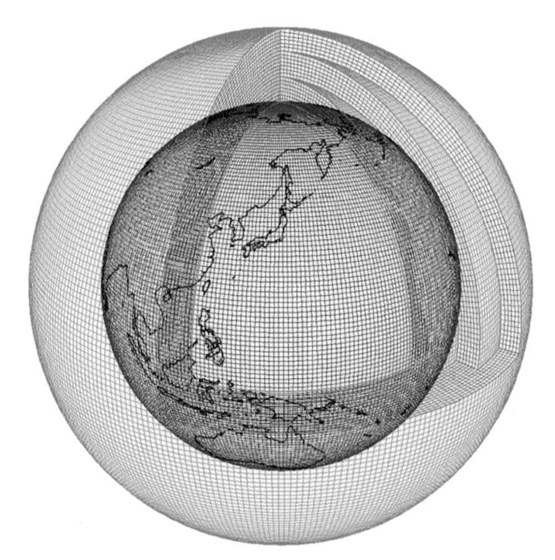
全球の大気を格子で区切ったイメージ図

主な数値予報モデルの概要

予報モデルの種類	モデルを用いて発表する予報	予報領域と格子間隔	予報期間	実行回数
局地モデル	航空気象情報、防災気象情報	日本周辺　2km	10時間	毎時
メソモデル	防災気象情報、航空気象情報、分布予報、時系列予報、府県天気予報	日本周辺　5km	39時間	1日6回
			51時間	1日2回
全球モデル	分布予報、時系列予報、府県天気予報、台風予報、週間天気予報、航空気象情報	地球全体　20km	5.5日間	1日3回
			11日間	1日1回
メソアンサンブル予報システム	防災気象情報、航空気象情報、分布予報、時系列予報、府県天気予報	日本周辺　5km	39時間	1日4回
全球アンサンブル予報システム	台風予報、週間天気予報、2週間気温予報、早期天候情報、1か月予報	地球全体 18日先まで40km 18～34日先まで55km	5.5日間	1日2回 (台風予報用)
			11日間	1日2回
			18日間	1日2回
			34日間	週4回
季節アンサンブル予報システム	3か月予報、暖候期予報、寒候期予報、エルニーニョ監視速報	地球全体 大気 110km 海洋50～100km	7か月	月1回

数値予報モデルは随時改善されている。

数値予報モデルで予測できる気象現象の規模は格子間隔の大きさに依存している。たとえば、目先数時間程度の大雨等の予想には2km格子の局地モデル(LFM:Local Forecast Model)を、数時間～1日先の大雨や暴風などの災害をもたらす現象の予報には5km格子のメソモデル(MSM:Meso Scale Model)を、1週間先までの天気予報や台風予報には約20km格子の全球モデル(GSM:Global Spectral Model)と約40km格子の「全球アンサンブル予報システム」を使用している(アンサンブル予報システムについては後述)。

ちなみに、全球モデルでは高・低気圧や台風、梅雨前線などの水平規模が100km以上の現象を予測できるし、メソモデルでは局地的な低気圧や集中豪雨をもたらす組織化された積乱雲など水平規模が数十km以上の現象を予測できる。また局地モデルでは、水平規模が十数km程度の現象までが予測可能となっている。

気象庁の数値予報モデルが対象とする現象の空間・時間スケール

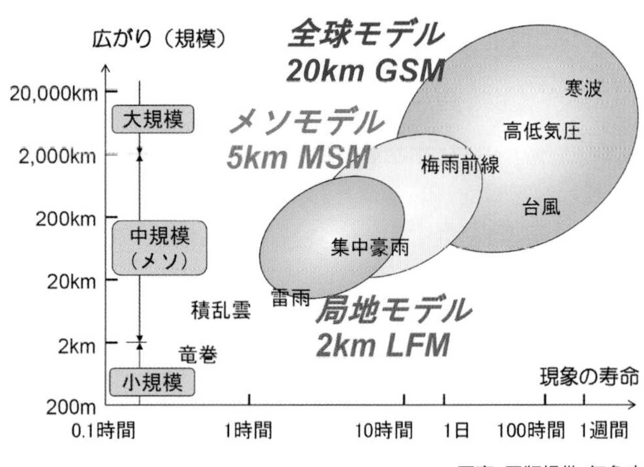

写真・図版提供:気象庁

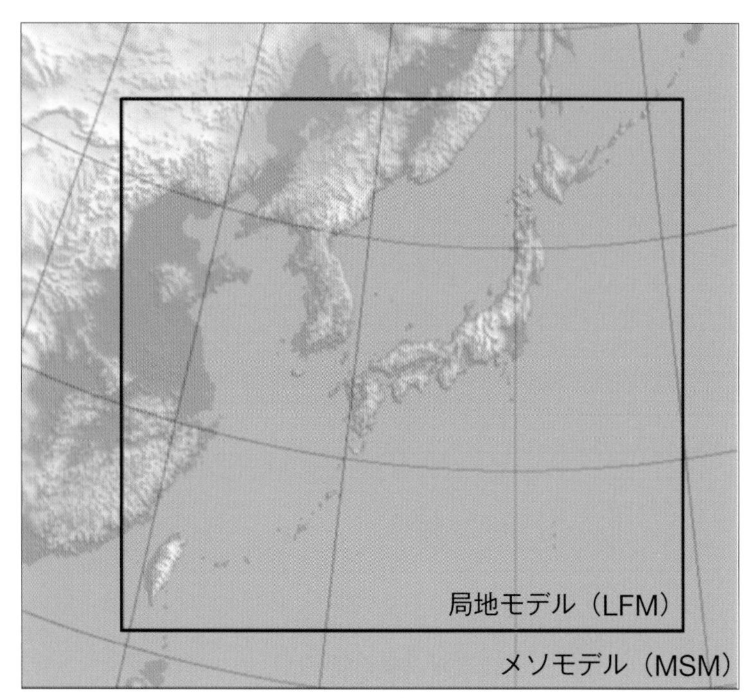

メソモデルと局地モデルの領域

メソモデルと局地モデル

「メソモデル」は、日本とその近海を格子間隔5㎞ごとの区域を計算領域としており、1日8回、3時間ごとに予測計算を行っている。数時間から1日先の大雨や暴風などの災害をもたらす現象を予測することを主要な目的としている。

一方、局地モデルは、メソモデルより細かい格子間隔（2㎞）を計算領域として、数時間程度先の局地的な大雨の発生などを予想することを目指している。

● 実際の降水量と局地モデルとメソモデルの予測例

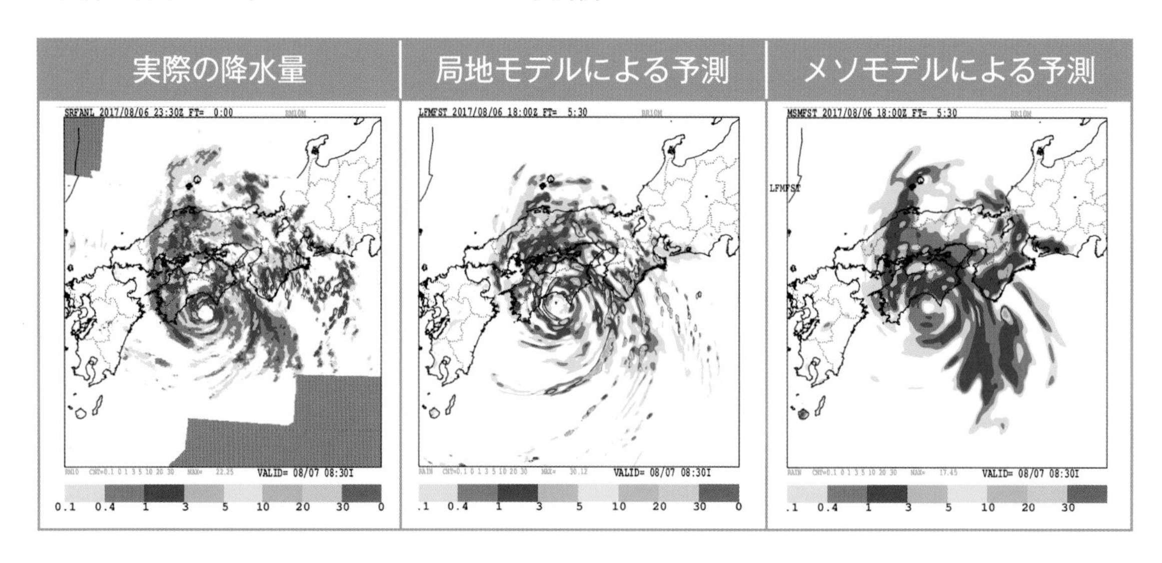

メソモデルは、日本とその近海の水平格子間隔5㎞ごとの区域を計算領域としており、39時間先までの予報を1日6回、51時間先までの予報を1日2回行っている。

その結果は、防災気象情報、航空気象情報、分布予報、時系列予報、府県天気予報などで活用されている。

一方、局地モデルはメソモデルより細かい2㎞の格子間隔を計算領域として、予測計算を行っている。

こちらは10時間先までの予測を1日24回（毎時）行っており、数時間先の大雨や暴風などの災害をもたらす現象を予測することを主要な目的としており、航空気象情報、防災気象情報に活用されている。

全球モデル

正確な天気予報を出すにあたっては地球規模の大気の状態の情報を集め、予想することも求められる。たとえば、ヨーロッパや低緯度地域の大気の状態も、数日後には日本に影響を与えるからである。そのため、地球全体をカバーする全球モデルによる予測も必要となる。そこで気象庁では地球全体を20㎞格子間隔に区切った「全球モデル」を使って気象特性が異なる熱帯域や極域の気象も予測しており、その計算結果を図示化した「数値予報天気図」を1日2回(一部資料は1日1回)作成して発表している。

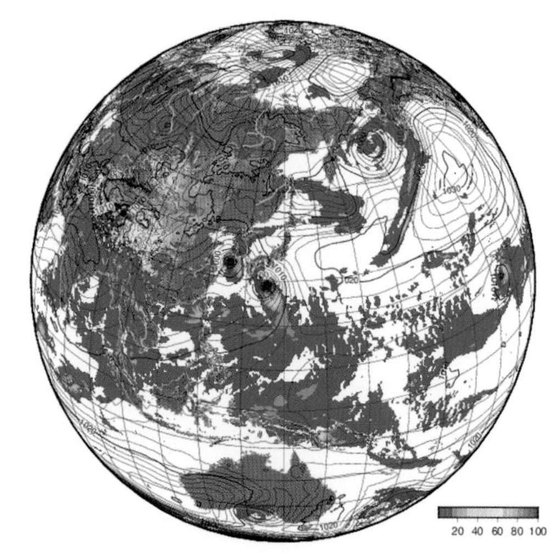

「全球モデル」の領域

●全球モデルを使った「数値予報天気図」の表示例

インターネットで、〈**気象庁|数値予報天気図**〉を検索すると、数値予報天気図のメニューページが表示される。

その画面では、「アジア太平洋250hPa高度・気温・風24時間予想図」「アジア太平洋300hPa高度・気温・風24時間予想図」をはじめ、「極東850hPa気温・風、700hPa上昇流/700hPa湿数、500hPa気温予想図(12・24・36・48・72時間予想)」や「アジア地上気圧、850hPa気温/500hPa高度・渦度(うずど)予想図(24～264時間予想)」などが選択できるが、かなり専門的なので、本書では「アジア地上気圧、850hPa気温/500hPa高度・渦度予想図」の264時間予想図を例として紹介するにとどめておくこととする。

▲500hPa高度　渦度予想図

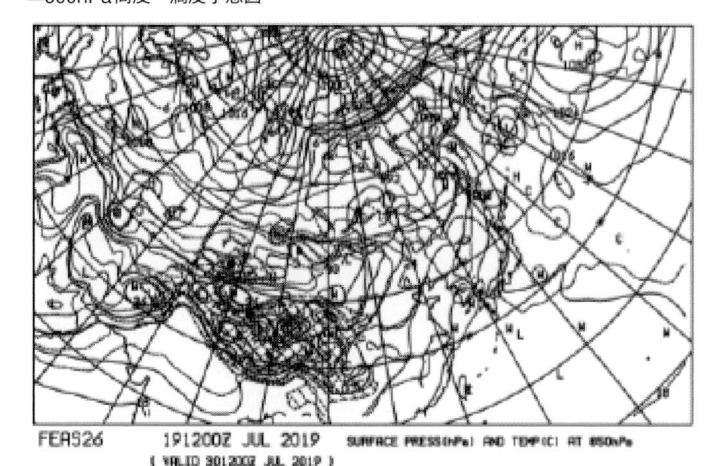

▲地上気圧、850hPa気温

写真・図版提供:気象庁

「アンサンブル予報システム」とは

どんなに優れた数値予報モデルを用いても、100%予報を的中させることはできない。それは、大気の運動が、様々な要素がからみあって起きるカオス的な現象（混沌（こんとん）としている現象）だからであると同時に、観測時における初期値には誤差（予測の不確実性が高い部分）が含まれており、時間の経過とともにそれが拡大していくからだ。

このような誤差の拡大を事前に把握し、より正確な予報を出すために用いられているのが、「アンサンブル（集団）予報」という数値予報の手法である。

ある時刻に少しずつ異なる初期値を多数用意するなどして多数の予報を行い、その平均やばらつきの程度などについて統計的な処理をして最も起こりやすい現象を予報する。

現在は、5日先までの台風予報や1週間先までの天気予報、あるいはそれより長期の天候予測を行う際にアンサンブル予報システムを利用している。

気象庁が現在運営しているアンサンブル予報システムは、99ページの表「主な数値モデルの概要」で紹介したように、「メソアンサンブル予報システム」「全球アンサンブル予報システム」「季節アンサンブル予報システム」の3つである。

●アンサンブル予報の例

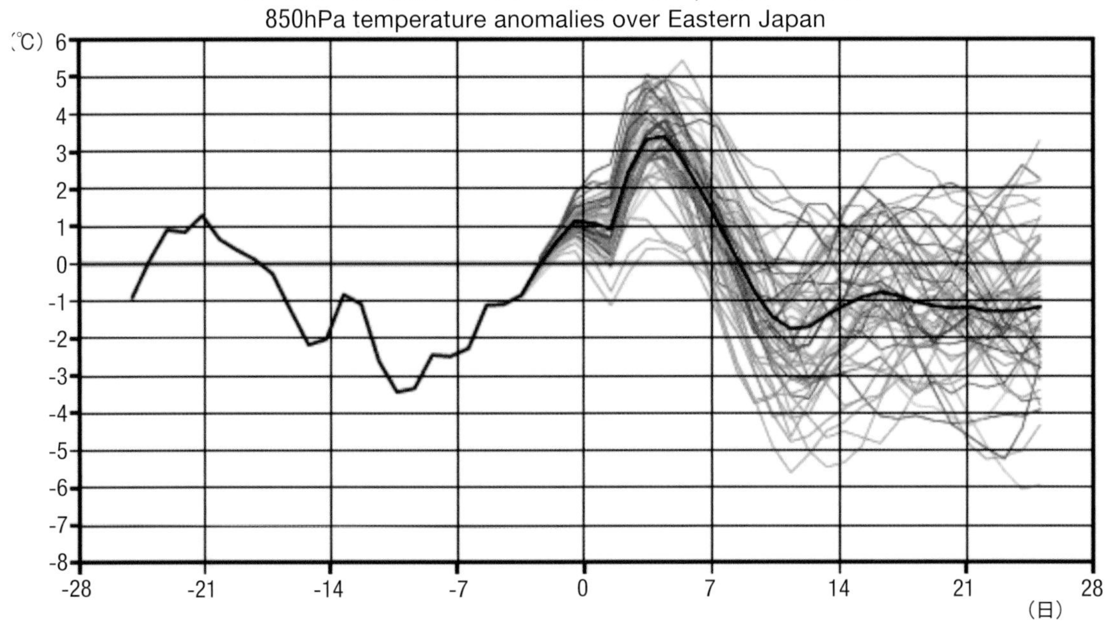

上に示したのは、1か月予報におけるアンサンブル予報の例で、850hPa（地上約1500m）の気温の平年差の予測を示すグラフだ。50本の細い実線は個々の予測結果であり、初期値にわずかなバラツキを与えただけで、50個すべての予報が異なる予測結果を示していることがわかる。

このグラフの黒の太い実線は50本の細い線を平均したもので、これがアンサンブル平均の予測結果である。この例では、向こう1か月間のはじめは高温となり、その後は平年より低く経過すると予測されている。また、50個の予測のばらつき方は前半に比べて後半では大きくなっており、予報時間が延びるとともに予測が難しくなることを示している。

■ アンサンブル予報システムを活用した「早期天候情報」

気象庁がアンサンブル予報システムを活用して発表する代表的な情報が2019年にスタートした「早期天候情報」だ。

これは、その時期としては10年に1度程度しか起きないような著しい高温や低温、降雪量(冬季の日本海側)となる可能性が、いつもより高まっているときに、6日前までに注意を呼びかける情報である。

この早期天候情報は、原則として毎週月曜日と木曜日に、情報発表日の6日後から14日後までを対象として、5日間平均気温が「かなり高い」もしくは「かなり低い」となる確率が30%以上、または5日間降雪量が「かなり多い」となる確率が30%以上と見込まれる場合に発表されている(降雪量については11月〜3月のみ)。

インターネットで〈**早期天候情報**〉を検索すると、右の画面が表示される。

右の例は2019年9月9日14時30分に発表された平均気温に関する早期天候情報だ。

また、この画面の上にある **地方** の欄(☜53)をクリックすると、北海道地方、東北地方、関東甲信地方、北陸地方、東海地方、近畿地方、中国地方、四国地方、九州北部地方(山口県を含む)、九州南部・奄美(あまみ)地方、沖縄地方のいずれかを選択でき、それぞれの地方の、文字による早期天候情報を見ることができる。

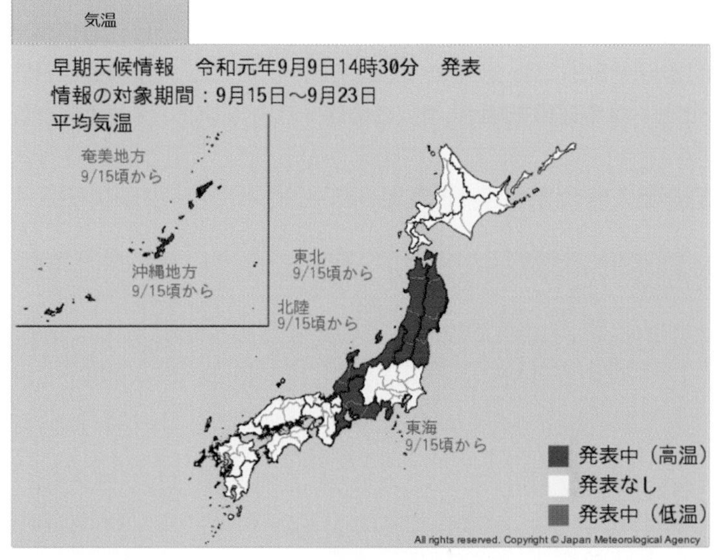

早期天候情報

地方 東海地方　表示　印刷

東海地方

高温に関する早期天候情報(東海地方)
令和元年9月9日14時30分
名古屋地方気象台　発表

東海地方　9月15日頃から　かなりの高温
かなりの高温の基準：5日間平均気温平年差　+2.2℃以上

向こう2週間の気温は、高い日が多く、向こう10日間程度は、暖かい空気に覆われて、かなり高くなる日があるでしょう。農作物や家畜の管理等に注意するとともに、熱中症対策など健康管理に注意してください。
なお、1週間以内に高温が予想される場合には高温に関する気象情報を、翌日または当日に高温が予想される場合には高温注意情報を発表しますので、こちらにも留意してください。

図版はいずれも気象庁提供

■天気予報とコンピュータ

現代の天気予報でコンピュータは欠かせないものとなっている。

1959年には気象庁でも大型コンピュータを導入して数値予報業務を開始したことは前述したが、2018年6月5日には、第10世代となるスーパーコンピュータの運用を開始した。このスーパーコンピュータは、東京・清瀬市の「気象庁清瀬庁舎」に設置されている。

数値予報モデルの開発は気象庁が行い、「第10世代数値解析予報システム（NAPS10）の稼働環境構築は日立製作所が担当している。ハードはアメリカのクレイ社製である。

新規導入された気象庁のスーパーコンピュータシステム

中核となっているコンピュータはクレイ社の「XC50モデル」。このシステムは、従来のシステムの約21倍となる演算性能（約18ペタFLOPS）を誇り、世界トップクラスである。　提供：日立製作所

気象庁のスーパーコンピュータの変遷

第10世代数値解析予報システム（NAPS10）は、第1世代の約1兆倍の処理能力を有する。

このNAPS10の導入に伴い、1日4回計算を行う全球モデルのうち、3時、9時、15時を初期値とする予測時間を84時間（3.5日）から132 時間（5.5日）に延長し、2019年3月には、台風の強度予報（中心気圧や最大風速等）の予報期間を3日先から5日先まで延長した。また、2019年3月には、9時、21時に行うメソモデルの予測時間を51時間に延長し、5時発表の天気予報において明日の24時までの予報にメソモデルの結果を利用することができるようになるなど、天気予報のための数値予報の精度は確実に向上している。

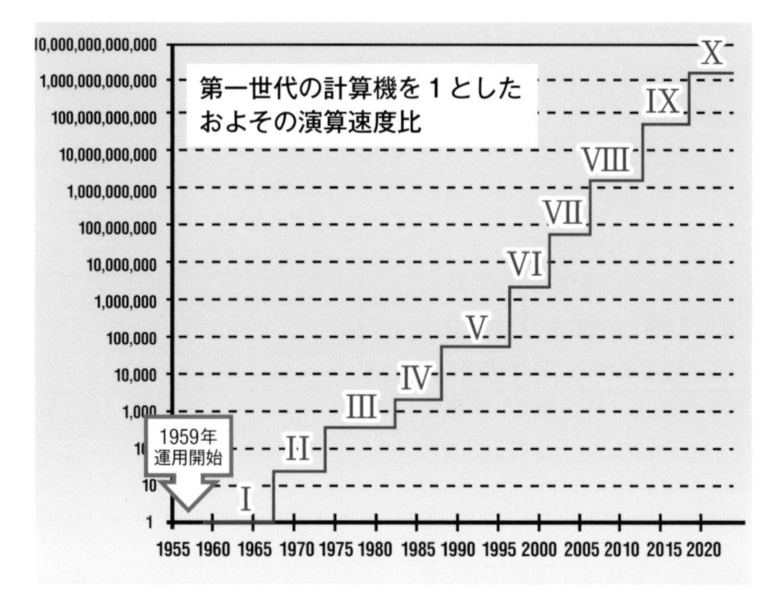

気象庁のコンピュータの演算速度の推移
気象庁ホームページより

天気予報が発表されるまでの流れ

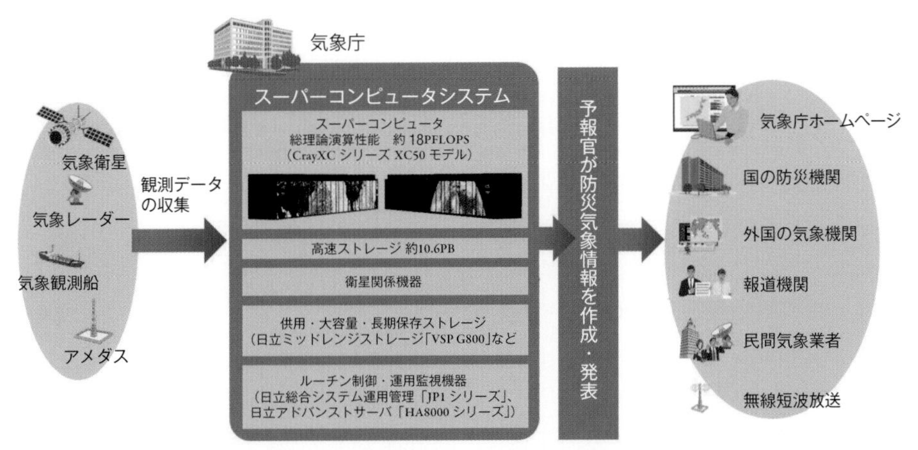

日立が構築し、24時間365日体制で安定稼働を支援　　提供:日立製作所

気象庁では従来の気象観測に加えて、静止気象衛星ひまわり8号・9号や、水平方向および垂直方向に振動する電波を同時に送受信することができる新型の気象レーダー(二重偏波気象レーダー)を導入することなどで観測網の高度化を進め、観測データの種類や量を飛躍的に充実させている。スーパーコンピュータの導入も、こうした多様な観測データを総合的かつ高度に活用するためには必要なことだった。

そして、 気象庁では、スーパーコンピュータシステムを用いた数値予報モデルの計算結果をもとに、実況の経過を加味して、最適な天気予報や台風、局地的大雨の予測を発表している。

この数値予報は世界トップレベルの水準で、そのデータは国内の防災機関や民間気象事業者、さらには世界各国の気象予報センターにも配信され、各国の天気予報に活用されている。

各社の天気予報

日本気象協会の天気予報

読売新聞の天気予報

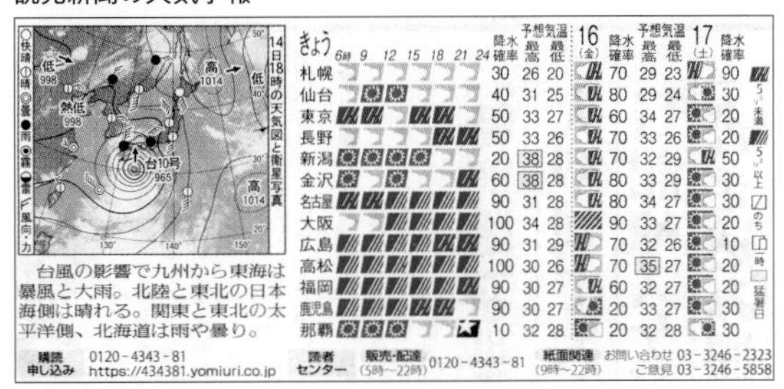

ウェザーニュース社の天気予報

NHKの天気予報

世界的に進められている WMO 全球大気監視（GAW）計画

1750年代に始まった産業革命以降、人間活動によって排出される二酸化炭素量は急激に増加し、地球温暖化の原因のひとつとして大きな問題となっている。

これに対し、世界気象機関（WMO：World Meteorological Organization）は、1989年に「全球大気監視」（GAW：Global Atmosphere Watch）計画を開始して、右に示すように、地球温暖化、オゾン層破壊、酸性雨などの観測を各国の機関と協力して進めている。

この活動のうち、日本が中心となっているのが、温室効果ガスの観測・研究だ。気象庁は、全球大気監視計画によって設立された「温室効果ガス世界資料センター」（WDCGG：World Data Centre for Greenhouse Gases）の運営に携わっている。

観測項目	資料センター名	運営機関
オゾン・紫外線	世界オゾン・紫外線資料センター（WOUDC）	カナダ気象局
温室効果ガス	温室効果ガス世界資料センター（WDCGG）	気象庁（日本）
降水化学成分	降水化学世界資料センター（WDCPC）	米国海洋大気庁大気資源研究所
太陽放射	世界放射資料センター（WRDC）	ロシア中央地球物理観測所
エーロゾル	エーロゾル世界資料センター（WDCA）	ノルウェー大気研究所
リモートセンシング	大気リモートセンシング世界資料センター（WDC-RSAT）	ドイツ航空宇宙研究センター
反応性ガス	反応性ガス世界資料センター（WDCRG）	ノルウェー大気研究所

●観測ネットワークにおける最近 10 年間の二酸化炭素観測地点

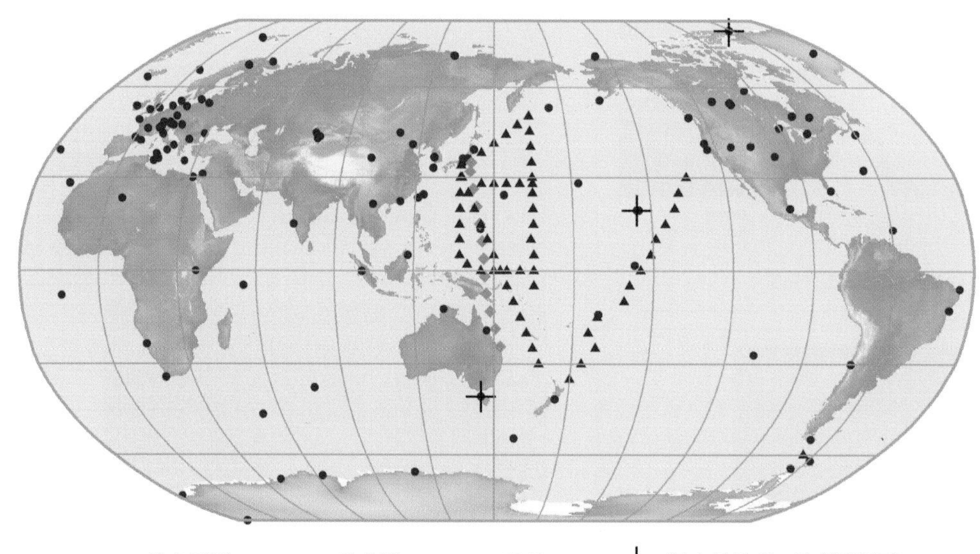

● 地上観測　◆ 航空機　▲ 船舶　＋ 温室効果ガス比較観測所

図版はいずれも気象庁ホームページより

世界規模で増え続けている二酸化炭素蓄積量

下の図は、1990年代の地球温暖化に関わる二酸化炭素の循環メカニズムを図式化したものだ。各数値は炭素重量に換算したもので、蓄積量（箱の中の数値、億トン炭素）あるいは交換量（矢印に添えられた数値、億トン炭素/年）を表している。黒は自然の循環で収支がゼロであり、赤は人間活動により大気中へ放出された炭素の循環を表している。

その後も観測・研究は続けられているが、温室効果ガス世界資料センターで解析したところ、2017年の世界の平均濃度は、グラフに示すように405.5ppmだった（ppmは大気中の分子100万個中にある対象物質の個数を表す単位）。

1750年以前の二酸化炭素濃度の平均的な値は278ppmだったとされるから、46%も増加したことになる。

これは、主として化石燃料の燃焼とセメント生産（2016年の両者の二酸化炭素排出量合計は炭素換算で99±5億トン）および森林伐採とその他の土地利用変化（2007年から2016年までの平均で13±7億トン）からの放出による結果であり、2007年から2016年の期間の人間活動による放出のうち、約44%が大気、22%が海洋、28%が陸上に蓄積されたとされている（5%は蓄積先が特定されなかった残差）。

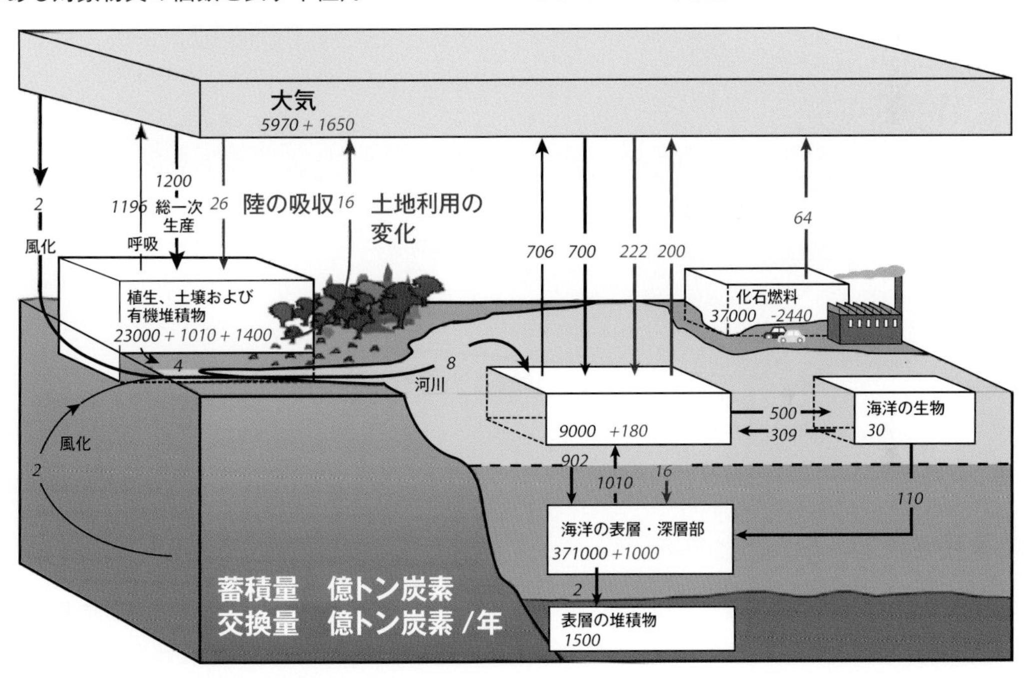

● 二酸化炭素濃度の世界平均濃度の経年変化

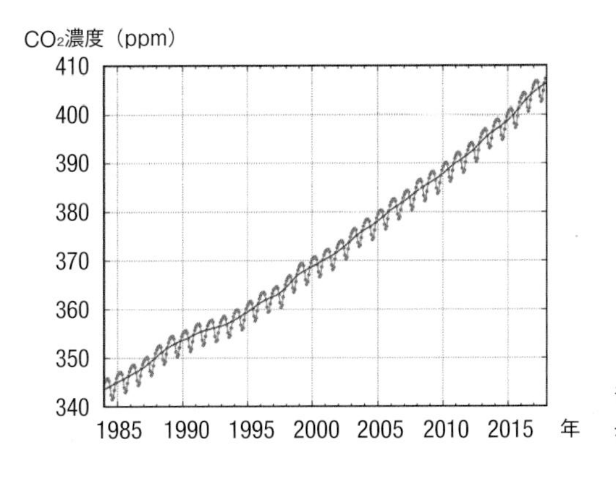

青色は月平均濃度。
赤色は季節変動を除去した濃度

二酸化炭素濃度は、北半球の中・高緯度帯が高い

温室効果ガス世界資料センターが収集したデータをもとに、緯度帯別に平均した大気中の二酸化炭素月平均濃度の経年変化を示したのが下に示したグラフである。

全体的に右肩上がりで二酸化炭素濃度が高くなっているが、緯度帯別に見ると、相対的に北半球の中・高緯度帯の濃度が高く、南半球では濃度が低くなっていることがわかる。これは、北半球で人間活動が盛んに行われているなど、二酸化炭素の放出源が多く存在するためである。

●緯度帯ごとに平均した大気中の二酸化炭素濃度の変動

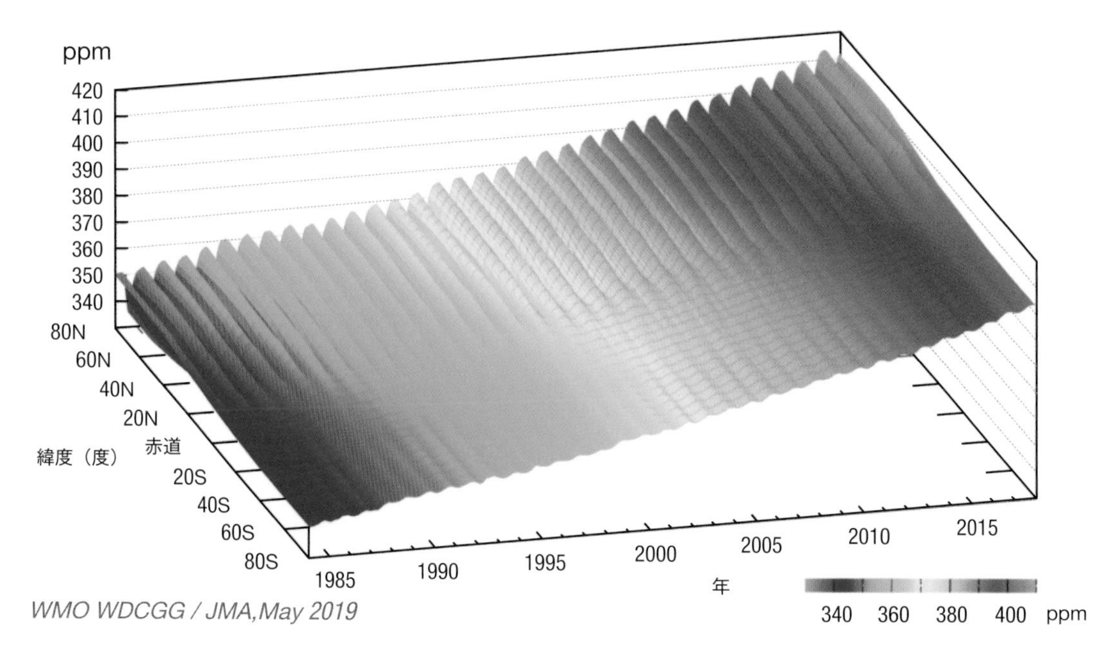

気象庁ホームページより

海に蓄積されている二酸化炭素

増えているのは大気中の二酸化炭素ばかりではない。実は海洋の表面では大気の二酸化炭素が海水に溶け込み、海洋の循環や生物活動により深層に運ばれ蓄積されている。

海洋表層では、生物活動、特に植物プランクトンの光合成によって二酸化炭素が有機物として取り込まれ、これら生物の死骸や排泄物（はいせつぶつ）が沈降・分解し、海洋内部へと運ばれる。このように海洋生物によって炭素が海洋内部へと運ばれる働きは、「生物ポンプ」と呼ばれているが、産業革命以降、2000年代までに、人間活動によって排出された二酸化炭素のうち、海洋に蓄積されたものは炭素に換算すると約1550億トンにも達するとされている。

また、この海洋中の二酸化炭素蓄積量の分布は一様ではなく、地球における緯度ごとの二酸化炭素蓄積量を見ると、太平洋域の北緯20度～30度で二酸化炭素蓄積量が大きいことが多くの調査によりわかってきている。

実際、気象庁が観測を続けている東経137度と東経165度のいずれの観測線においても、右ページに示すように北緯20度から北緯30度付近で1年あたりの二酸化炭素蓄積量が多くなっており、1990年代以降、東経137度および東経165度において海面から深さ約1200～1400mまでの海洋中に蓄積した二酸化炭素量は約3～12トン炭素／㎢／年に及ぶと推定されている。

東経137度および東経165度における緯度ごとの1年あたりの二酸化炭素蓄積量

東経137度および東経165度における緯度ごとの海面からポテンシャル密度27.5σθ(深さ約1200～1400m)までの1年あたりの二酸化炭素蓄積量。棒グラフ上のエラーバーは95%信頼区間を示す。ちなみにポテンシャル密度とは、ある深さに存在していた海水を、周囲の海水との熱のやり取りなしに海面まで持ってきたとして算出する温度(ポテンシャル温度)と海水に含まれる塩分とから求める密度のこと。異なった深さの海水温を比較したり、海水温の鉛直分布を調べるときなどに用いる。

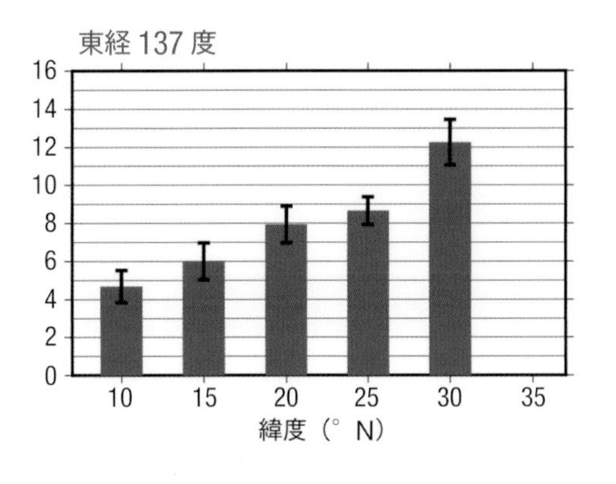

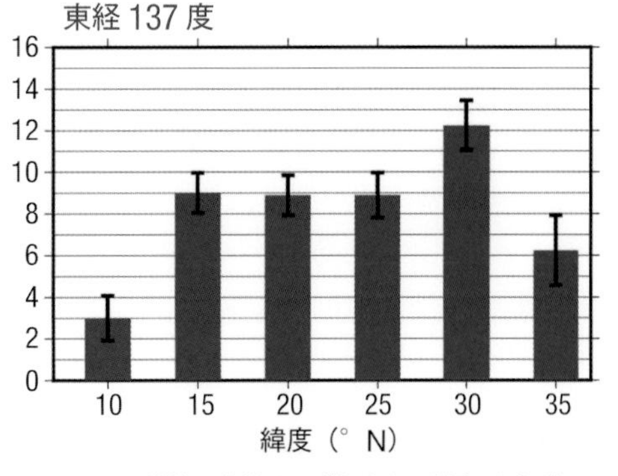

縦軸の単位はいずれもトン炭素/㎢/年

なぜ、この海域で二酸化炭素が蓄積されるのか

東経137度および東経165度における北緯20度～30度の海域では、深さ100～400m付近に「北太平洋亜熱帯モード水」(亜熱帯モード水)と呼ばれる水塊が広く分布している。

この亜熱帯モード水は、冬に冷たい季節風で表面海水が冷却され、海洋内部に沈み込むことで形成されるが、春になると海面が暖められてできる表層混合層によって蓋をされたまま、黒潮続流(黒潮が関東東方から離岸したあと東経160度近くまでいたる海流)と再循環によって南西方向に運ばれ、日本に近づいてくる。亜熱帯モード水が形成される海域の海水は大気中から多くの二酸化炭素を吸収・蓄積している。そのため、この前述した東経137度および東経165度における北緯20度～30度の海域に二酸化炭素が蓄積されるのだ。

北太平洋亜熱帯モード水の形成のメカニズム

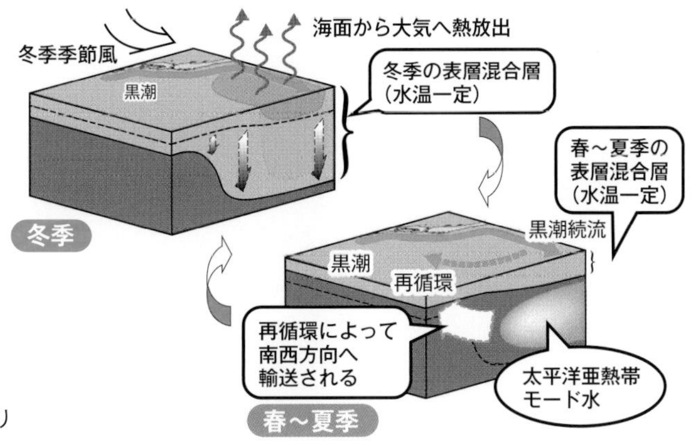

図版はいずれも気象庁ホームページより

COLUMN

南極「昭和基地」アルバム

昭和基地は日本から直線距離で約1万4000km離れたリュツォ・ホルム湾東岸、南極大陸氷縁から西に4kmの東オングル島に位置している。

施設は、3階建ての管理棟、居住棟、発電棟、環境科学棟、観測棟、情報処理棟、衛星受信棟、電離層棟、地学棟、ラジオゾンデを打ち上げる放球棟など大小60以上から成り、その他、大型受信アンテナ、燃料タンク、ヘリポート、太陽電池施設、風力発電施設なども建設されている。

日本が南極で観測を始めたのは1957年のことだが、気象庁は第1次観測隊の時代から昭和基地を中心とする気象観測に参加している。 当初は地上気象観測のみを行っていたが、その後、徐々に観測要素を増やしていき、現在では5人の越冬隊員を毎年派遣して、1年を通して、地上気象観測、高層気象観測、オゾン観測及び日射放射観測などの気象観測を行っている。そうして得られた観測データは、すぐに各国の気象機関に送られ、日々の気象予報に利用されている他、これまでに蓄積された観測データは、地球温暖化やオゾンホールなどの地球環境問題の解明と予測の基礎データとして利用されている。

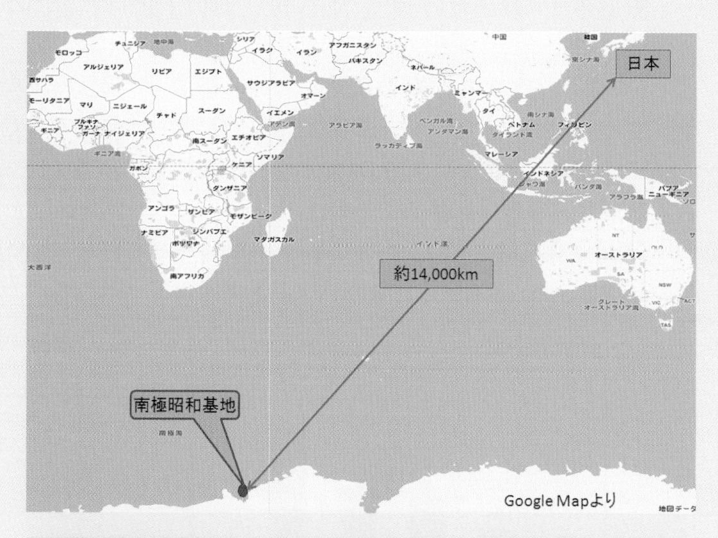

観測項目名	担当機関
①電離層の観測 ②宇宙天気予報に必要なデータ収集	情報通信研究機構
①地上気象観測 ②高層気象観測 ③オゾン観測 ④日射・放射量の観測 ⑤天気解析 ⑥その他の観測	気象庁
潮汐観測	海上保安庁
GPS 連続観測	国土地理院
①宙空圏変動のモニタリング ②気水圏変動のモニタリング ③地殻圏変動のモニタリング ④生態系変動のモニタリング ⑤地球観測衛星データによる環境変動のモニタリング ⑥その他の研究観測	国立極地研究所

上空にオーロラがかかる昭和基地

南極観測船「しらせ」

文部科学省は「南極観測船」と呼んでいるが、自衛隊では「砕氷艦」と呼んでいる。初代の「宗谷」は海上保安庁が運行したが、「ふじ」以降は海上自衛隊が運行している。写真は現在の「しらせ」。2隻目の「ふじ」、3隻目の初代「しらせ」に続く4隻目の船で、2009年に就航した。

写真提供:海上自衛隊

南極観測船「しらせ」以外の写真はすべて国立極地研究所の提供

「しらせ」から物資を運ぶ隊員たち

過酷な内陸部での野外観測

昭和基地の中心部

ゴム気球にGPS・温度・湿度・気圧を測るセンサーを繋いだラジオゾンデの放球直前

自動気象観測装置を設置（2018年10月撮影）

ドームが乗った管理棟。1992年に建設された

南極昭和基地大型大気レーダー (PANSY)

南極昭和基地大型大気レーダー(PANSY)

PANSYは南極域初の大型大気レーダーとして2010 年末に建設を開始し、2011年3月に初観測に成功し、2012年6月から対流圏、成層圏、および中間圏の連続観測を開始した。高度1.5kmから500kmまでの3次元風速やプラズマパラメータが観測可能である。鉛直分解能は75m、時間分解能は約1分。

画像はすべて国立極地研究所の提供

Chapter 3
学び直しておきたい
気象の基礎知識

日々進化を続けている天気予報だが、そのもっとも根底にあるのは、中学や高校の「地学」で学ぶ基礎的な理論である。ここで、天気予報を読み解くために、基礎知識を再確認しておこう。

このChapter3を読むことで、思わず「そうだったのか！」と膝を打ち、天気予報の様々な情報を読み取り、より利用できるようになるはずだ。

私たちは大気の圧力を受けているのか

天気を左右する気圧とは何か

日常生活で実感することは少ないが、地球上の物体はすべて、重力によって地球の重心（中心）に向かって引き付けられている。ある地点において、決まった面積の上にある大気の重さを、「大気の圧力」という意味で気圧と呼ぶ。

私たちがこの本を開いた面積の上は乗用車1台分（約1ｔ）、手の平を広げた上には大柄な大人1人分（約100kg）にもなる。ただし、私たちの体の中の空気が同じ力で押し返しているので、私たち自身が重さを感じることはない。

一方、高所になればなるほど、その上にある大気の量は減るので気圧は小さくなる。上空へ行くほど大気の密度が小さくなるため、気圧は高さとともに小さくなるのだ。約5000m上昇するごとに気圧はおよそ半分になる。

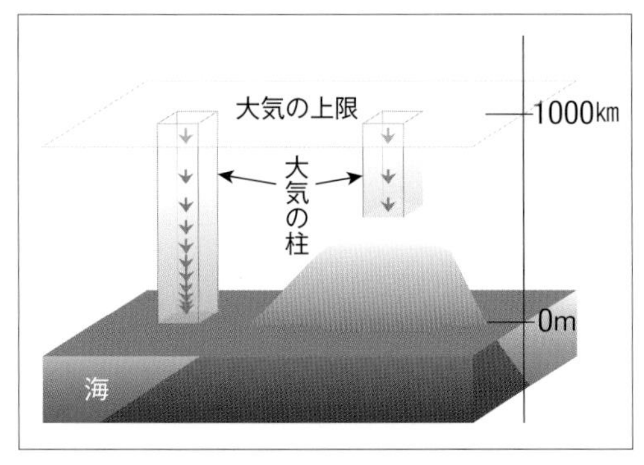

▲気圧

1 気圧は水をおよそ 10m 押し上げる

気圧の大きさを実験によって確かめたのが、1643年、イタリアの物理学者トリチェリーだ。

一端を閉じた長いガラス管に水銀を入れ、逆さにしてもう一方の端を水銀ために入れると、水銀柱の高さが約76㎝で静止する。この約76㎝の水銀柱の重さが、同じ断面積の空気中の重さに等しいことになる。これを760mmHg（760水銀柱ミリメートル）＝1気圧としている。血圧計で使うmmHgもこれと同じ圧力を計る単位である。同様に水を用いると、1気圧で約10mの高さまで上昇する。バケツに水を入れてホースを浸すと、2階ぐらいまでなら水を持ち上げることができるのだ。

圧力は「ヘクトパスカル（hPa）」という単位でも表す。1hPaは、1㎡（1m×1m）の面積の面の上に、約10kgの物体が乗ったときにその面が受ける力である。地上での平均的な空気の圧力、つまり「気圧」は、1013 hPaであるから、1㎡当たり10トンほどのものが乗っていることになる。

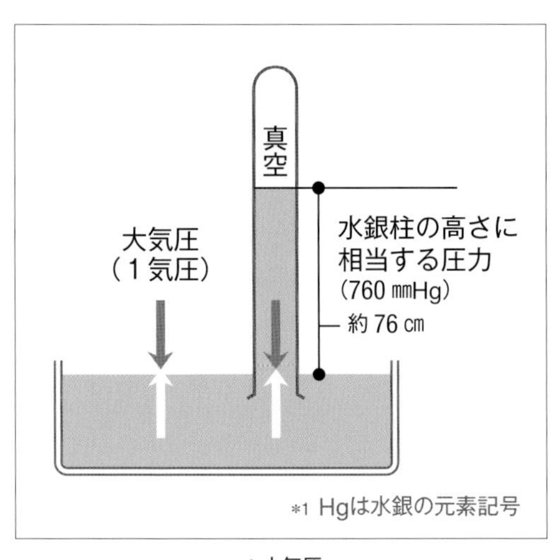

▲大気圧

風はいつ吹き始めるのか

風は気圧の差のせいで吹く

風は見ることができない。しかし、木々がゆれるのを観察したり、体で感じたりすることはできる。風はどのように観測するのだろうか？　そして、風はなぜ吹くのだろうか？

水が高いところから低いところへ流れるように、静止している物体が動き出すためには、何らかの力が働かなければならない。風が吹くときにも空気を動かす、何らかの力が必要となる。風が吹く原因は、大気中に気圧の差（気圧傾度）ができるためだ。これにより、風は気圧の高い方（空気がたくさんある方）から、低い方（空気があまりない方）へ吹く。ただし、実際の風の吹き方は、気圧差だけでなく、地球の自転や地形の影響を受けて非常に複雑になる。

気圧の等しい点を結んだ曲線を等圧線という。天気図に描かれている曲線がそれだ。この等圧線の間隔が狭いほど、気圧の変化が急激であることを示す。地図における等高線で、線の間隔が狭いほど急斜面であるのと同じように、等圧線の間隔は狭いときは台風のように風が強く吹き、等圧線の間隔が広いときには穏やかな風が吹く。

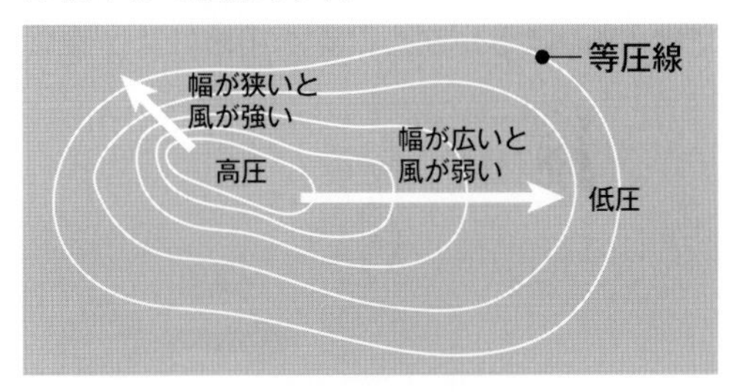

▲等圧線の間隔と風

風の観測

風は風向風速計によって測定され、次のような要素で表される。

①風向…風が吹いてくる方向をいい、16方位で示す。南風とは南から吹いてくる風のこと。風向は複雑に変動しているので、観測時刻の10分前からの平均値をとる。

②風速…1秒間に空気が動く距離をいい、ふつうm/秒の単位で表す。風速も風向と同様に複雑に変化しているため、観測時刻の10分前からの平均値をとり、瞬間風速と区別する。なお、瞬間風速とは、厳密には風速計の測定値（0.25秒間隔）を3秒間平均した値（測定値12個の平均）。

③風力…風が吹いたときの陸上や海上の状態で風の強さを区分したもの。0～12の13段階で表す。風力は、19世紀の初めにイギリスのビューフォートが帆船の航海のためにつくった「風力階級」によって表される。

風力階級	陸での状態	風速
0	静穏　煙はまっすぐ昇る	0～0.3
1	風見には感じない　煙はなびく	～1.6
2	顔に風を感じる　風見も動き出す	～3.4
3	木の葉などが絶えず動く　軽い旗が開く	～5.5
4	砂ぼこりが立つ　小枝が動く	～8.0
5	灌木が揺れ始める　池に波頭が立つ	～10.8
6	大枝が動く　傘は差しにくい	～13.9
7	樹木全体揺れる　風に向かって歩きにくい	～17.2
8	小枝が折れる　風に向かって歩けない	～20.8
9	瓦がはがれる等の損害が起こる	～24.5
10	樹木が倒れる　建物に大損害	～28.5
11	広い範囲の破壊を伴う	～32.7
12		32.7～

▲気象庁風力階級（ビューフォート風力階級）

海風はなぜ吹くのか

海風、陸風のメカニズム

よく晴れた日に、午後になると海から陸に向かって「海風」が吹く。ある場所がまわりよりも高温になると、そこでは上昇気流が発生する。空気が上昇すると、その空いたスペースに周囲から空気が流れ込む。このように、温度差によって生じる熱対流によっても風が吹く。

熱対流の代表的な現象が「海風」だ。海と陸では、海のほうが熱しにくく冷めにくい性質があるため、昼間は陸のほうが先に暖められる。暖められた空気は上に上がるため、海からの空気が入ってきて「海風」が吹くのだ。

反対に夜間は、陸のほうが相対的に温度は低くなり、海側のほうが温度は高くなるため、陸から海に向かって「陸風」が吹く。そして、陸と海の温度差がちょうど均衡状態になったとき、風がぴたりとやむ。これが凪（なぎ）である。朝夕の凪をそれぞれ朝凪、夕凪と呼ぶ。

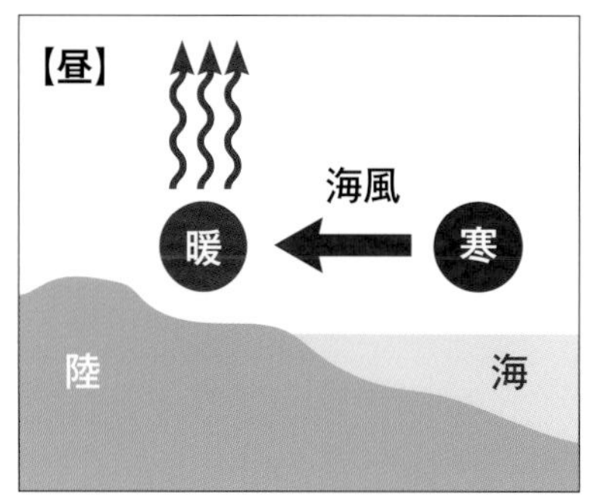

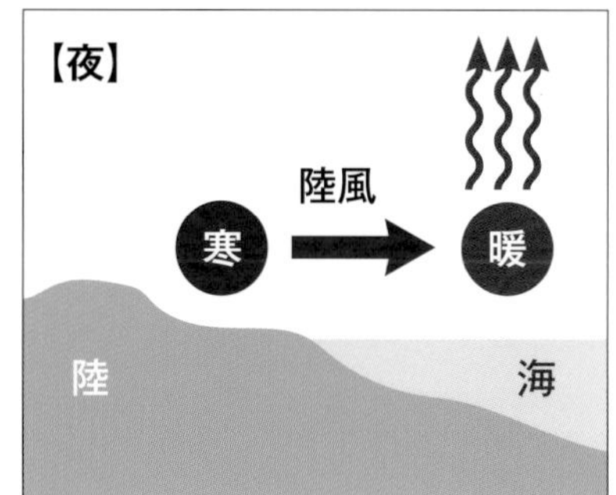

▲海と陸では暖まり方と冷め方が違うため風が吹く

谷風は熱対流によって起こる

熱対流による風は、鉛直方向にも働く。山登りをするとき耳にする「谷風（こくふう）」がそれだ。

ある高さ(h)において、地面に近い地点(A)は、地面から離れた地点(B)よりも温まりやすくなる。地面付近から上昇気流が生じ、地表付近では谷から尾根への風が吹く。これが谷風だ。

山麓（さんろく）の暖かくて湿った空気が谷風で一気に尾根に向かって吹き上げられると、断熱膨張によって上空で冷やされ、午後には雲ができやすくなり、雨が降りやすくなる。そのため、午後の早いうちに下山するか、山小屋に入るのがよいと言われているのだ。

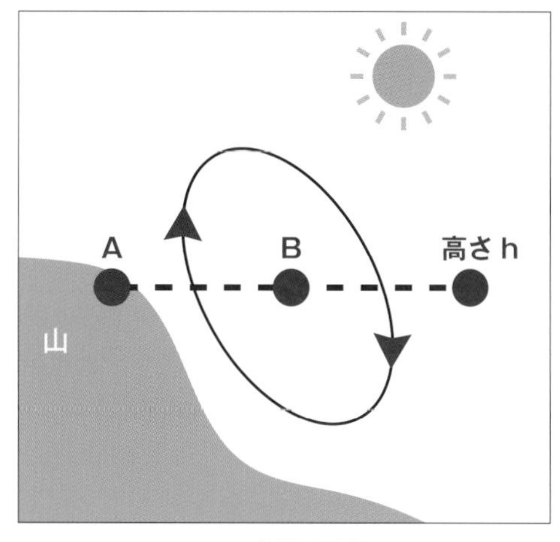

▲谷風の形成

風の吹く向きはどのように決まるか

自転の影響で風は曲がって吹く

風は気圧の高い方から低い方へ向かって吹くが、いつでも等圧線に垂直に吹くわけではない。海・陸風のような1日周期の規模の風は、おおむね等圧線に垂直に吹くが、気圧の差による風や季節風などのような規模の大きな風は、等圧線に垂直には吹かないこともある。

規模の大きな風が等圧線と直角に吹かない理由は、地球の自転の影響を受けるからだ。この現象を円盤上で考えてみよう。まず、静止している円盤上で、中心からA点に向かってペンを走らせた場合、当然、中心からA点へまっすぐな線が描ける。次に上から見て反時計回り（左回り）に一定の速さで回転させながら、中心からA点へ線を引こうとした場合、A点はA′点まで移動してしまうので、線は目標より右へずれたように見える。回転する円盤上で見ている人にとっては、あたかも、曲げる力が働いたと思ってしまう。この見かけ上の力を転向力、あるいはこれを発見した研究者の名にちなみ「コリオリの力」という。

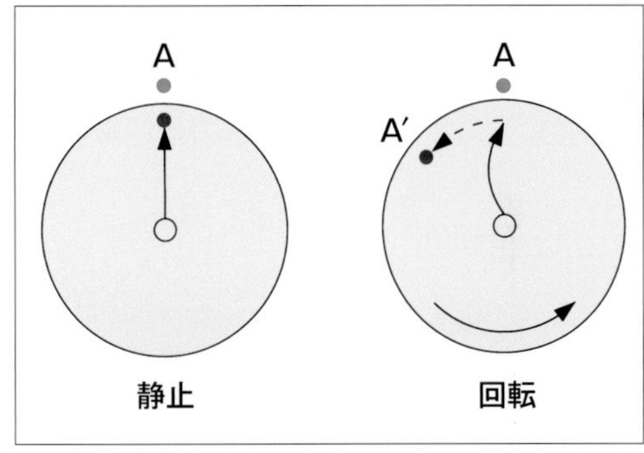

▲平面上での転向力

緯度によって風の向きは変わる

ただし、地球は円盤ではなく球体であるため、転向力は緯度によって異なる。転向力の大きさは、赤道でゼロ、高緯度へ行くほど大きくなり、極で最大となる。

吹き出した風が長い時間（約1日以上）動き続けると、転向力の効果が現れ、右へずれていく。そのため、風は等圧線に垂直に吹かず、気圧の高い側を右に見て等圧線を斜めに横切るように吹く。高気圧の場合、中心から空気が動き出すと右へずれるため、時計回り（右回り）に風が吹く（北半球の風の場合）。

南半球では、自転の向きが北半球と反対であるため、転向力の向きも反対の左向きになる。そのため、南半球の高気圧は風が反時計回りに吹き出し、低気圧は風が時計回りに吹く。

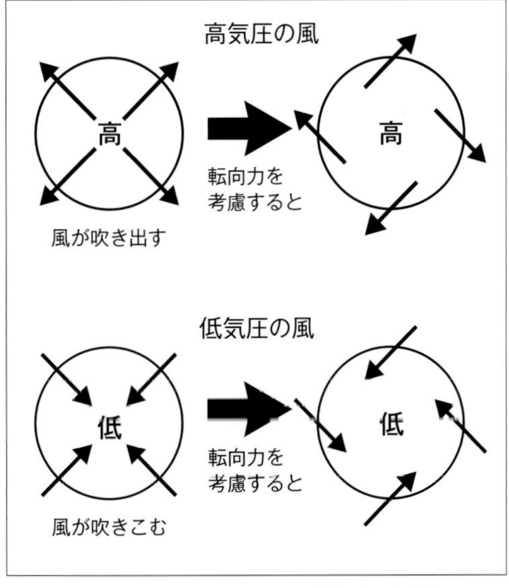

▲高気圧の風と低気圧の風（北半球の場合）

日本の天気はどうして西から変わるのか

3つの大循環が風を起こす

天気予報を見ていると、西日本で降っている雨が翌日、東日本に移ってきたりする。なぜ天気は西から変わっていくのだろうか。

地球の熱は、低緯度で高く、高緯度で低い。そのため、温度差を解消するように低緯度から高緯度に向けて熱が風によって運ばれる。このように地球規模で熱の収支を合わせるように吹くことを「大気の大循環」という。

赤道付近の熱帯収束帯（赤道帯低圧帯）で熱せられて上昇した大気は、緯度20～30度の亜熱帯高圧帯（中緯度高圧帯）で下降する（①）。地表付近では、中緯度から低緯度へ吹き出す東風（北半球では北東貿易風、南半球で南東貿易風）と、高緯度へ吹き出す西風（偏西風）が存在し、寒帯前線で上昇する（②）。さらに極高圧帯から吹き出す東風（極偏東風）がある（③）。これら3つの循環によって大気循環が起こっている。

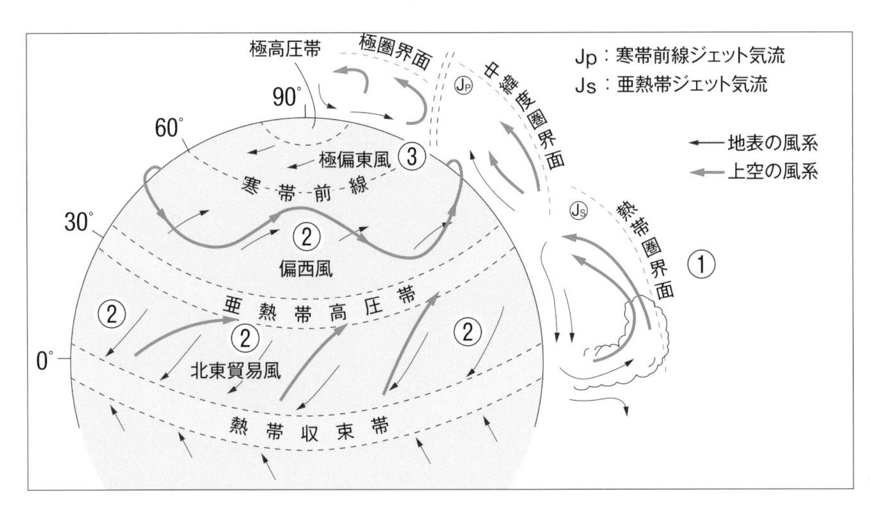

◀3つの大循環

偏西風が「天気」を西からもたらす

私たちが生活する日本列島は、ほぼ中緯度の偏西風帯に位置する。中緯度では高気圧や低気圧など、天気を押し流す西風が吹いている。この偏西風は、高度が高くなるほど風速が大きくなり、気象現象の起こる層の上面である圏界面で最大となる。この西風の中で、特に強い流れをジェット気流と呼び、風速が100m/秒を超えることもある。

飛行機は、強い偏西風が吹く圏界面付近を航行する。この偏西風の影響を受けて、飛行機の所要時間は、たとえば西に向かう（向かい風）東京から福岡への時間は、東に向かう（追い風）福岡から東京への時間よりも約25分も長くなる。

中緯度を流れる偏西風は、南北に蛇行しながら全体として西から東へ吹いている。これを偏西風波動という。この波動が地球規模で熱を運ぶことに大きな役割を果たす。南下して熱を受け取り、北上して熱を渡すというわけだ。

天気図はどのように見ればよいか

天気図を知れば、天気がわかる

天気記号		天気記号		前線記号
○	快晴		雨強し	温暖前線
	晴れ		にわか雨	寒冷前線
◎	曇り		みぞれ	停滞前線
	煙霧		ひょう	閉塞前線
	ちり煙霧		雷	
	砂じんあらし		雷強し	
	地ふぶき		雪	
	霧		雪強し	
	霧雨		にわか雪	（前線記号は、気団が押す向きに描く。）
●	雨		あられ	天気不明

風力	記号	風速〔m/s〕	風力	記号	風速〔m/s〕
0		0.0〜0.3未満	6		10.8〜13.9未満
1		0.3〜1.6未満	7		13.9〜17.2未満
2		1.6〜3.4未満	8		17.2〜20.8未満
3		3.4〜5.5未満	9		20.8〜24.5未満
4		5.5〜8.0未満	10		24.5〜28.5未満
5		8.0〜10.8未満	11		28.5〜32.7未満
			12		32.7以上

（風速は地上10mにおける場合）

天気図は、決められた時刻に各地の観測所で観測された様々な気象状況や気圧の分布を、1枚の地図上に示したものだ。天気予報でよく見られる天気図は、地上の気圧分布を表した地上天気図が主なものになっているが、天気予報には上空の天気図も用いられる。地上天気図は、天気や風、前線などを上図のような記号で示している。

天気図で天気を予想するには

下に示すように連続した地上天気図を用い、次のような点に着目することで、ある程度の天気の変化を予測することができる。

①天気の晴れているところ、曇っているところを全体的に把握（はあく）し、その原因を考えて気圧配置との結びつきをはっきりさせる。

②前の時刻の天気図を調べて、等圧線、前線、高気圧、低気圧などがどのように変化してきたかを考える。それまでの移動経路や速さが、そのまま維持されるものとして考えてみる。

③前線などに伴う天気の変化のモデルと考え合わせる。たとえば、雨域・雲域の多くは前線の北側に広がっている。

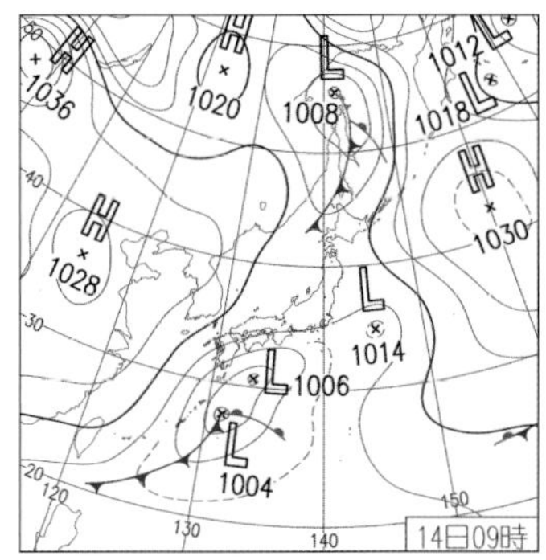

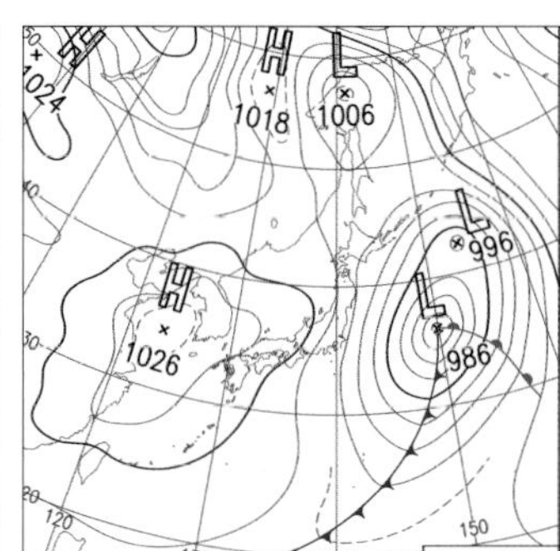

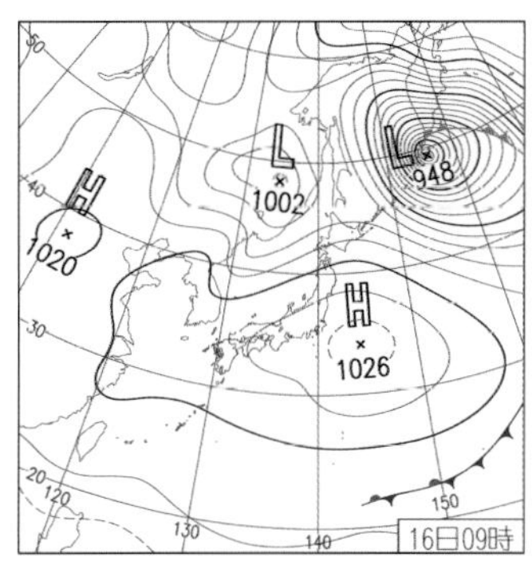

▲「高」「H」は高気圧、「低」「L」は低気圧、「熱低」「T.D」は熱帯低気圧、「台」「T」は台風を示し、それぞれ中心気圧が添えられる。

私も天気図を描けるか

気象情報を得るには

天気図の理解が深まれば、天気図を自分で描くこともできる。各地の気象観測データが提供される、ラジオの「気象通報」(天気予報番組や気象情報番組ではない)を記録すると、日本付近の天気図を描くことができる。

①放送時間
・NHKラジオ第2放送またはNHKネットラジオ〝らじる★らじる〟R2　16時～16時20分…当日12時の気象観測データを放送

②内容
・各地の天気(地上データ)…日本付近54か所の風向・風力・天気・気圧・気温
・船舶などの報告(海上データ)…観測点の緯度・経度と風向・風力・天気・気圧
・漁業気象(天気図解析)…高気圧・低気圧・前線などの位置(緯度・経度で示す)・中心気圧・進行方向、主な等圧線の通過点(緯度・経度で示す)

③放送原稿
・気象通報の過去1週間の放送原稿は気象庁のホームページで見ることができる。
検索キーワードは、**〈気象庁｜過去1週間の「各地の観測値と低気圧や前線の位置」〉**

情報の記入の仕方

天気図を描くための天気図用紙(白地図)は書店で販売されている。たとえば、『ラジオ用天気図用紙』(クライム気象図書出版)がそれで、初級用と中級用がある。

次に地上データは各地点の○を用いて、海上データは放送された緯度・経度の位置に○を描いて天気図記号を記入する。

①各地の天気・船舶などの報告
風向・風力…矢羽根で表され、軸は風の吹いてくる方向に描く。南北方向は図中の子午線方向にそろえる。また、風力は羽根の数で表す。風力6までは○から見て軸の右に出す。
・天気…観測点に示された○の中に表す。
・気圧…○の子午線方向の右側に、下2けたの値で表す。風向がどこであっても子午線の右側となる。
・気温…○の子午線方向の左側に表す。

②前線や等圧線等(いわゆる漁業気象)の記入
・高気圧・低気圧など…中心位置に×印をつけ、その近くに中心気圧と「高」「低」などを記入する。
・前線…通過点に印(×または・)を小さくつけ、順に線で結び、前線記号をつける。記号は前線の進行方向につける。
・等圧線…前線と同様、通過点に印をつけ、順に結ぶ。4hPaごと(4の倍数)に等圧線をなめらかな曲線で閉じるか、図の端まで引く。1000hPaを基準に20hPaごとに太線にする。等圧線は、書き直すことがあるので鉛筆で記入するとよい。

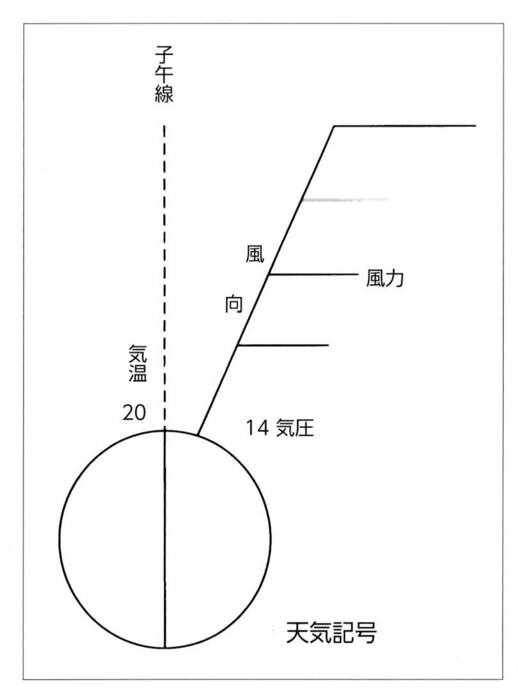

◀記入例（北東の風、風力4、晴れ、1014hPa、20℃）

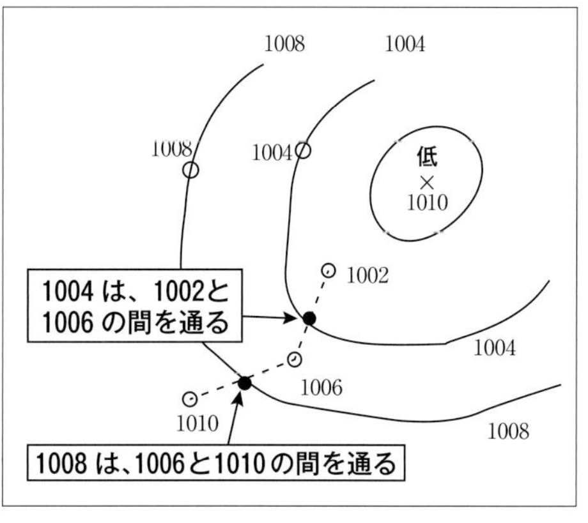

▲等圧線の記入の仕方

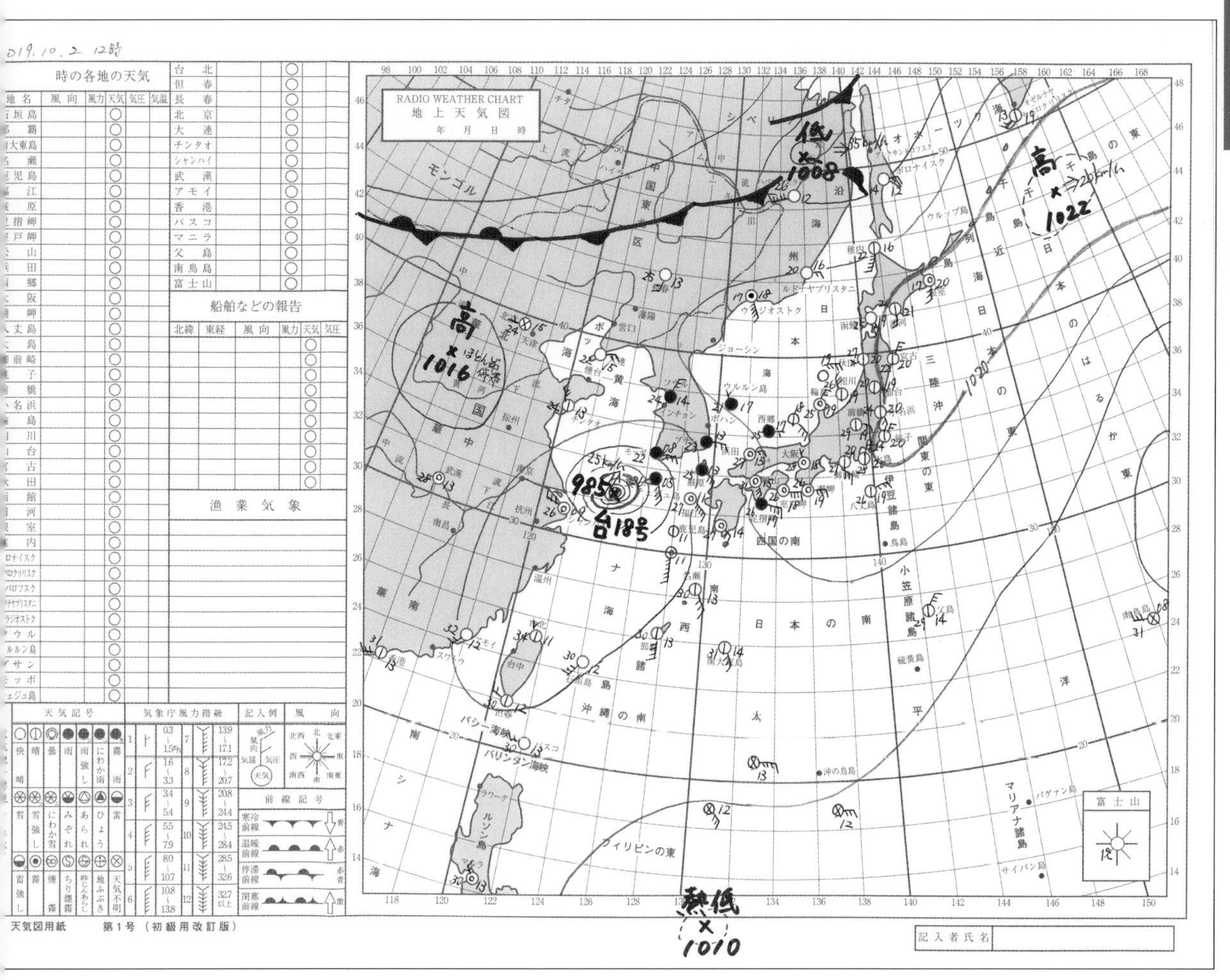

▲天気図用紙に作図した天気図

偏西風の流れは何を見ればわかるのか

偏西風がわかれば天気がわかる

日本列島の天気は偏西風の影響を大きく受けるため、地表だけでなく高層の状況を把握し、立体的に知ることで、天気の予測はしやすくなる。

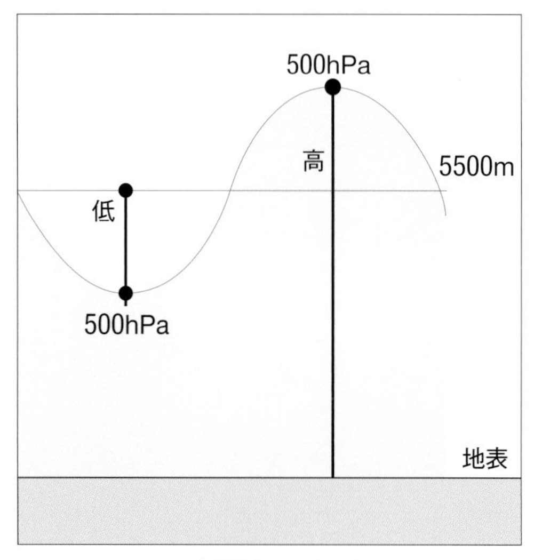

▲高層天気図の表し方

①高層天気図と地上天気図

地上天気図は、海面高度における気圧の分布を等圧線で示したもの。これに対して、高層天気図は、一定の気圧の高さを等高線で示しており、等圧面天気図と呼ぶ。

②高層天気図における高・低気圧

地上天気図の低気圧は、等圧線の値で見ると、中心に向かうほど小さくなる。それに対して高層天気図での低気圧は、等高線の値が中心に向かうほど小さくなる。つまり、低気圧では等圧面が凹面で表され、反対に高気圧では凸面に表される。高層天気図における等高線も、地上天気図の等圧線と同じように考えればよい。

③高層天気図に現れる偏西風

日本付近の高層天気図を見ると、おおむね、西寄りの風が吹いている。これは偏西風の影響である。こうした高層天気図と地上天気図を組み合わせて天気を予想する。

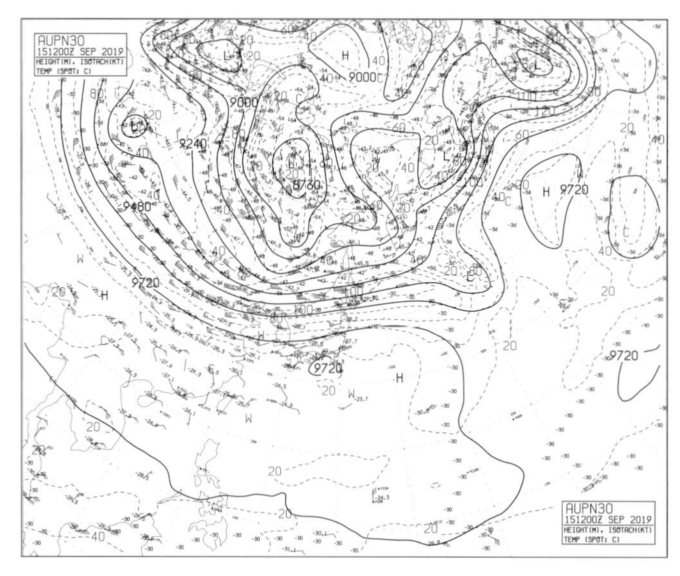

◀北太平洋300hpa高度・気温・風天気図

気団はなぜできるのか

気団とは何か？

日本の夏は暑く、冬は寒いというように四季がはっきりしているのには気団が関係している。気団は季節ごとに場所を変えて発生する。気団は天気にどんな影響を与えているのだろうか。

大陸や海洋上に長時間とどまる高気圧は、その下の地表面の影響を受け、広い範囲の空気が一様な性質を持つようになる。このような空気のかたまりを気団といい、気団が発生する場所を発源地という。日本付近には、主に3つの気団が発生する。冬は大陸（シベリア地方）で冷やされた空気がたまって「シベリア気団」（低温・乾燥）ができる。梅雨期や秋雨期には、オホーツク海上に「オホーツク海気団」（低温・多湿）ができる。夏は、太平洋上に「小笠原気団」（高温・多湿）ができる。

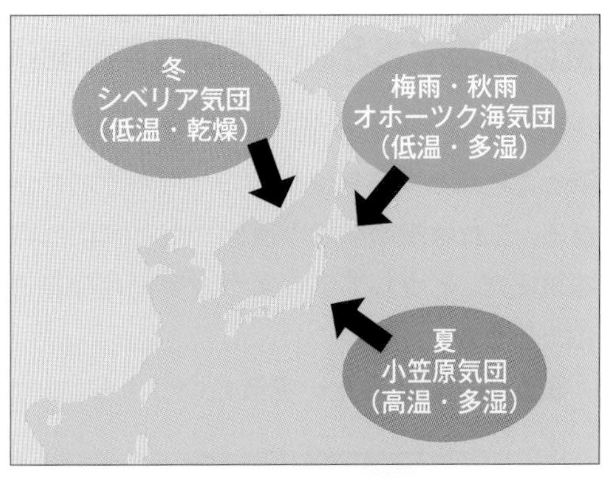

▲日本に影響する気団

気団が移動して、発源地と違う状態の地面や海面を通ると気団の性質が変化する。たとえば、冬に日本にやってくるシベリア気団は、発源地では低温で乾燥しているが、日本海を通過すると、気団より暖かい海水によって水蒸気を含んで多湿となる。

温暖高気圧と寒冷高気圧

中緯度の高気圧は、暖められた赤道付近の空気が中緯度の上空で収束したものである。そのため、温暖高気圧という。温暖高気圧は、圏界面の高さ（上空約11㎞）まで続くため、「背の高い高気圧」とも呼ばれる。一方、高緯度の高気圧は、下層の空気が冷やされ、重くなった大気が積み重なってできたもので、寒冷高気圧という。寒冷高気圧では、5～6㎞以上の上空では低圧部になっているため、「背の低い高気圧」ともいう。

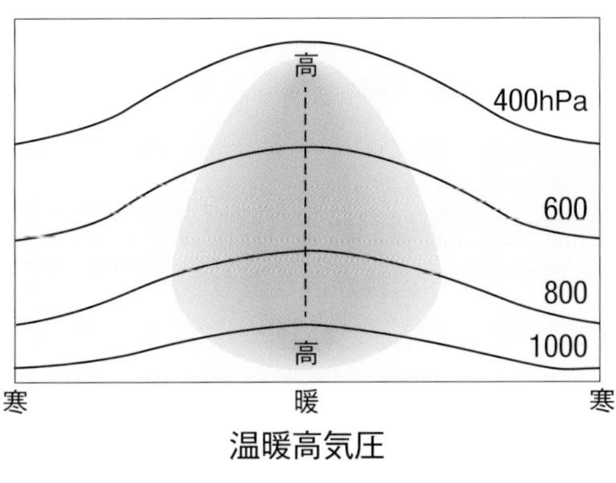

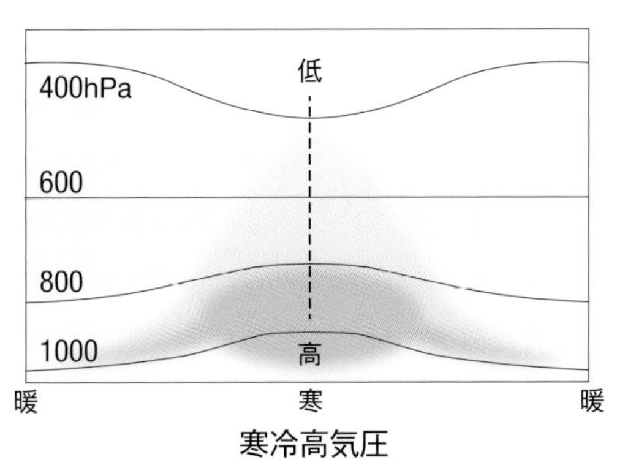

▲高気圧の断面

前線が来ると天気はどう変わるか

気団が接するところに前線ができる

晴れていた天気が急に曇り、ザーっと雨が降ったと思ったら気温がぐっと下がることがある。これは寒冷前線が通過したときに起こる現象だ。どうしてこのような変化が起こるのだろうか。

暖かい空気と冷たい空気というように、性質の異なる気団が接しているとき、2つの気団はなかなか混じり合わず、厚さ1㎞ほどの層（遷移層）ができる。この層を前線面という。前線面は、地表に対してわずかに傾斜しているため、前線面と地表の面の接するところを前線と呼ぶ。

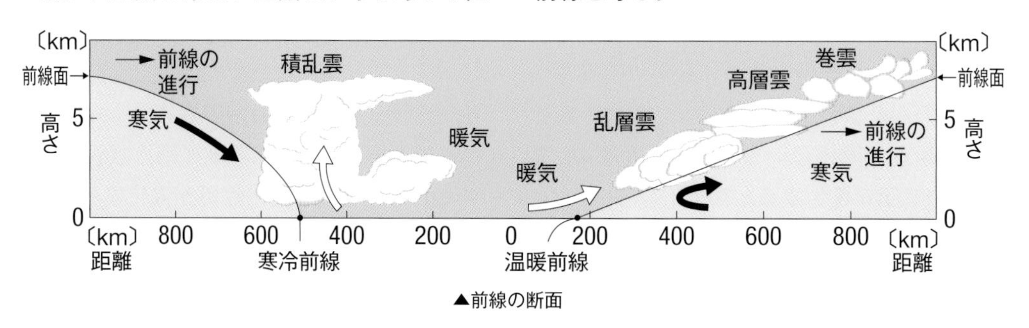

▲前線の断面

4 種類の前線

①温暖前線

暖かくて軽い空気が、冷たい空気の上にはい上がりながら、冷たい空気を押し進める。前線面の傾斜は1/200（鉛直方向1㎞に対し水平方向200㎞）から1/300ほど。温帯低気圧の進行方向前面にできる。

②寒冷前線

冷たくて重い空気が、暖かい空気の下にもぐり込みながら進む。前線面の傾斜は、もぐり込むために大きな傾斜になり、1/50～1/100ほど。温帯低気圧の進行方向後面にできる。

③停滞前線

暖かい空気と冷たい空気の勢力がほぼ同じとき、ほとんど動かない停滞前線となる。ふつうは東西方向にのび、高緯度側の冷たい空気が暖かい空気の下にもぐり込んだ形になっている。上昇気流によって雲が発生し、前線自体は少し南北に移動する程度なので、曇りがちの日や雨の日が数日続く。梅雨前線や秋雨前線は、停滞前線に分類できる。

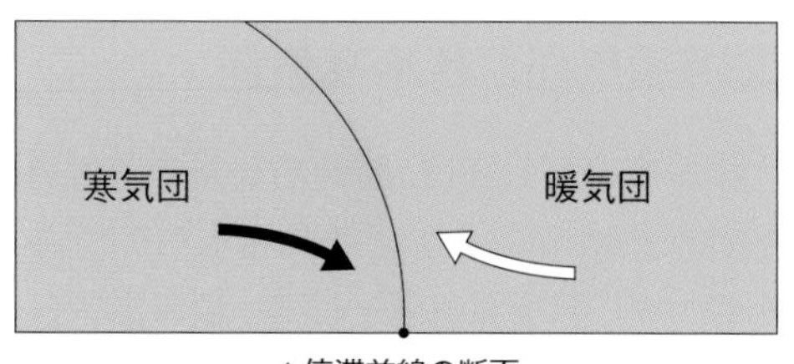

▲停滞前線の断面

④閉塞前線

寒冷前線は温暖前線より速く進むため、後ろから進む寒冷前線が前を進む温暖前線に追いつくことがある。このとき、前線が2つの冷たい空気の中に閉じ込められるため閉塞前線という。このとき、暖かい空気は上空に押し上げられてしまい、曇りがちの天気になるが、この閉塞前線はやがて消滅していく。

温帯低気圧はなぜできるのか

曇りや雨の原因は何か

低気圧がやってくると、曇ったり雨が降ったりする。温帯低気圧はどこでどんな原因でできるのだろうか。

周囲より気圧の低い区域を低気圧という。低気圧は地表で風が吹き込み、上昇気流が生じて上空で発散する。そのため雲が発生しやすくなる。低気圧には水温の高い海域で発生する熱帯低気圧と、主に中緯度で発生する温帯低気圧(または単に〝低気圧〟)とがある。

温帯低気圧は、その中心の東側に温暖前線を、西側に寒冷前線を伴い、偏西風の影響を受けて西から東に進むものが多い。

温帯低気圧は、暖かい空気と冷たい空気が並んでいる状態から、暖かく軽い空気が上に、冷たく重い空気が下にある状態へ変わろうとする現象である。これは重い空気が下にあるほうが安定するからだ。このとき、初めの状態よりも位置エネルギーが減少し、その分が運動エネルギーになる。これが温帯低気圧を維持するエネルギーとなる。

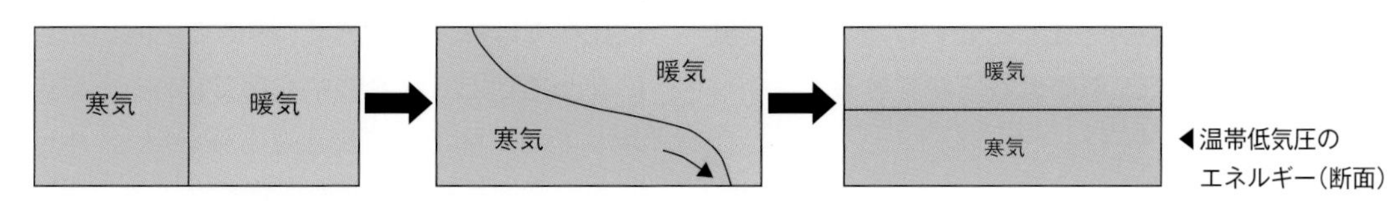

◀温帯低気圧のエネルギー(断面)

偏西風が蛇行して温帯低気圧ができる

温帯低気圧は、暖気と寒気が接するところ、つまり温帯(中緯度)で発生する。中緯度では偏西風が吹いているため、この偏西風波動によって暖気と寒気が接する。平面図で見ると、北側の寒気が南下しながら、南側の暖気に入り込む。すると、南側の暖気は持ち上げられ、温帯低気圧になる。この偏西風が南下した部分を〝気圧の谷〟という。そして、蛇行して北上した部分を〝気圧の尾根〟という。

断面図で見ると、寒気がもぐり込み、暖気は上昇気流となって雲を発生させて、天気としては曇りがちとなる。

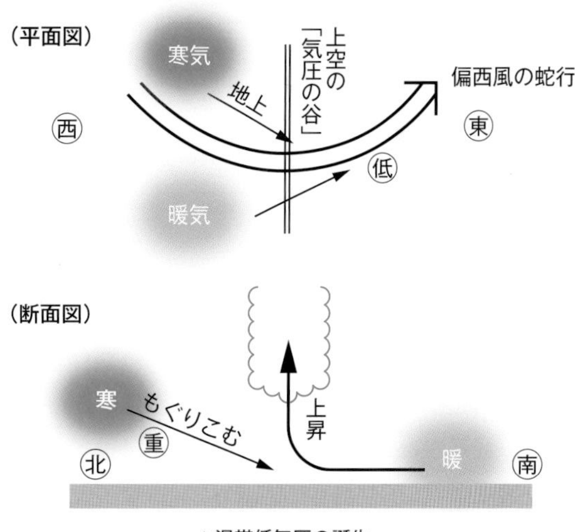

▲温帯低気圧の誕生

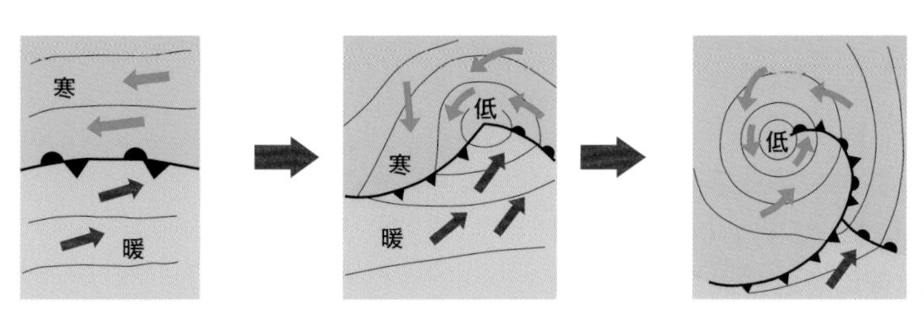

◀温帯低気圧の一生

台風はどうして発生するのか

海面水温が約 27℃以上の海で発生した低気圧が台風になる

熱帯低気圧は、海面水温が高い海の上で、暖かい海から蒸発した水蒸気がエネルギーとなって発生する。水蒸気が上昇して雲になるとき熱が放出されて大気が暖まり、地上の気圧が下がる。気圧が下がることで、さらに強い上昇気流が生まれ、次々に発達した積乱雲ができるようになる。気圧が下がったところに集まる空気の流れは、転向力によって渦を巻く。そして積乱雲が次々にまとまって発生する中で、気圧がどんどん低下し、渦の流れ(風速)も強まって、熱帯低気圧ができる。

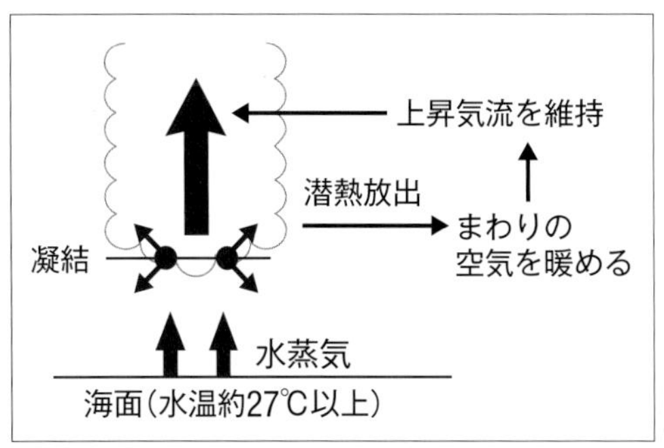

◀熱帯低気圧のエネルギー源

北太平洋西部で発生した熱帯低気圧のうち、平均風速の最大値が17.2m/ 秒以上に発達したものを台風と呼ぶ。発達した熱帯低気圧は地域によって呼び方が異なり、北太平洋東部や北大西洋ではハリケーン、北インド洋ではサイクロンと呼ばれる。

台風にはたくさんの積乱雲が取り巻いていて、この渦巻きの水平方向の広がりは、数百㎞に達し、圏界面まで達する鉛直方向の高さに比べてはるかに大きく、極めて平たい構造になっている。台風の中心部では、中心に向かって反時計回りに吹き込む強い風が、中心に向かうほど風速とともに強くなる遠心力のために外側に引っ張られて、吹き込むことができなくなる部分ができる。この風の入り込めない部分に、台風の目ができる。

台風の進路はおよそ決まっている

日本に接近する台風は1年間に11個ほどだが、図のように、季節によって進むことが多い経路がある。台風を動かす太平洋高気圧や偏西風の位置や強さが、季節によって変化するため、経路も季節によって変わるのだ。

低緯度で発生する台風は、低緯度を吹く貿易風に乗って西に進む。夏になって台風の発生する緯度が高くなり、太平洋高気圧が日本付近に張り出してくると、太平洋高気圧のふちの時計回りの風に乗って北上してから、偏西風に流されて北東に進む台風が多くなる。しかし、同じ季節でも年によって太平洋高気圧や偏西風の位置や強さも違い、台風もその影響を受けることになる。

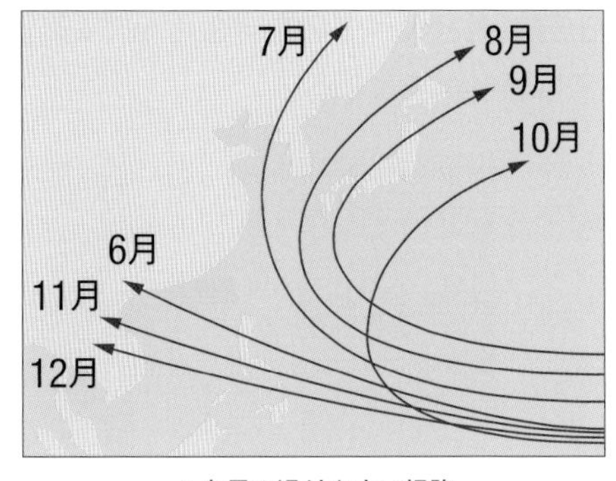

▲台風の通りやすい経路

冬の太平洋側と日本海側はなぜ天気が違うのか

日本の季節は気団によって決まる

冬は太平洋側で乾燥して晴天の日が多いのに比べ、日本海側では曇ったり雪が降ったりすることが多いのはなぜだろうか。

日本の天気は、比較的、季節の区分がはっきりしている。これは日本列島が中緯度に位置し、大陸の東岸に南北に長く位置しているためだ。

冬になると、シベリア地方で寒冷高気圧であるシベリア高気圧が発達する。そのシベリア高気圧から千島付近にある低気圧に寒気が吹き込むと、北西の季節風となる。このように、日本の西に位置する大陸に高気圧、東に位置する海洋に低気圧がある気圧配置「西高東低」型が冬の天気を決めるのである。

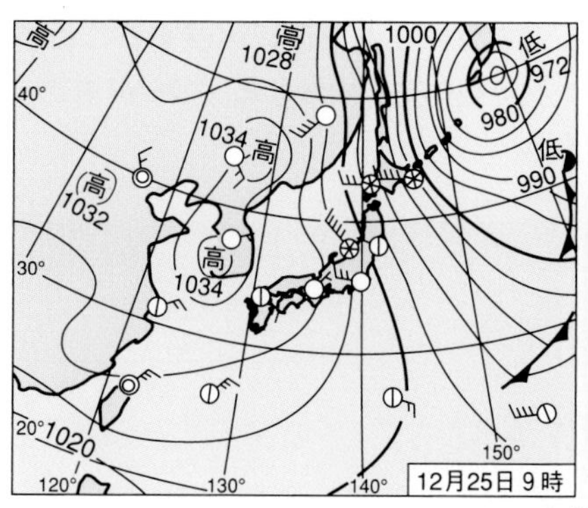

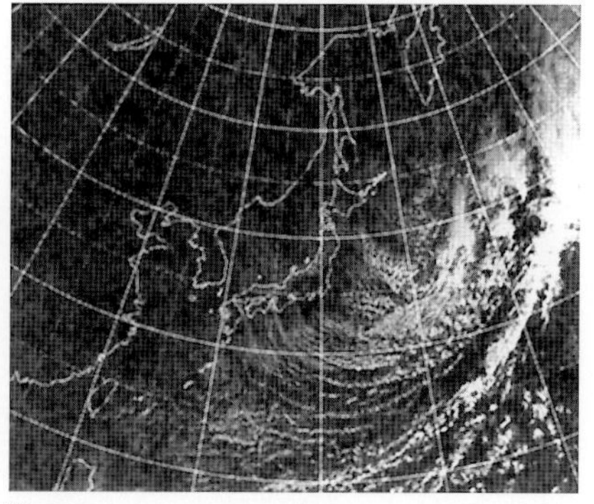

▲冬型

日本海で得た水蒸気は日本海側で雪となる

大陸からやってくる北西季節風は乾燥しているが、大陸表面よりも10～20℃気温の高い日本海上で水蒸気を含む。このとき、水蒸気の凝結によって積雲が発生する。湿った空気は日本列島中部の山脈にぶつかって上昇し、日本海側に雪を降らせる。

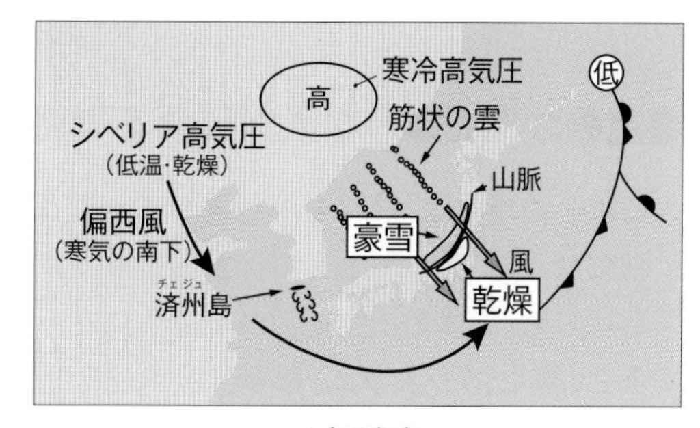

▲冬の気象

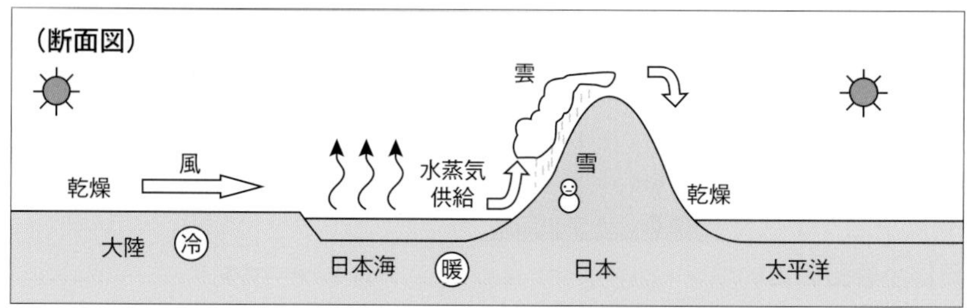

◀脊梁山脈を越える風

春や秋はなぜ三寒四温になるのか

高気圧と低気圧のせめぎあい

2月中旬を過ぎると、低気圧が日本海に進むようになり、日本海で発達した低気圧に向かって、南からの強い風が吹き込む。立春後、最初の強い南風を「春一番」という。

そのため3月から4月になると、中国大陸の長江（揚子江）流域や東シナ海から、高気圧と低気圧が交互にやってくる。この時期、冬に南下していた偏西風が北上しはじめ、日本の上空を流れるようになる。

そのため移動性高気圧の北側や東側では穏やかな天気になるが、高気圧の南側や中心が過ぎた西側では曇りがちの天気となる。

冬に雪が降るのは日本海側だが、冬の終わりから春先にかけて雪が降るのは太平洋側だ。西高東低の気圧配置が崩れ、低気圧が東シナ海から日本の南岸に沿って通過するとき、太平洋側の天気を崩すからだ。この低気圧を南岸低気圧という。

また春になると、日本列島を東に向かって進む低気圧が急速に発達することがあり、激しく強い風を吹かせる。これが「春の嵐」である。

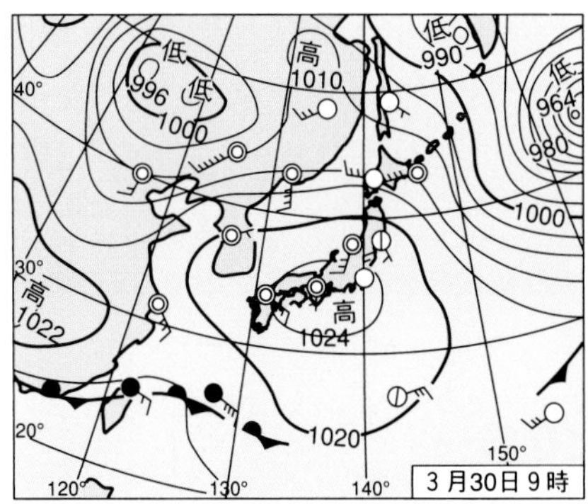

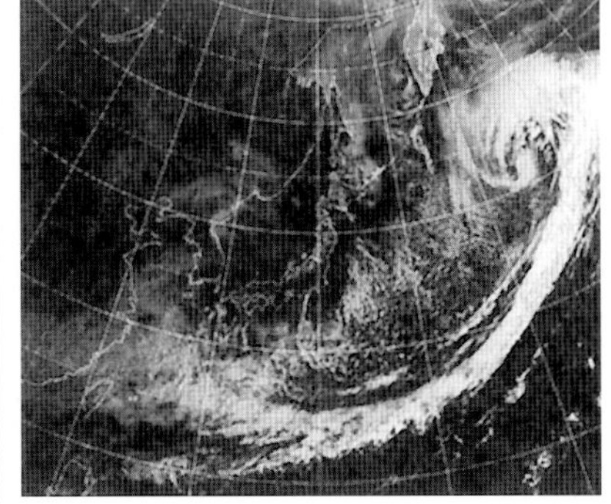

▲移動性高気圧

春と秋が似たような天気になる理由は?

これらの現象は、秋にも同じように起こる。

秋になると、夏に北上していた偏西風が南下しはじめ、日本の上空を流れるようになる。すると、春と同じように、移動性高気圧と低気圧が交互にやってくるのだ。秋の移動性高気圧は、東西に連なることがあり、秋晴れの天気が続きやすくなる。

高気圧の進行方向前面には北からの冷たい空気が入りやすく、水蒸気も少ないために、空は1年でもっとも空気が澄んだ状態となる。また、晩秋の暖かい日は小春日和という。

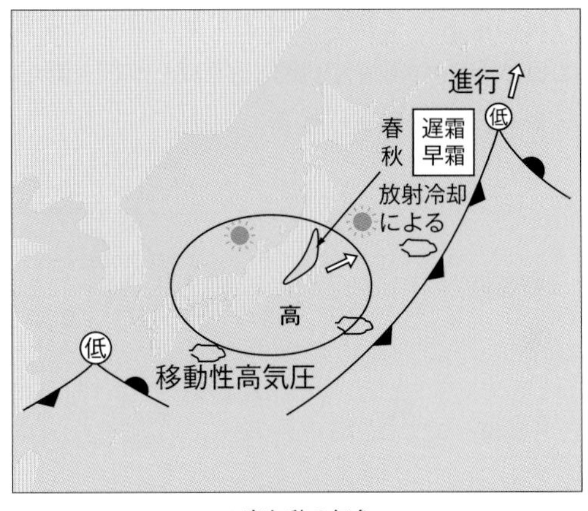

▲春と秋の気象

なぜ日本には梅雨や秋雨があるのか

暖かい空気と冷たい空気のせめぎあい

梅雨は5月中旬から6月中旬に始まり、約1か月間、曇りや雨の日が続く季節となる。これは北にある寒冷なオホーツク海高気圧と、南にある温暖な太平洋高気圧の間で、せめぎあいが起こり、停滞前線が発生するためだ。これを梅雨前線という。梅雨は日本だけでなく、東アジア全域で見られる現象でもある。

春から夏にかけて偏西風が北上していき、梅雨の時期には標高の高いヒマラヤ山脈・チベット高原で2つの流れに分かれる。この2つの流れはオホーツク海付近で合流し、冷たい空気が溜まってオホーツク海高気圧をつくる。同じころ、太平洋高気圧が南に発生して、2つの気団がぶつかって停滞前線をつくるというわけだ。

梅雨の終わりごろになると、暖かく湿った空気が太平洋高気圧の西側を回り込んで、梅雨前線に流れ込む。梅雨前線によってできた積乱雲の下では局地的に大雨が降る。これが数時間で100㎜から数百㎜に達する集中豪雨となる。

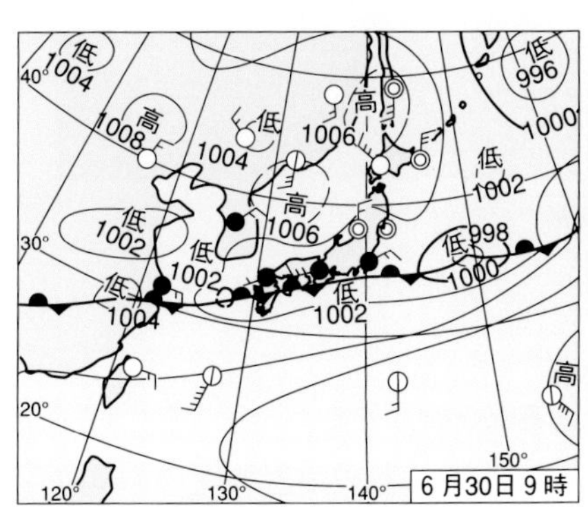

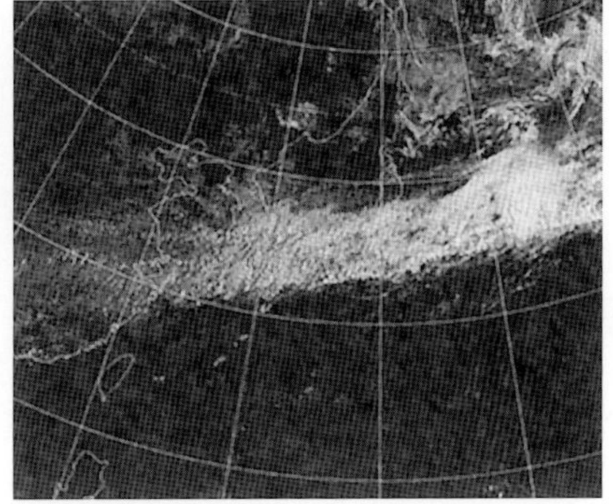

▲梅雨をもたらす停滞前線

秋の停滞前線は秋雨前線

秋にも梅雨と同じ現象が起き、秋雨となる。9月中旬から10月上旬には太平洋高気圧の勢力が衰え、北から寒気が入り、再び停滞前線が現れる。現象としては梅雨と似ている停滞前線で、秋に発生するため秋雨前線と呼ぶ。

秋には台風が発生しやすくなるが、とくに秋雨のころにやってくる台風は秋雨前線に大量の湿った暖かい空気(暖湿流)を流れこませ、大雨をもたらすことがある。秋に台風の被害が大きくなるのは、台風が前線の活動を活発にする(前線を刺激する)からである。

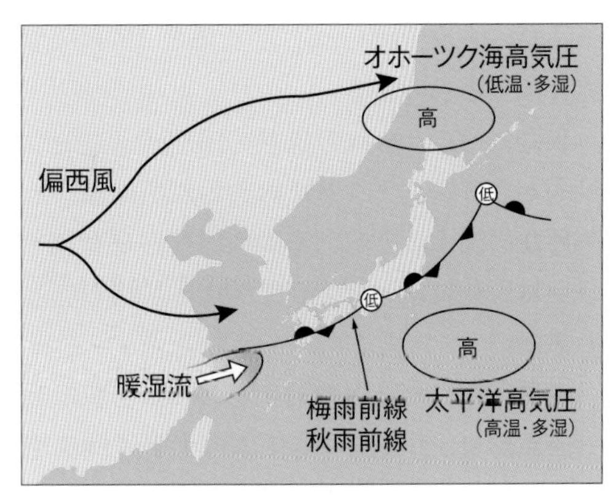

▲梅雨期と秋雨前線の気象

日本の夏はなぜ蒸し暑いのか

南の太平洋高気圧は高温多湿

梅雨が終わると、偏西風は北上して、ヒマラヤ山脈で2つに分かれることなく日本の北側を流れるようになる。すると、勢力を増した太平洋高気圧が日本列島全体を覆うようになり、梅雨が明けて夏になる。

このとき、日本付近は南に高気圧、北に低気圧が位置する「南高北低」型の夏の気圧配置となる。

太平洋高気圧は、高温多湿の性質をもつため、夏は蒸し暑くなる。高気圧が最も活発な夏真っ盛りのころの天気図は等圧線が西日本で北に湾曲し、鯨(くじら)の尾のような形になる。

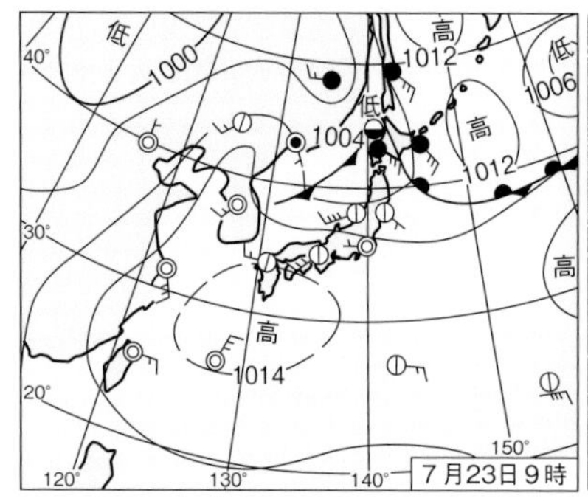

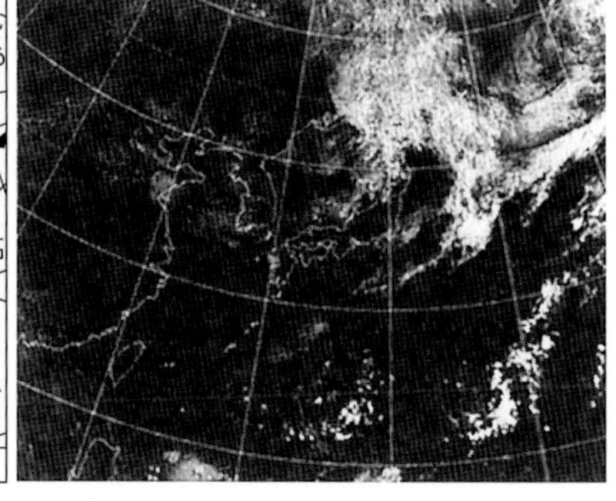

▲盛夏

夏の暑さは高気圧しだい

年によって猛暑となるときと冷夏となるときがあるが、どこが違うのだろうか。

まず猛暑となるときは、太平洋高気圧の勢力が強い盛夏に、気圧配置が「鯨の尾」となるときである。さらに、チベット高原にある高気圧が日本まで張り出してくると、高気圧が重なって猛暑になる。

また、人工物からの排熱の多さや、コンクリートやアスファルトにおおわれた地表からの熱などによって起こる局地的なヒートアイランド現象によって、猛暑が助長されることもある。

逆に冷夏になるときは、オホーツク海に高気圧があり、そこから東日本の太平洋側に冷たい北風が流れ込んでくる。これにより、東北地方では「やませ」という、冷害の原因となる風を吹かせる。

また、冷夏の原因としては、エルニーニョ現象による地球規模の気象の変化、火山噴火による微粒子によって日射量が減るなどが考えられる。

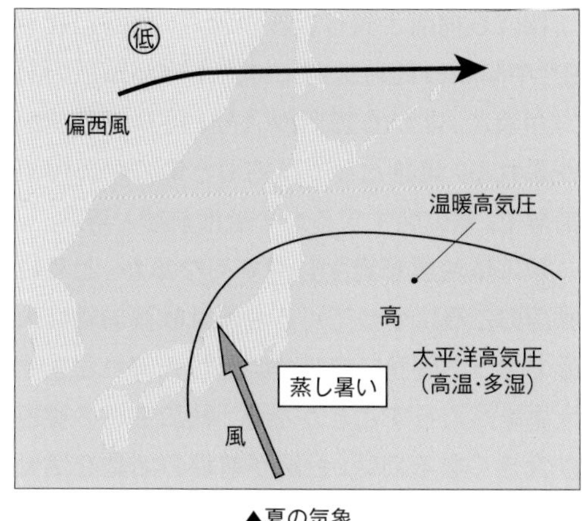

▲夏の気象

海はなぜ塩っぱいのか

海に塩分はどれくらい溶けているのか

海水中に溶け込んでいる主な物質は、塩化ナトリウム（NaCl）や塩化マグネシウム（$MgCl_2$）などの塩類で、海水中では電離してイオンとなっている。これらを取り出すと、食塩ができる。

海水中には塩類のほか、酸素（O_2）や二酸化炭素（CO_2）も溶け込んでおり、水生生物の呼吸に使われている。

1kgの海水に溶けているすべての塩類の質量（g）を塩分といい千分率の‰（パーミル）で表す。塩分は海の場所や深さで変化し、33～38‰（33～38g/kg）である。

塩分が多いほど重い海水となるため、相対的に人間の体は軽くなるため、浮きやすくなる。

海の塩類は地球の成分でもある

もともと海水の成分は、地球ができたときのものに塩類が多かったために塩っぱくなっている。塩化物イオンなどのマイナスイオンは火山ガスに含まれる成分であり、水に溶けやすい。そのため、原始の地球が冷えて初めて海ができたとき、これらの成分が水に溶け込んでいまの海水になったと考えられている。

成分（イオン）		量〔g/kg〕
塩化物	Cl^-	19.4
ナトリウム	Na^+	10.8
硫酸	SO_4^{2-}	2.7
マグネシウム	Mg^{2+}	1.3
カルシウム	Ca^{2+}	0.4
カリウム	K^+	0.4
炭酸水素	HCO_3^-	0.1

▲海水中の主なイオン

海の水は循環する

海洋の水温を見ると、海面から深さ数百mまでは太陽によって温められた海水が風や波でかき混ぜられ、表面の水温とそれほど変わらない。これを表層混合層という。この下にいくと水温が急激に下がる層があり、これを水温躍層（やくそう）という。

また、深層の海水は鉛直方向にも循環する。高緯度の海水が冷えることや、凍って海水の塩分が高くなることで海水が重くなって沈むために循環が起こる。海水の循環が一巡するのに1000～2000年かかると考えられている。

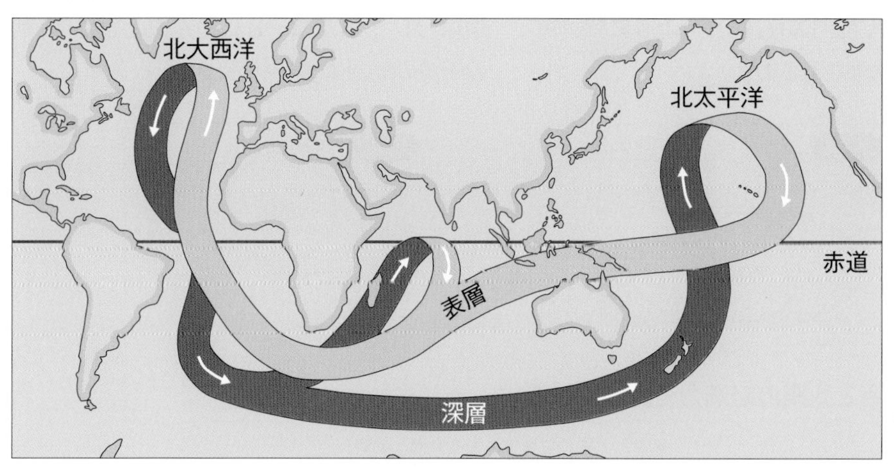

◀海水大循環のイメージ図

波はどこから来るのか

波は風によって起こる

海を見ていると、風がなくても波立っている。なぜ、波は起こるのだろうか。

海面に波が起こるとき、水面の形が変わるだけで、水そのものは移動せず、その場で円や楕円(だえん)を描く動きをしているだけである。水面に浮かぶ木片や葉っぱが移動していくのは、海流や潮流によるものである。

では、まず太平洋側にやってくる波はどこから来ているのだろうか。それは遠く離れた東の海上からだ。波が起こる原因は海上の風である。低気圧の域内で起こる波は、波の山(上端)がとがっており、風浪という。風浪が風域を離れると、波の山が丸みを帯びる。これをうねりと呼ぶ。うねりは遠方まで伝わるため、ハワイなど遠くの海上で起こった波がうねりとして日本列島の太平洋側にたどり着くこともある。

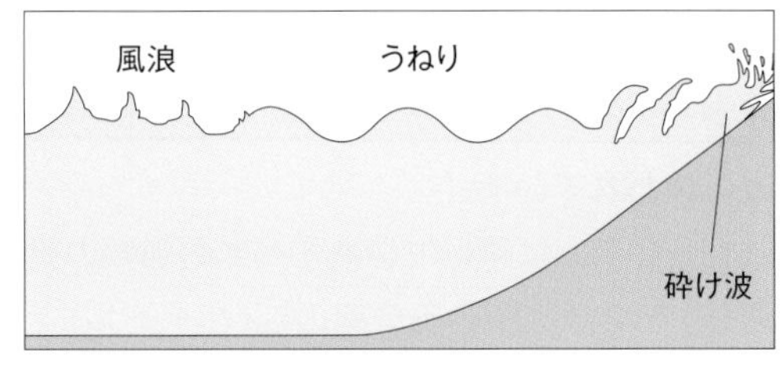

▲海の波

潮汐と波は別の理由で起こる

「満潮と干潮も波に影響するのでは？」と考えるかもしれないが、波と満潮·干潮は別の原因で起こる現象である。

海水位は1日に約2回ずつ、平均12時間25分ごとに高くなったり低くなったりする。海面が高くなったときが満潮、低くなったときが干潮で、この繰り返しを潮汐(ちょうせき)という。潮汐にともなう海水の流れが潮流である。潮流によって強い渦が生じることがあり、鳴門(なると)海峡や早鞆(はやとも)の瀬戸(関門海峡)などのように狭い海峡で起こる渦潮が有名だ。

◀鳴門の渦潮
写真提供:鳴戸市

この潮汐は、主として月の引力による「起潮力」によって生まれているが、太陽も月の半分ほどの起潮力を持っている。そのため、地球、月、太陽が横一線に並んだときには、潮の干満の差が大きい状態(大潮)となる。

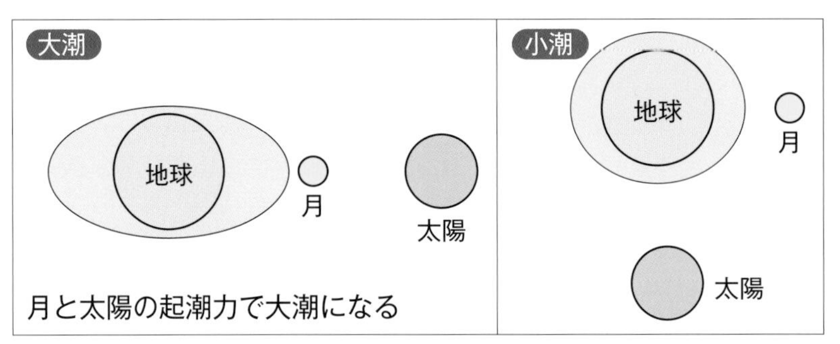

▲月と太陽の位置で決まる大潮と小潮

海流はなぜ起こるのか

熱による対流で海流が起こる

地球の熱は、低緯度で高く、高緯度で低いため、これを平準化するように大気や海水が移動する。赤道付近で温められた海水は、海洋の表層を川のように流れ、極地方へ向かう。極地方からは冷たい海水が赤道付近へ向かって流れる。このような、地球規模の海水表層の流れが海流である。

海流の向きは海面上を吹く風と地球の自転で生じる転向力によって決まる。たとえば北太平洋では、貿易風帯の海水は北へ、偏西風帯の海水は南へ動くことになり、貿易風帯と偏西風帯にはさまれた海域には海水がたまって平均海水面は1～2m高く盛り上がる。この結果、中央部の水位の高まった海域の海水は周囲へ押され、転向力によって曲げられるため、時計回りの環流となるのだ。

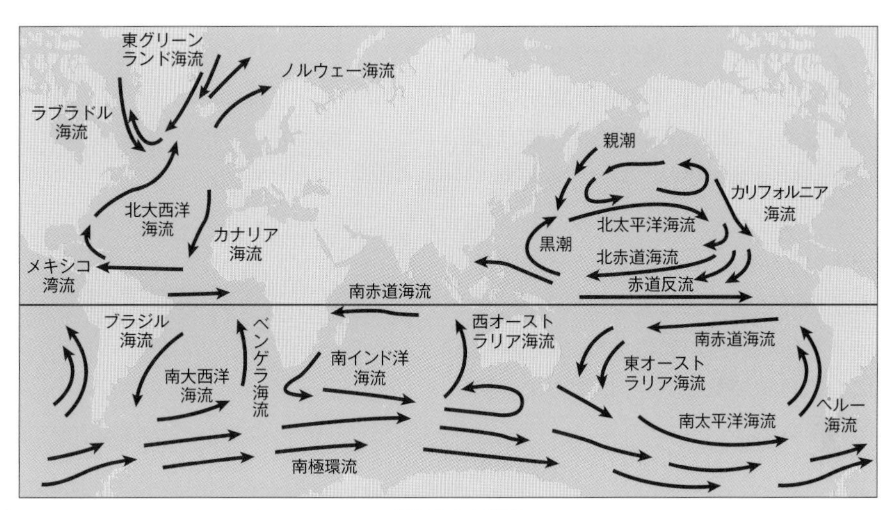

▲世界の主な海流

日本付近の海流はどうなっているのか

太平洋側には、北太平洋の環流の一部である暖流の黒潮と、北から南下する寒流の親潮がある。黒潮は水温が20～30℃、塩分が34～35‰で、透明度の高い藍色に見える。親潮は黒潮より低温・低塩分である。プランクトンや栄養分に富むため、魚を育てる親のようなので、この名がついた。

一方、日本海には北上する暖流として対馬海流、南下する寒流としてリマン海流がある。

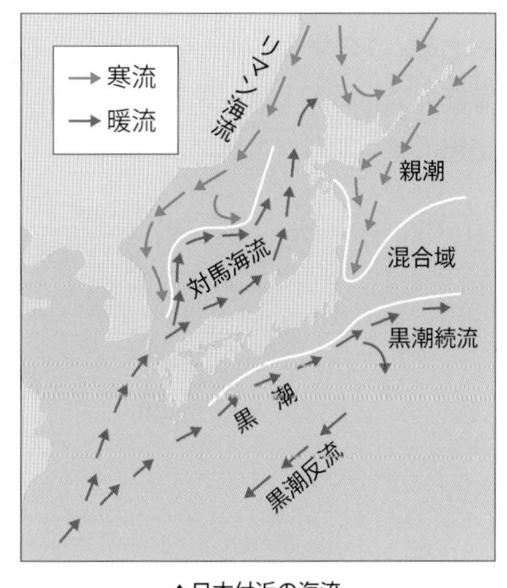

▲日本付近の海流

「エルニーニョ」「ラニーニャ」が異常気象を起こすのはなぜか

熱帯太平洋域の海面水温

熱帯太平洋域での大気循環は、東部のペルー沖で冷やされて降下した大気が貿易風で西へ運ばれ、インドネシア沖で暖められて上昇するように循環している。この貿易風に引きずられて表層の暖かい海水は西に運ばれ、太平洋西部の水位が東部よりも約40㎝高くなる。そして、ペルー沖では、運ばれた表層の海水を補うように下層の冷たい海水が湧き上がる。そのため、平常時は熱帯太平洋東部の海面水温が低くなっている。

エルニーニョ・ラニーニャ現象とは？

エルニーニョ現象とは、熱帯太平洋東部の海面水温が平常よりも上昇する現象をいう。貿易風が弱まると、海水の西への吹き寄せが緩和されるため、表層の暖かい海水が東へ戻る。

エルニーニョが発生すると、世界のある場所では大雨、ある場所では干ばつなどの平常とは異なる気象現象が起こる。日本では、夏の太平洋高気圧の勢力が弱められ、長い梅雨や冷夏になる傾向がある。冬では暖かめの日が続く傾向がある。

それとは逆に、貿易風が強まり、太平洋東部の湧昇（ゆうしょう）の規模が大きくなって、冷たい海水がペルー沖の表層を広く覆うようになり、海面水温も平常より低くなるのがラニーニャ現象である。この現象によっても世界の気象に影響が出る。日本では、平常よりも暑い夏や寒い冬になる傾向がある。

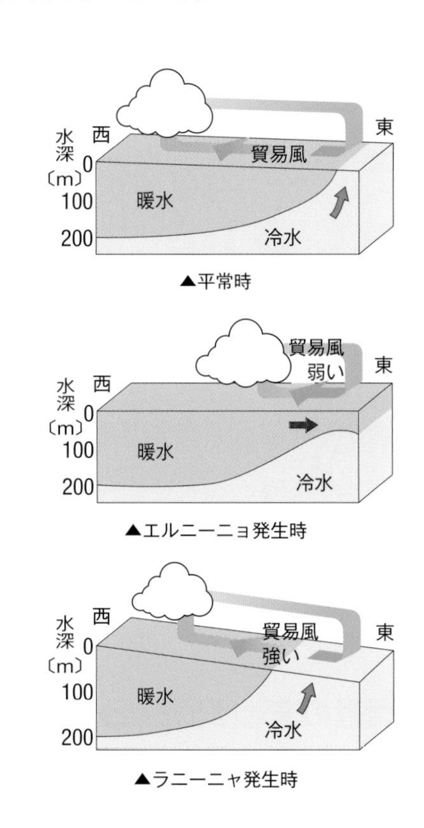

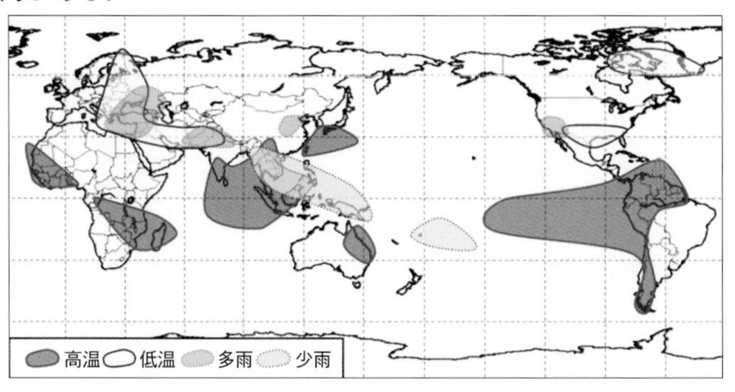

▲エルニーニョ現象発生時の北半球の天候（気象庁ホームページより）

温暖化なのに大雪になるのはなぜか

二酸化炭素が温暖化をもたらす

産業革命以降、化石燃料(石油、石炭、天然ガス)の燃焼で発生する二酸化炭素が大幅に増えた。この二酸化炭素が地球規模の温室効果をもたらし、平均気温が上がっている。水蒸気や人工合成物であるフロンも強い温室効果をもたらす。

温暖化すると、海水面は上昇する。20世紀の100年間には全世界平均で17㎝上昇した。そのひとつの理由は、温度が上昇して海水が膨張すること。もうひとつは、氷床や氷河が溶けるためだ。どちらも陸上の氷塊であるため、溶ければ海に流れ込む。一方、氷山などの海氷は海に浮いている状態であるため、溶けただけでは水面の上昇にはつながらない

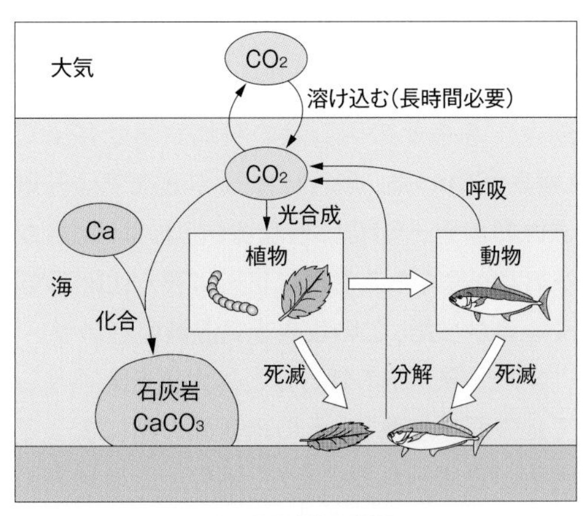

▲二酸化炭素の循環

二酸化炭素は海と大気を循環する

海洋の水の中には二酸化炭素(CO_2)が溶け込んでおり、その総量は大気中の数十倍にもなる。このCO_2は海中の動植物に取り込まれているが、呼吸や死後の分解によって平衡を保っている。一方、大気でも平衡を維持するために、海面を通じてCO_2が出入りする。海水にCO_2がどれだけ溶けるかは、水温と塩分で決まる。ところが、海水にCO_2が溶け込むスピードは非常に遅く、大気と海洋間でCO_2の不均衡が生じると、平衡を回復するまでに長い時間がかかる。

温暖化でも大雪になる理由

環境変化のひとつの現象はひとつの理由によって起こるものではなく、様々な要因による。温暖化すると、雪が多く降ると考えることもできる。大気中の湿度はほぼ一定に保たれるという自然の性質があるため、気温が上昇すると大気中の飽和水蒸気量も増える。すると、冬に大陸で冷やされる高気圧から風が吹き出し、海上で大量の水蒸気が供給されてたくさんの雲ができ、大雪となるのだ。

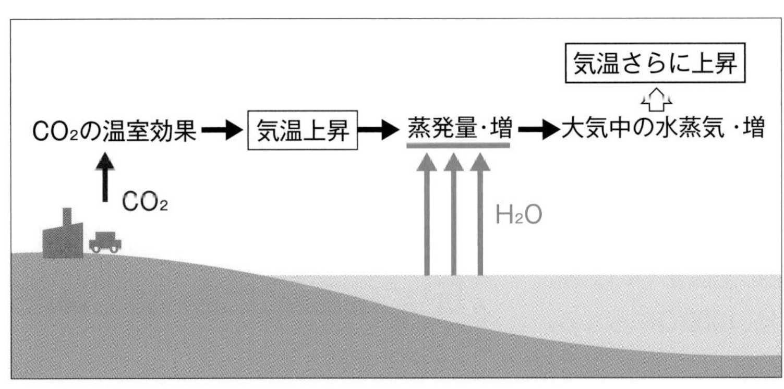

◀温暖化のフィードバック

上空ほど寒いのはなぜか

100 mごとに0.65℃下がる

富士山の平均気温は－6.2℃（標高3775m地点）、ふもとの河口湖の平均気温は10.6℃（標高860m）だ。飛行機が飛ぶ上空では外気温はおよそ－50℃にもなる。これは、地表から100m高くなるごとに気温は平均0.65℃低くなるからだ。この現象を気温減率という。

また太陽光線のほとんどは大気を素通りして地表面を加熱し、その地表面の熱によって大気が温められるのだが、山の上では地表面が少ないため、蓄積される熱量が少なく、気温が上がらないのだ。

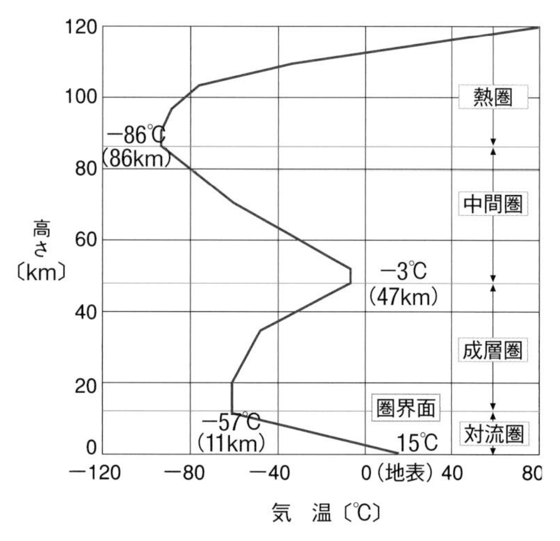

▲大気圏の区分

大気圏の区分

大気の層は一様ではなく、その高度によって気温、密度、化学組成が異なるため、温度変化によって次のように分けられている。

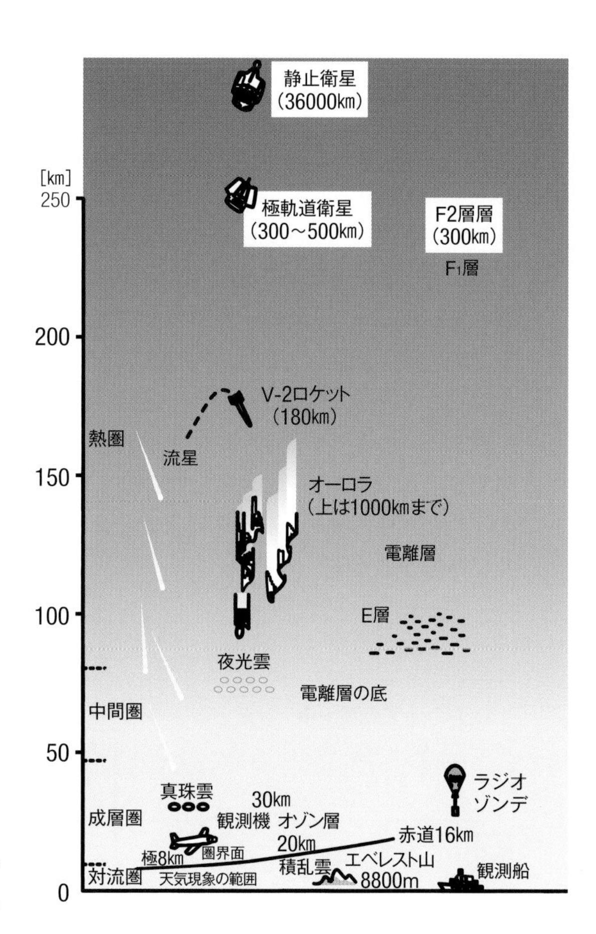

①**対流圏**

私たちが生活している空間。下層ほど暖かくて空気が軽く、対流が活発になり、雲の発生や降雨などの天気の変化が起こる。

②**成層圏**

上空ほど高温になり、対流が起こりにくいので成層圏という。しかし、強い東風や西風が吹いたり、数日間で気温が約40℃も上昇するなど激しい現象も起こる。

③**中間圏**

成層圏と一体となった風が観測される。気温は上空ほど低いが、気温減率は対流圏より小さい。

④**熱圏**

高度80km以上から大気の上限までの範囲。上層はかなりの高温になり、1000℃にもなる。

上空ほど空気が薄いのか

大気の上限

短時間に高い山へ登ると、呼吸困難やめまいといった高山病の症状が出ることがある。原因は、気圧の低下や酸素の不足によるものだ。これを一言で「空気が薄い」というが、そもそも空気は何からできているのだろうか。

大気の上限は、どう定義するかによって異なるが、大気中での気象現象が見られる上限は、100㎞程度の高さである。

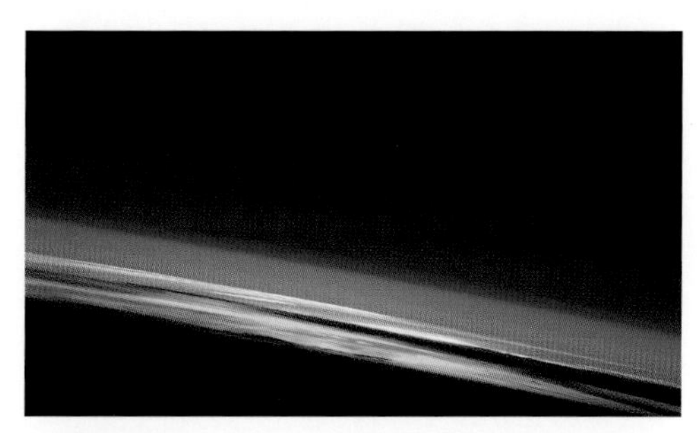

▲国際宇宙ステーションから見た日没時の地球の大気。対流圏が夕焼けでオレンジ色に染め上がっている。
©NASA Earth Observatory

大気の成分

高さ約80㎞までの大気は窒素（約80%）、酸素（約20%）、二酸化炭素やアルゴンなどの混合気体であり、この4成分でほぼ100%を占める。この組成は地表から高さ約80㎞まではほぼ一定になっている。このことは、長い年月の間に大気の上下方向によく混ざり合っていることを示している。

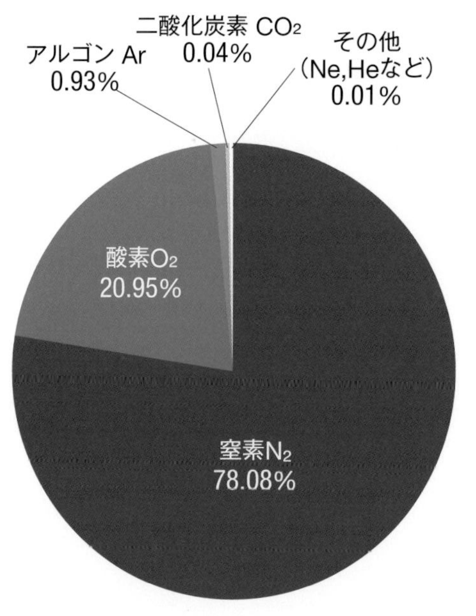

▲大気の組織（変化の大きな水蒸気は除く）

80㎞以上の高度になると、太陽からの紫外線が、酸素分子（O_2）を酸素原子（O）に解離する。170㎞以上では酸素原子が主成分になり、1000㎞以上ではヘリウムが主成分となる。

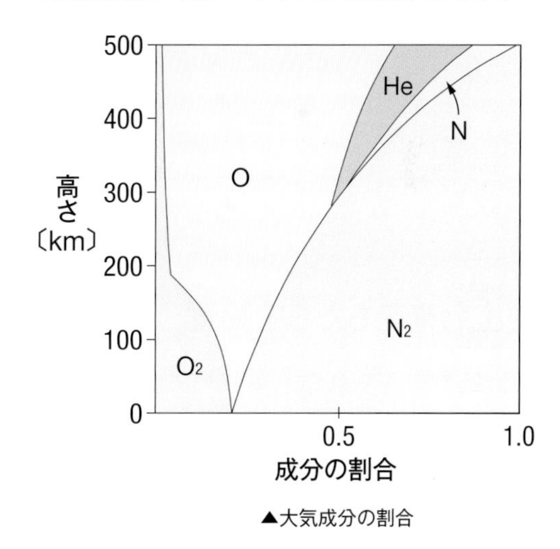

▲大気成分の割合

大気の密度

大気の密度は地表で1.2kg/㎥であり、水と比べると、1/833の値になっている。大気の密度は高さとともに急激に減少し、高さ50㎞で1g/㎥（一辺が1mの立方体に1g）になる。

太陽からの熱で地球は熱くならないのか

地表に届く太陽のエネルギーは約半分

太陽から受けた熱がそのまま蓄積されるなら、地球の気温はどんどん上がって生き物は棲めなくなる。気温が上がり続けないのは、太陽から届いたエネルギーがどこかに放出されているからだ。

太陽のエネルギーは、私たちの目で感じることのできる可視光線や、見ることのできない紫外線、赤外線などの電磁波として放出される。入ってくる太陽放射のうち、地表に吸収されるのは約半分である。

その一方で、地表からも赤外線が放出されている。これを地球放射という。地表からの放射は、太陽からの放射に比べて1.14倍に相当するが、ほとんどが大気や雲に吸収される。

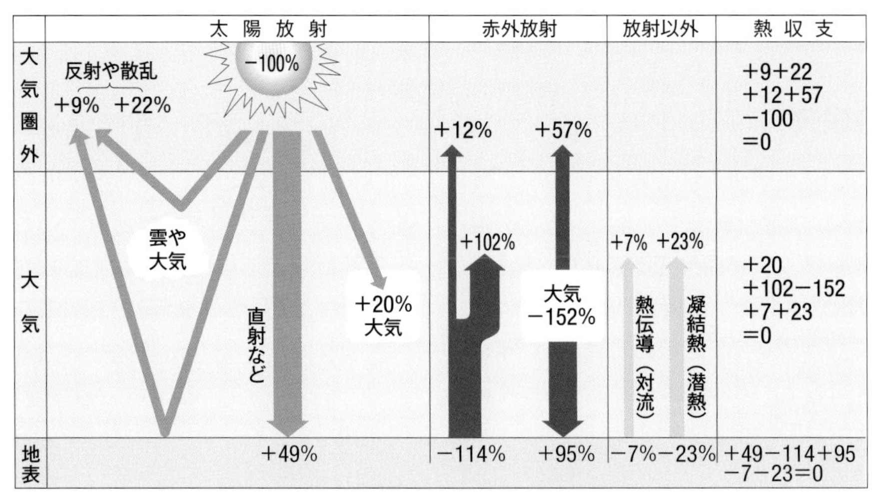

▲地球全体の熱収支（北半球全体の1年間の平均値）
（地球に届く太陽放射を100%としたときの値）

温室効果をもたらす物質

大気中に含まれる水蒸気や二酸化炭素は、地表からの赤外線放射のエネルギーを吸収し、大気の温度を高める温室効果のはたらきがある。ところが、太陽放射は可視光線が主であるため、これを直接吸収して大気の温度を高める割合は小さい。地球の気温は温室効果によって平均15℃に保たれている。地表近くの大気の成分のうち、水蒸気や二酸化炭素の占める割合はきわめて少ないが、温室効果には大きく影響する。また、大気成分の大部分を占める窒素や酸素には温室効果はない。

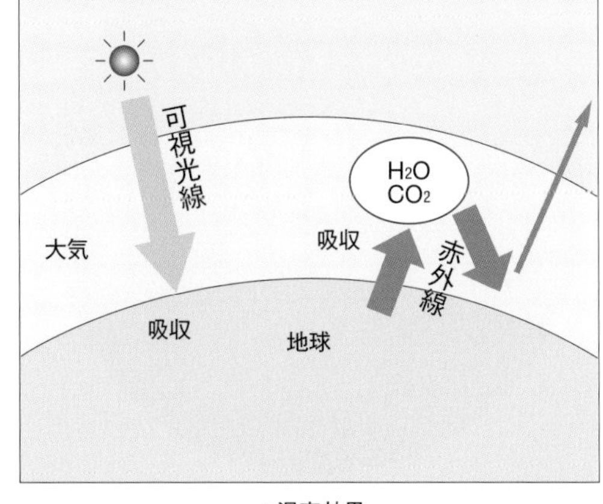

▲温室効果

雨が降っても大気中の水分はなくならないのか

地球上の水の状態変化

地球上にあるH_2Oが、水蒸気(気体)、水(液体)、氷(固体)と形を変えることを状態変化という。水蒸気が持っている熱は、凝結して水になるとき放出される。水が凝固して(凍って)氷になるときも同様に、熱が放出される。逆に氷が融解するときや、水が蒸発するときにはまわりの熱を吸収する。このように、状態変化に伴う熱を潜熱(せんねつ)という。潜熱に対し、伝導や対流で伝わる熱を顕熱(けんねつ)という。

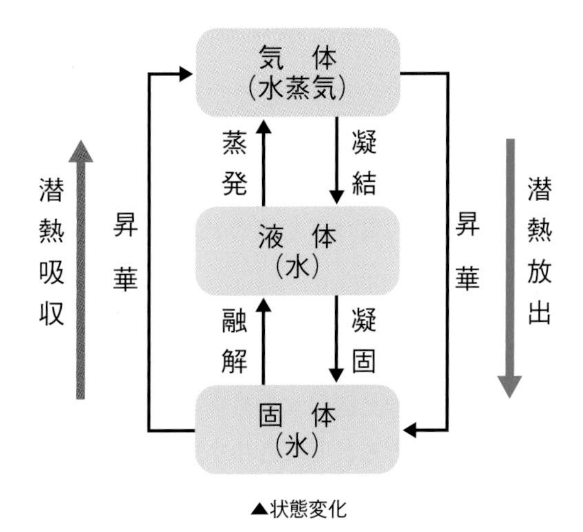

▲状態変化

蒸発量と降水量は等しい

雲から落ちてくる雨や雪は、時に大雨、大雪となって災害に結びつく。それほどたくさんの水分が落ちてきても、上空の水分はなくならないのはなぜなのか。

そもそも地球上に存在する水は、地下から上空を含めて、およそ14億km³である。地球上の水のうち、約97〜98%は海水である。これらの水は、気体、液体、固体と姿を変えながら、地球表面から大気へ、大気から地球表面へと循環している。年間の蒸発量と降水量は等しくなり、どちらかが突出して多くなることはない。

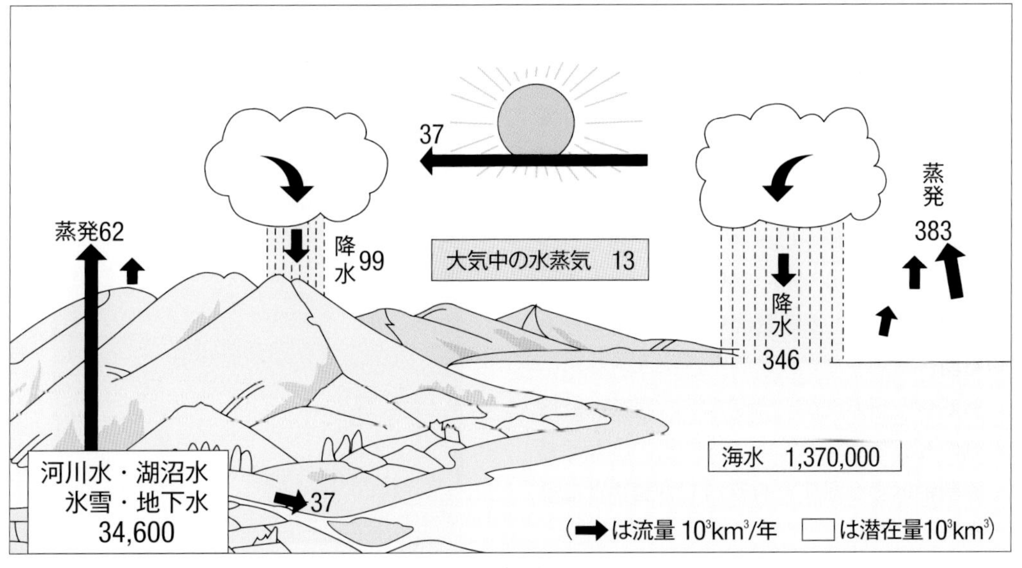

▲水の循環

寒いと洗濯物が乾きにくいのはなぜか

気温が高いほど水は蒸発しやすい

空間に含むことができる水蒸気の量には限界がある。限界まで水蒸気が含まれると、飽和状態となり、洗濯物の水分が空間に出ることができなくなってしまうため、乾きにくくなる。

大気中に含みうる水蒸気の最大値を飽和水蒸気量という。これは気温によって変化し、気温が高いほど飽和水蒸気量は大きくなる。

その気温のもとでの飽和水蒸気量に対して、空間に含まれている水蒸気量の割合を、相対湿度（または単に湿度）という。

一定の体積の空間に含まれている水蒸気の質量を水蒸気量といい、1㎥中の水蒸気量をg数で表し、単位はg/㎥となる。たとえば、気温30℃のときの飽和水蒸気量が30g/㎥であるから、10g/㎥だと、10/30となり、湿度は33％と割り出すことができる。

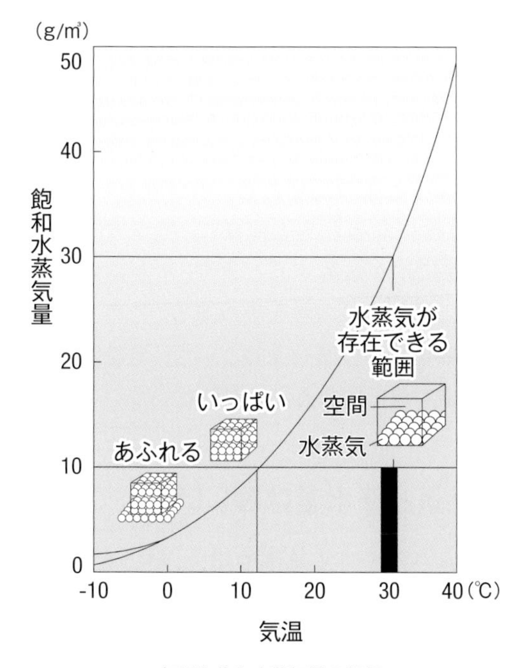

▲気温と飽和水蒸気量の関係

露点に達すると、雲ができる

大気が冷えて気温が下がると、水蒸気は飽和に達する。このときの温度を露点という。さらに気温が下がると、飽和水蒸気量より多い余分な水蒸気量の分だけ凝結して水滴になる。上空ならばこの水滴が雲になる。

夏にコップに冷たい水を入れたときにコップの外側につく水滴は、周りの空気が冷やされて露点に達し、水蒸気の一部が凝結したものだ。

前述した気温30℃で湿度33％の空気は、水蒸気を10g/㎥含んでいるため、この水蒸気量で飽和に達する温度である11℃が露点となる。

フェーン現象で暑くなるのはなぜか

海からの風が高温をもたらす

湿った空気塊(限られた範囲の空気)が山を越えて吹き降りたとき、高温で乾燥した空気になる現象をフェーン現象という。日本では、太平洋側から風が吹き込んで山脈を越えたときに日本海側で高温になる。反対に、日本海側からの風が太平洋側を高温にすることもある。春に気温が30℃を超えたり、夏に40℃になったりするのはフェーン現象が関係していることがある。冬の乾燥した「からっ風」(おろし)や「ボラ」も同じ現象で起こる。

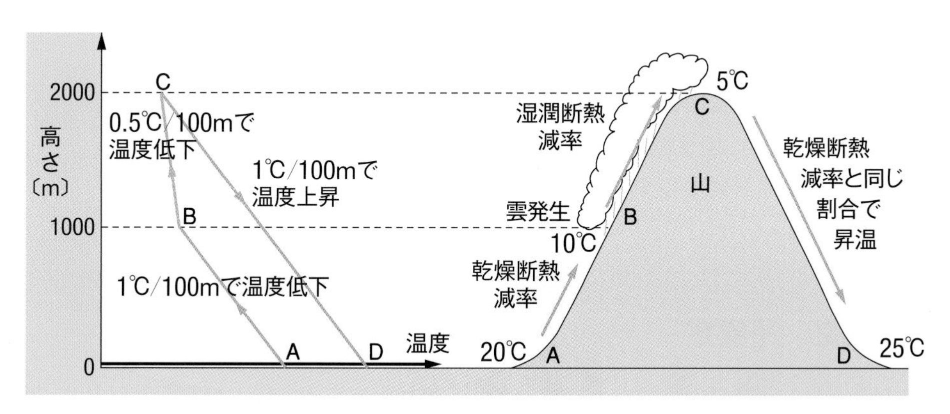

▲フェーン現象と温度の変化
(20℃の空気塊が1000mで雲を発生させ、2000mの山を越えるときの例)

フェーン現象のメカニズム

空気は熱せされると膨張し、温度が上がる。しかし、まわりの気圧が下がって膨張するとき、膨張に必要なエネルギーは自ら持つエネルギーを消費するため、空気塊の温度は下がる(断熱冷却)。反対に、断熱圧縮の場合は、空気塊の温度は上がる(断熱昇温)。

飽和していない空気塊が山腹に沿って上昇すると、断熱膨張によって気温が下がる。このとき、空気塊の湿度は相対的に上昇する。湿度が100%に達したところから雲が発生して、雨や雪を降らせる。山頂までは気温が下がるが、空気塊が山腹に沿って下降するときには雲で水分が失われて乾燥し、断熱圧縮して気温が上がるのだ。

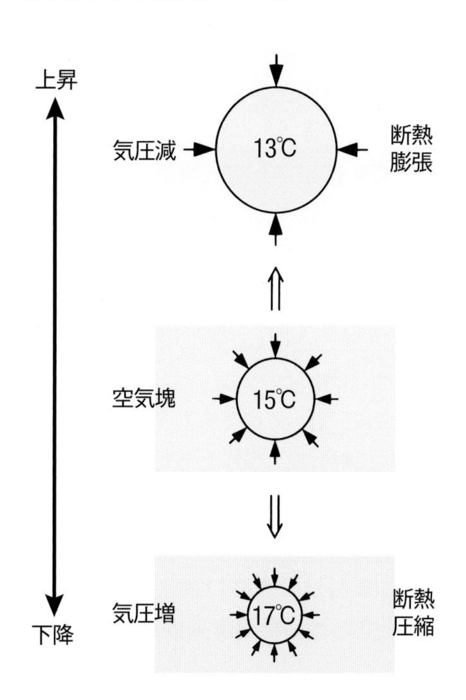

▲断熱変化と空気塊の温度

夏に大気が不安定になるとなぜ夕立が起こるのか

地表と上空の気温差で大気は不安定に

上空と地表の気温差が大きくなると、大気が不安定になる。

たとえば夏に日差しが強く、上空に比べて地表近くの気温が非常に高くなったとき、大気が不安定化する。

あるいは、上層に強い寒気が入り、地表に比べて上空の気温が非常に低くなったときも同様だ。これらのとき、空気塊は上昇し、その結果、積雲や積乱雲が発生しやすくなり、大気は不安定になる。

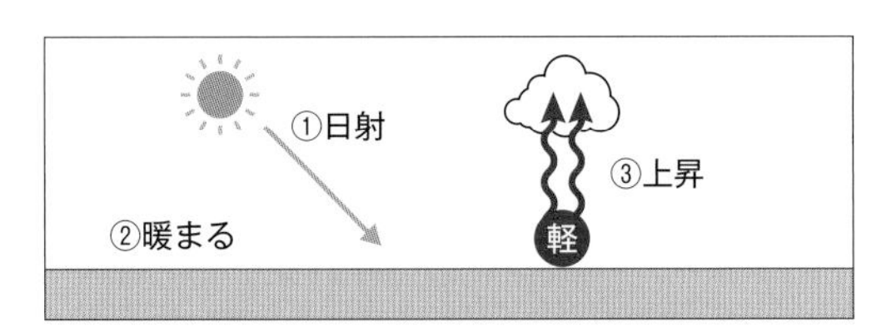

▲日射による空気塊の上昇

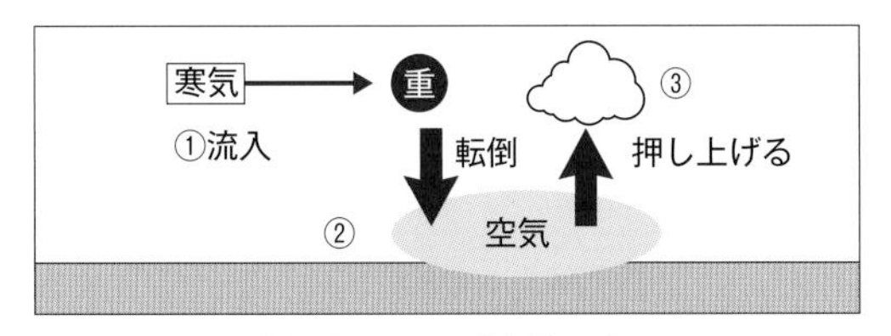

▲空気流入による空気塊の上昇

大気の安定、不安定

ひとかたまりの空気塊の温度がまわりの大気の温度よりも高いとき、空気塊はまわりの大気と比べて密度が小さく、軽い状態である。このとき、空気塊は上昇する。反対に空気塊の温度がまわりの大気の温度よりも低いとき、空気塊は下降する。

ある高さに存在する空気塊が地形などの影響(山にぶつかるなど)によって強制的に上昇した場合、断熱減率にしたがって空気塊の温度は下がる。このとき、まわりの大気の気温減率のほうが大きい(上空と地表の気温差が大きい)と、まわりの大気の温度よりも空気塊の温度のほうが高くなるため、空気塊は自然に上昇を続ける。このように、空気塊がもとの高さから上昇を続けられる大気の状態を不安定という。

反対に、まわりの大気の気温減率のほうが小さい(上空と地表の温度差が小さい)と、まわりの大気の温度よりも空気塊の温度のほうが低くなるため空気塊は下降してもとの高さに戻ろうとする。このような状態であれば、大気は安定といえる。

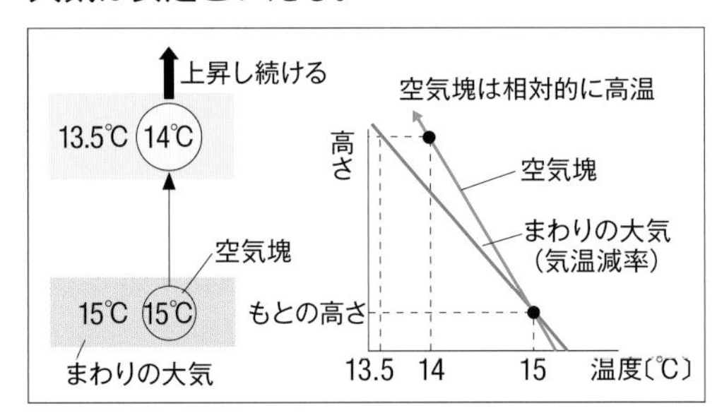

▲不安定な大気

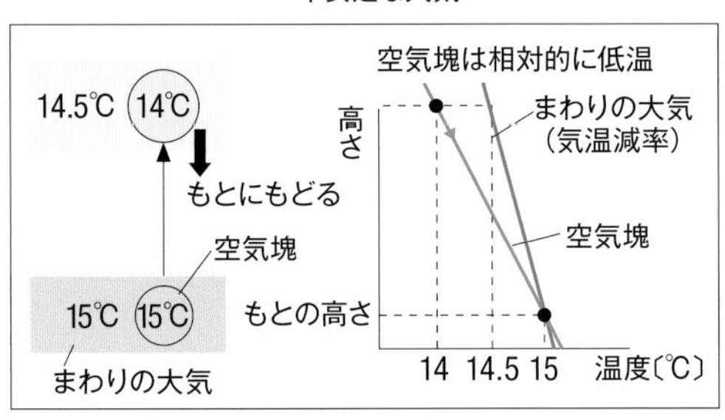

▲安定な大気

いろいろな雲が浮いているのはなぜか

落ちないでいられるのは上昇気流のおかげ

　雲は、微細な水滴や氷晶である雲粒が集まり大気中に浮かんでいるものだ。雲粒の直径は0.001～0.1㎜であり、雲1cm^3中には100～1000個ほどの雲粒が含まれている。雲粒にも重さがあるため落下してはいるが、上昇気流で押し戻されたり、気温の高い地上へ近づく途中で蒸発したりする。それを地上から見ると、雲全体として浮いているように見えているのだ。

　たとえば、積乱雲の重さはどれくらいだろうか。5㎞四方の地表面（面積25km^2）の上に、圏界面近くの高さ10㎞におよぶ直方体の積乱雲が発達したと仮定しよう。このときの雲の体積は、250km^3（=$2.5\times10^{11}\,\mathrm{m}^3$）となる。雲1$\mathrm{m}^3$にはおよそ1gの水を含む。したがって、この積乱雲には2.5×10^{11}g＝25万ｔの水が含まれていることになる。

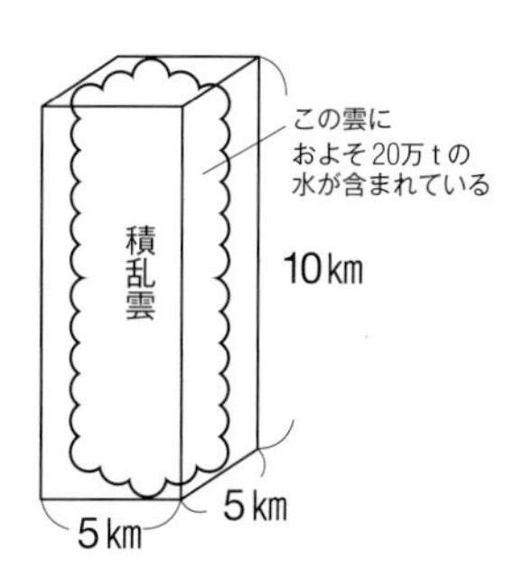

▲積乱雲の重さ

雲はどのようにしてできるのか

　水蒸気を含んだ空気塊が上昇すると温度が下がり、やがて飽和状態になる。それでも空気塊が上昇し続けると、余分な水蒸気が凝結して水滴（液体）になったり、昇華して氷晶（小さな水の粒である固体）になったりして、様々な形の雲ができる。

　雲には様々な形があるが、大きな分類として、主に水平方向に広がる８種類の層状の雲と、主に垂直方向に発達する2種類の塊状の雲の計10種類（10種雲形）に分類できる。層状の雲は、広い範囲にわたって空気が上昇する場合に発生する。一方、塊状の雲は、安定な成層圏内で発達することはなく、圏界面付近からは水平に広がる。

巻雲

巻層雲

巻積雲

高層雲

高積雲

乱層雲

層雲

層積雲

積乱雲

積雲

雨は雲からどのように降ってくるのか

雲の中の水滴が集まったものが雨や雪になる

微細な水滴である雲粒が成長し、雨粒となって落下したものが雨である。雲粒の大きさ約0.01㎜であるのに対し、雨粒の大きさは約1㎜である。つまり、雨粒1個は雲粒100万個が集まったものなのだ。

ちなみに降水量は、ある面積に降った雨などが、流れ出したりしみ込んだりせずに溜まったものとして、その高さを㎜単位で表す。体積ではなく高さの単位で表すと、ある地点で観測される降水量が、面積によらず同じ値になるため、わかりやすいからだ。雪などの固形物の場合は溶かして測定する。

冷たい雨と暖かい雨がある?

日本でふだん降る雨(中・高緯度の雨)の場合、雲の中の気温が0℃以下であることが多い。微細な水滴は0℃以下でも凍らない。これを過冷却水滴という。

雲の中には、氷晶と過冷却水滴が共存していて、この過冷却水滴から蒸発した水蒸気が氷晶のまわりに付着して大きな氷晶(雪の結晶)になる。そして氷晶が上昇気流で支えきれなくなると、落下する。

この氷晶が落下している間に溶けなければ雪となり、溶けたものが雨である。このような雨を「冷たい雨」(氷晶雨)という。

夏にザーっと降る雨(低緯度の雨)のように、雲の中の気温がすべて0℃以上のとき、雲の中には氷晶はなく、水滴だけが存在する。このような状態の中で、大きな雲粒が小さな雲粒を取り込んで大きく成長し、雨粒になる。こうして降る雨を「暖かい雨」という。

ただし、ここでいう「冷たい雨」「暖かい雨」と、天気予報で用いられる「冷たい雨」「暖かい雨」は別のものである。天気予報で使う「冷たい雨」は、晩秋に降る寒さを伴う雨のことであり、「暖かい雨」は春を告げるような初春の雨を意味している。

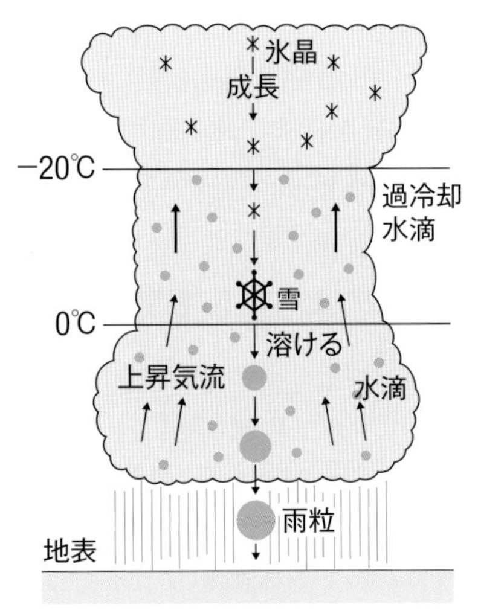

▲冷たい雨

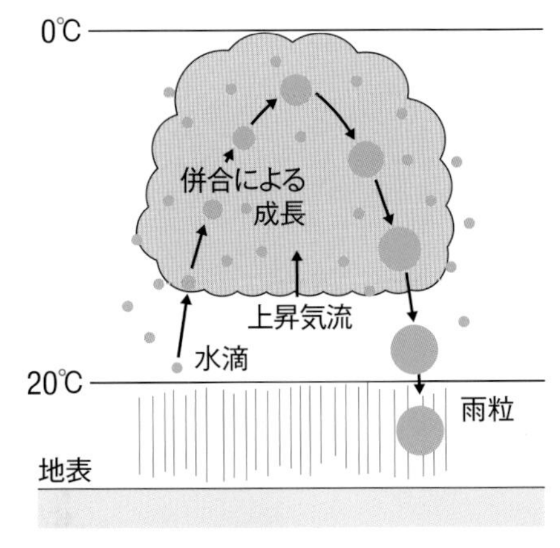

▲暖かい雨

Chapter 4

異常気象のメカニズム

異常な高温、例を見ない寒波、記録的な豪雨豪雪……。近年、日本では異常気象が頻発し、多大な被害が発生している。

それは日本に限ったことではなく、世界中で見られる現象でもある。

この世界的な異常気象には、地球温暖化が影響していると考える研究者が多くなってきている。

異常気象はどんな原因で起こるのか。日本と世界の異常気象の影響とその原因を探っていこう。

梅雨と台風が合わさって広範囲かつ記録的な雨量に

平成30（2018）年7月豪雨

広島・岡山に大被害

地球温暖化による水蒸気量の増加で、
梅雨の大雨をもたらした広島・岡山水害

岡山県倉敷市真備市付近（2018年7月9日撮影の空中写真）

出典：国土地理院ウェブサイト
（平成30年7月豪雨に関する情報）

2018年7月6日に長崎、福岡、佐賀に大雨特別警報が発表されると、その後、警報が発令される範囲は急速に広がり、最終的には11府県におよんで、当時の最多記録となった。そのとき、西日本には梅雨前線が停滞していた。また日本海海上では台風第7号が温帯低気圧となっていた。その温帯低気圧から暖かく非常に湿った空気が梅雨前線に供給され続けた結果、猛烈な豪雨となって降り注ぎ、記録的な雨となったのである。それらの府県の中でも大きな被害が出たのが広島県と岡山県だったが、全国的にも死者237名、行方不明者8名、負傷者459名の犠牲が出た（2019年内閣府）。

■2つの多量の水蒸気を含んだ空気が合流

2018年7月5日から8日にかけての西日本を中心とした記録的な大雨の気象要因について、「多量の水蒸気を含む2つの気流が西日本付近で持続的に合流」したことと、「梅雨前線の停滞・強化などによって持続的な上昇流の形成」が起こったことなどの要因が考えられる。

(A) まず、東シナ海付近において対流活動が活発になり、水蒸気を多く含む空気が下層から中層に入り込み、その湿った空気が南西風により西日本へ流れ込んだ。

その一方で、太平洋高気圧の勢力が日本の南東側で強まったため、日本の南海上で南風が強まり、下層の水蒸気を多く含む空気が太平洋高気圧の縁に沿って西日本へ多量に流れ込んだ。そしてこの2つの、多量の水蒸気を含む湿潤な気流が西日本付近で合流し続けたことにより、極めて多量の水蒸気の流入をもたらした。

(B) さらに、梅雨前線が西日本付近にできたことが大雨に拍車をかけた。

その後、オホーツク海高気圧が発達し、5日から6日にかけて、梅雨前線を挟んで南北の温度差が拡大した。

(C) そのため、上昇流が起こりやすい状況となり、西日本を中心に梅雨前線の活動が活発化して、局地的に「線状降水帯」が形成され、大雨となった。

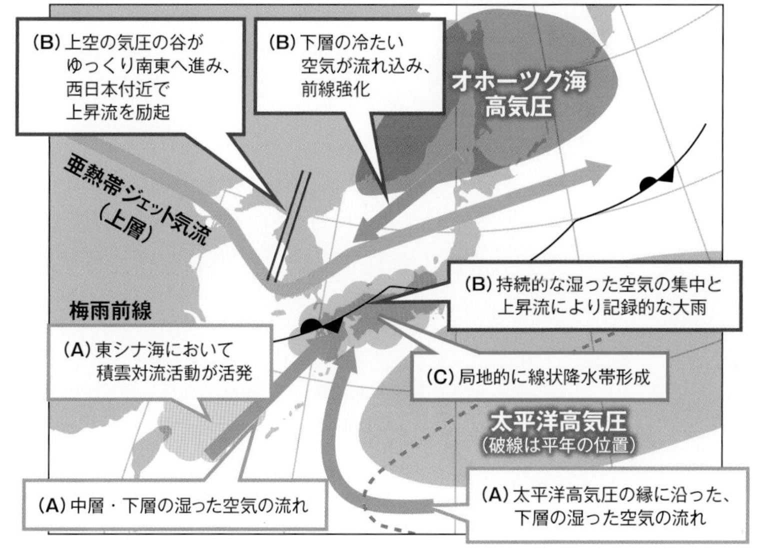

◀7月5日から8日の記録的な大雨の気象要因のイメージ図
(気象庁ホームページより)

■西日本付近に集中した水蒸気量

この豪雨の最大の要因は、東シナ海付近からと、太平洋高気圧を回り込む水蒸気がともに多量で、これらが合流した西日本付近で極めて多量な水蒸気が集中したこと、梅雨前線による上昇流が例年に比べ強くかつ長時間持続したことなどにあった。右のグラフの赤線は2018年(1月～7月末)の西日本(北緯31.25度～35度、東経130度～135度の区域)の水蒸気量(地上から300 hPa 面における垂直積算の値)。灰色線は1958年から2017年の各年の値。緑線は1981年から2010年の平均値。これを見ても、2018年7月5日～7日にいかに西日本に水蒸気が蓄積されていたかがわかる。

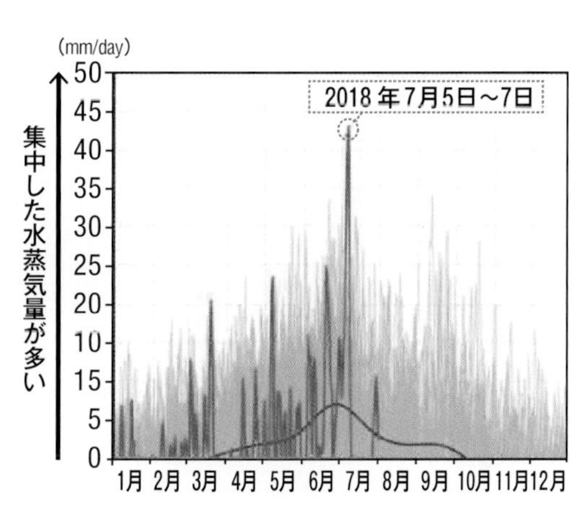

▲西日本に集中した水蒸気量
(図版は、2018年8月10日の「気象庁の報道発表」より)

日本の異常気象

東日本が大寒波に見舞われ、都市生活は大混乱

平成30(2018)年1月〜2月の寒波

ラニーニャ現象による大雪

ペルー沖の冷海水域が日本に大雪をもたらした

大雪で立ち往生した車を救出するために自衛隊も出動した。　写真提供：福井県

2017年12月から翌年2月にかけて東日本に大寒波が到来。

北陸では豪雪となり、各種交通機関が乱れた。特に福井県の国道では、立ち往生する車が相次ぎ、長い車列ができたまま身動きが取れない状態となって、その場で夜を明かす車が続出した。関東で1月26日には埼玉県さいたま市で-9.8℃を観測し、観測史上もっとも低い最低気温となった。

こうした異例の低温で各所の水道管が破裂するなどの被害も出た。

■異常な積雪は北陸に集中した

2018年2月3日から8日にかけての降雪量は、福井県福井市（福井）で144㎝、石川県加賀市（加賀菅谷）で177㎝と、北陸地方を中心に、山地や山沿いに加え平野部でも平年比200％を大幅に超える大雪となった。

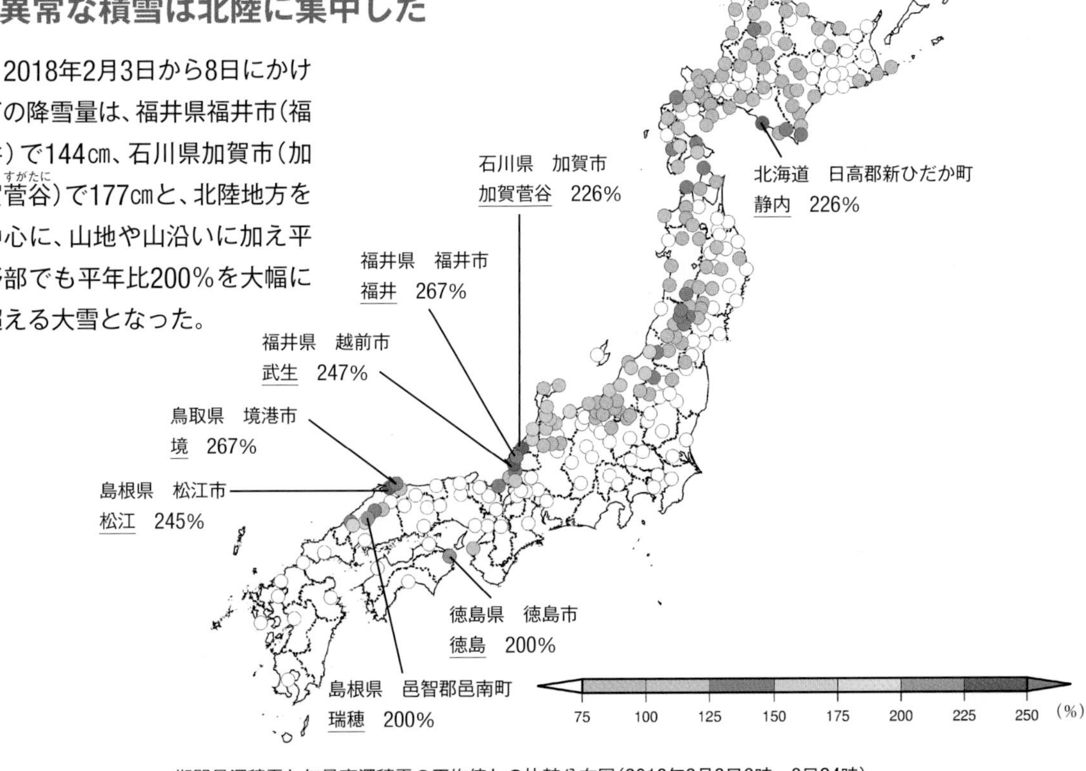

▲期間最深積雪と年最高深積雪の平均値との比較分布図（2018年2月3日0時～8日24時）

■ラニーニャ現象で偏西風が蛇行し、大陸からの寒気が日本に到来

このときの寒波と大雪は2017年秋から続いていたラニーニャ現象の典型的な特徴と考えられる。

①太平洋東部では冷水が海洋上を覆うと、太平洋西部では反対に暖水が海面を覆う。すると、インドネシア付近では積雲対流活動が平年よりも活発になる。

②積雲対流活動が活発化すると、フィリピン東方沖から南シナ海付近の大気上層に位置する高気圧が、その北西側で強まる。

③これによって、偏西風（亜熱帯ジェット気流）が蛇行し、日本付近では南に蛇行する。

④さらに、偏西風の蛇行によって大陸からの寒気が日本付近に流れ込みやすくなったことにより、東日本で異常な低温を記録することとなった。

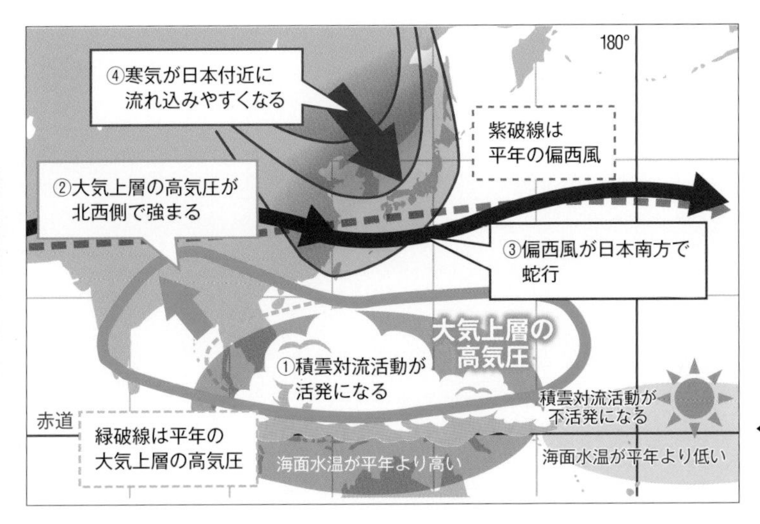

◀ラニーニャ現象に関するイメージ図
（図版はいずれも2018年2月15日の「気象庁の報道発表資料」より）

局地的な大雨で土砂災害発生

平成29（2017）年7月九州北部豪雨

福岡と大分で大きな被害が発生

線状降水帯が
起こした大悲劇

福岡県朝倉市で川が氾濫、民家を押し流した。
福岡県朝倉市赤谷川の被害箇所（平成29年7月7日ドローンによる撮影）

出典：国土地理院ウェブサイト
（平成29年7月九州北部豪雨に関する情報）

2017年6月30日から7月4日にかけて北陸地方や東北地方に停滞していた梅雨前線は、その後ゆっくり南下して、同月5日から10日にかけては朝鮮半島付近から西日本に停滞した。そこへ台風第3号が東シナ海を北上し、7月4日に長崎市に上陸、西日本から東日本を中心に局地的に猛烈な雨が降った。

特に、7月5日から6日にかけては、西日本で記録的な大雨となった。福岡県朝倉市朝倉、大分県日田市日田などで、最大24時間降水量が統計開始以来、最も大きい値となる記録的な大雨となった。

この影響で、河川の氾濫、浸水害、土砂災害等が発生し、死者34名、行方不明者7名が出た（2017年7月19日現在）。また、西日本から東日本にかけて住宅被害が発生し、停電、断水、電話の不通等ライフラインにも被害が発生したほか、鉄道の運休等の交通障害も発生した。

■積乱雲が連なる「バックビルディング型線状降水帯」

2017年7月5日から6日にかけて、福岡県と大分県で記録的な大雨が発生したとき、梅雨前線の南側100～200㎞に位置した九州北部付近の大気下層には、南西風によって、太平洋高気圧の縁をまわるようにして東シナ海からの暖かく湿った空気が大量に流入していた。

その一方で、上空5500m付近には平年よりも約3℃低い-7℃以下の冷たい空気が流入して、九州北部付近は積乱雲が発達しやすく、大気が不安定な状態になっていた。

そんな中で、地表付近の暖かい空気と冷たい空気の境界付近で積乱雲が次々と発生。それらが高度約17㎞まで猛烈に発達しながら東へ移動することで形成・維持され、先行して降雨のあった中国・四国地方の積乱雲と連なったことで「線状降水帯」ができた。

このように、積乱雲が連なる線状降水帯のことを「バックビルディング型の線状降水帯」という。

大雨の発生要因の概念図

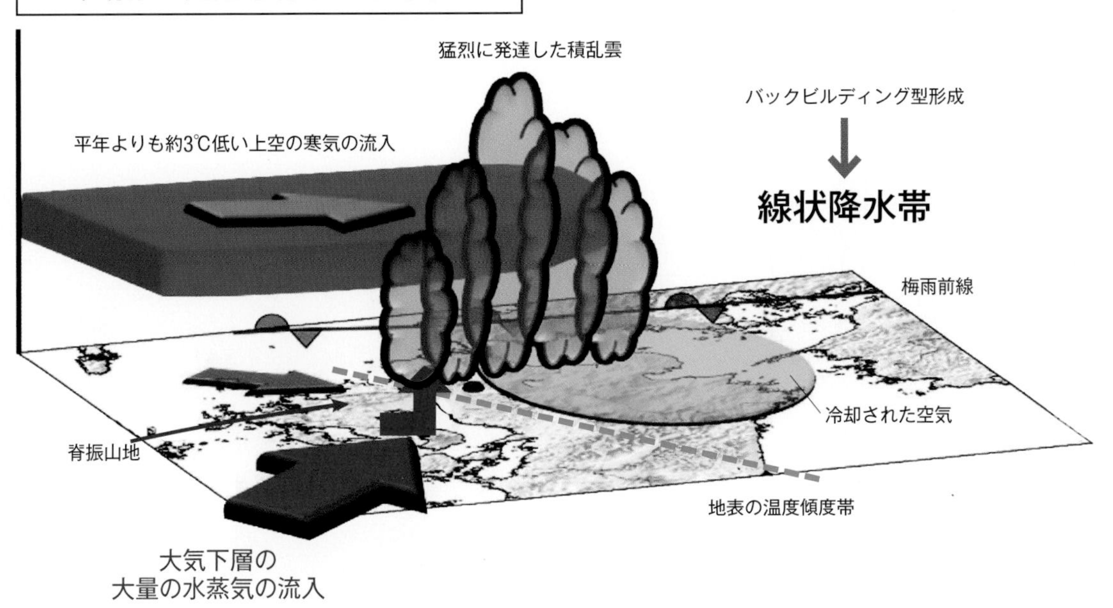

2017年7月6日9時の天気図・衛星画像と降水量

7月6日09時

〈天気図〉

7月6日09時

〈衛星赤外画像〉

7月6日

〈日降水量〉

（いずれも気象庁ホームページより）

相次ぐ台風の影響で大規模な水害が発生

平成27（2015）年9月関東・東北豪雨

大雨で鬼怒川決壊

関東地方北部から東北地方南が未曾有の豪雨に！

台風そのものによる被害はさほどでもなかったが、甚大な豪雨被害に見舞われた。
鬼怒川破堤箇所（2015年9月10日、ドローンによる撮影）

出典：国土地理院ウェブサイト
（平成27年9月関東、東北豪雨の情報）

2015年、9月上旬に台風第18号が本州に上陸。湿った空気が流れ込んだ関東や東北では記録的な雨量となった地域があった。

気象庁は9月10日に栃木県全域と茨城県のほぼ全域に対して大雨特別警報を発表した。10日12時50分には茨城県常総市三坂付近で鬼怒川（きぬがわ）の堤防が決壊、これにより常総市では鬼怒川と小貝川（こかいがわ）に挟まれた地域が広範囲で水没した。

死者2名、災害関連死12名、負傷者40名のほか、全半壊家屋5000棟という甚大な被害を出す災害となった。

■連続する台風が大きな爪痕(つめあと)に

2015年9月7日に発生した台風第18号は9月9日に東海地方へ上陸したのち、同日夜に日本海で温帯低気圧になったが、そのとき、太平洋上では台風第17号が接近、日本上空で温帯低気圧からと台風からの湿った暖かい空気がぶつかり合うことで、南北に連なる雨雲（線状降水帯）が立て続けに発生した。そのため、関東地方北部から東北地方南部を中心として24時間雨量が300㎜以上の豪雨と、それに伴う大規模な被害に見舞われたのである。

温帯低気圧に変わった台風第18号が日本海にあり、太平洋上には台風第17号が見える

（「NASA　WORLDVIEW」より）

■南北に連なる雨雲が継続的に発生し長時間の大雨に

2014年夏から続いていたエルニーニョ現象の影響で、アジアモンスーン域の広い範囲で積雲対流活動が不活発になっていた。

そのせいで、ユーラシア大陸から日本付近にかけて、上空の偏西風（亜熱帯ジェット気流）が平年の位置よりも南に偏って流れていた。加えて、日本列島の西側では偏西風が南に蛇行して気圧の谷となっていた。

また、フィリピン周辺で対流活動が不活発だったことに対応して、太平洋高気圧の本州付近への張り出しが平年より弱い状態が続いた。

これにより、本州付近に前線が停滞することとなった。2015年9月上旬後半頃になると、日本付近で偏西風の蛇行が大きく、西日本で気圧の谷が深まった。そこへ台風第18号が到来、日本海に抜けた時点で温帯低気圧となり、太平洋上から暖かい空気が流れ込んだ。さらには、そこへ日本の東の海上を台風第17号の湿った空気がぶつかり、南北に連なる雨雲（線状降水帯）が継続的に発生し、関東から東北では長時間にわたって大雨となった。

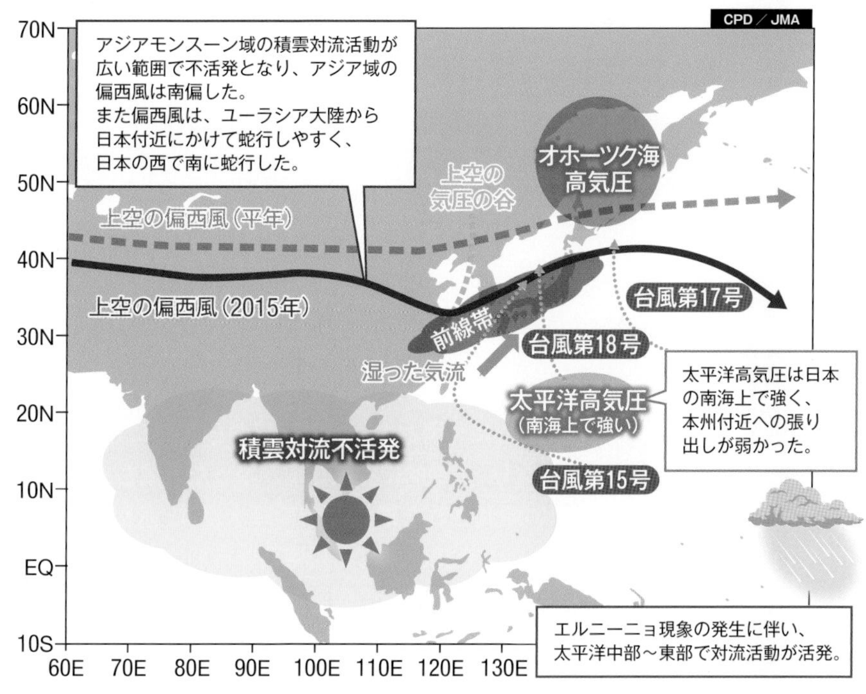

▲2015年8月中旬から9月上旬頃の大気の流れの特徴

（2015年9月18日の「気象庁の報道資料」より）

梅雨前線の停滞で記録的な大雨に

平成26(2014)年8月豪雨

広島で記録的な大雨

大雨による土砂崩れで
住宅街が泥に埋まった

土砂災害で広島市北部の安佐南区の住宅地では10名が亡くなった。
広島県安佐南区の土砂災害現場　2014年8月20日撮影の空中写真

出典:国土地理院ウェブサイト
(平成26年8月豪雨による被害状況に関する情報)

2014年は8月に入り、11号、12号の2つの台風に続いて、前線や湿った大気の影響を受けたため、長期間にわたって大雨の降りやすい状態が続いており、北海道から九州にかけては記録的な大雨となった。特に8月16日から17日にかけて近畿地方や北陸地方、東海地方を中心に大雨となった。19日から20日にかけては、九州北部地方や中国地方も大雨となり、局地的に猛烈な雨が降った地域もあった。

15日から18日までに観測された最大48時間降水量は、京都府福知山市福知山で341.0㎜、岐阜県高山市高山で330.5㎜、石川県羽咋市羽咋(はくい)で280.0㎜、兵庫県丹波市柏原で278.5㎜となり、それぞれ当時の観測史上1位の値を更新した。また、19日から20日にかけて、広島県広島市三入(みいり)において最大1時間降水量が101.0㎜、最大3時間降水量が217.5㎜、最大24時間降水量が257.0㎜となり、いずれも観測史上1位の値を更新。広島県広島市で発生した土砂災害により、死者74名の被害を出した。

■偏西風の蛇行が梅雨前線の停滞をもたらした

2014年は7月から8月上旬にかけて、アジア域の偏西風は平年に比べて南寄りを流れていたが、中旬になると、日本付近の偏西風が南に偏って吹き始め、西側では南に、東側では北に蛇行した。

これは熱帯大気の季節内振動に伴ってアジアモンスーン域の積雲対流活動が広い範囲で平年と比べて不活発となったことが一因と考えられる。

これによって、前線が本州付近に停滞しやすくなったが、このときの太平洋高気圧は、本州の南東の海上で強い一方で、本州付近では西への張り出しが弱かった。

一方、太平洋東部とインド洋東部では海面水温が高く、対流活動が活発になった。

この影響で、フィリピン付近では対流活動が不活発となり、気圧が平年より高くなり、平年ならば南シナ海からフィリピン東方海上に向かう下層の流れ（西風）が、東シナ海に向かう流れ（南西風）に変わった。そのため、南西から日本に向かう暖かく湿った空気の流入を強めることとなり、西日本に大雨をもたらすこととなった。

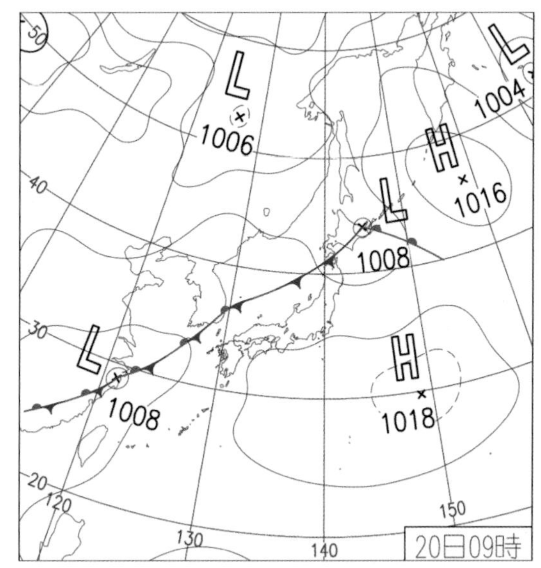

▲2014年8月20日9時現在の天気図。前線や前線に流れ込む湿った空気により、西日本、東北で大雨となり、広島では甚大な土砂災害が発生した。

（出典：気象庁ホームページ）

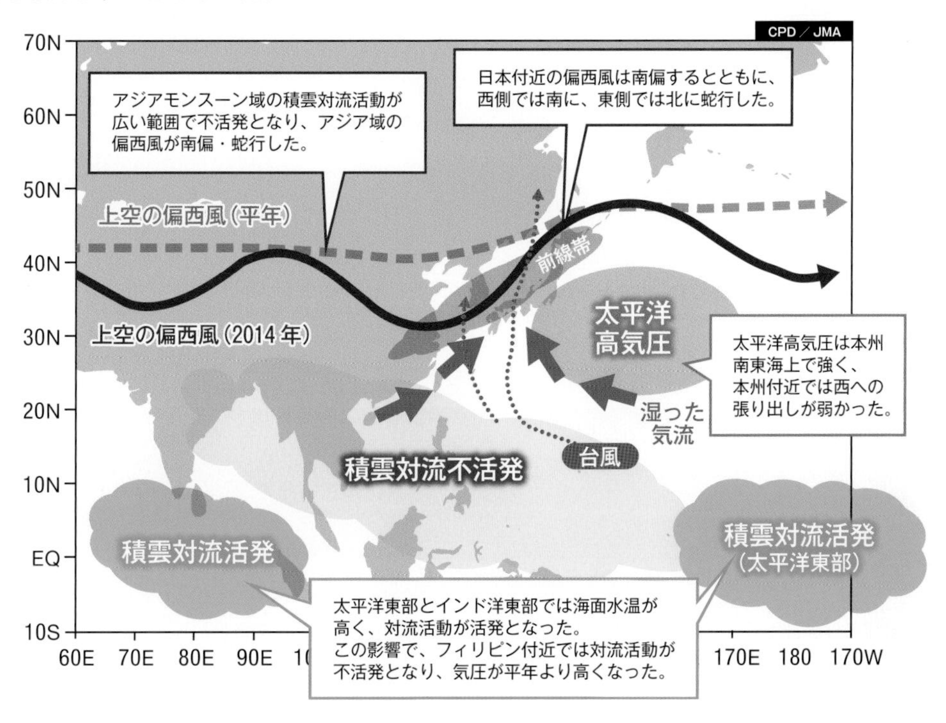

▲2014年8月の不順な天候をもたらした要因のイメージ図

（2014年9月3日の「気象庁の報道資料」より）

大雪による死亡者が132人に

平成23年(2011)年豪雪

新潟で大雪被害

大雨により交通はマヒ、
雪下ろし作業中の死傷者が多発した

3m以上の積雪となった新潟県十日町市。　写真提供:十日町市役所

2011(平成23)年12月から翌年2月にかけて、全国的に低い気温の日々が続き、2月初めの寒気のピーク時には北日本と西日本の日本海側で大雪となった。平年2倍の積雪を観測した地域や、3mを超える積雪を記録した山間部もあった。気象庁が積雪を観測している全国330地点中、15地点で1月の最深積雪の記録を更新したほか、北海道、秋田、山形、長野、京都の5道府県の計7地点で年最深積雪の記録を更新した。この年の大雪による死者は、132人に達した。

■偏西風の蛇行とラニーニャ現象が原因

寒波をもたらした原因としては、上空を流れる偏西風（寒帯前線ジェット気流、亜熱帯ジェット気流）が、大西洋からユーラシア大陸にかけて非常に大きく蛇行したことが挙げられる。

まず、寒帯前線ジェット気流は、大西洋からユーラシア大陸に流れるとき南に蛇行し、西シベリア付近では北に蛇行した。その結果、シベリア高気圧の勢力を非常に強めるように作用した。このため、モンゴルや中国北部などでは顕著な低温となり、また、日本付近では冬型の気圧配置を強める結果となった。

一方、ラニーニャ現象によってインド洋東部からインドネシア付近の積雲対流活動が活発になり、日本付近では偏西風が南に蛇行した。その結果、日本列島に強い寒気が流入することとなり、日本海側で大雪をもたらしたのである。

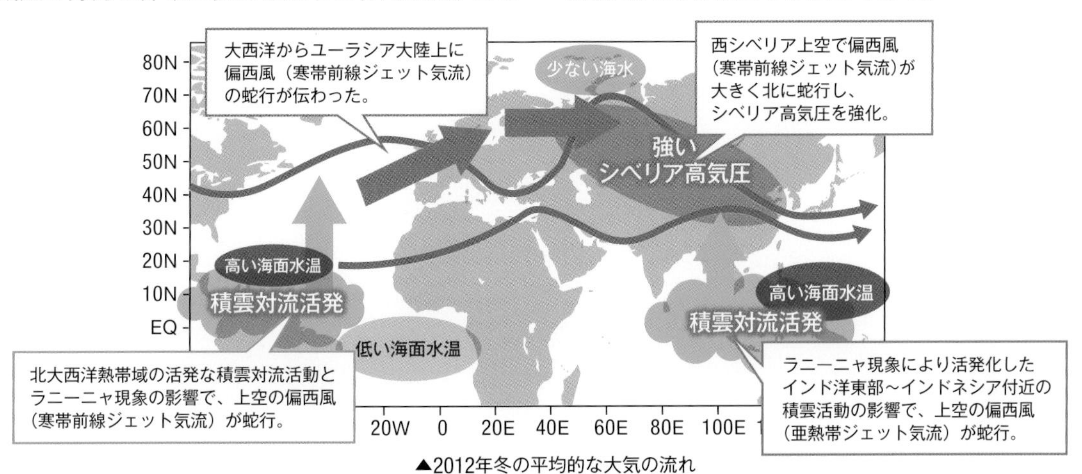

▲2012年冬の平均的な大気の流れ

（2012年2月27日の「気象庁の報道発表資料」より）

■偏西風の蛇行で北半球各国にも寒波到来

東アジア北部～中央アジア（モンゴル、カザフスタンおよびその周辺）では1月半ば以降、ヨーロッパ東部（ウクライナおよびその周辺）では1月下旬以降、異常な低温となった。2月になって、寒気の影響はヨーロッパ中部から西部にも広がった。

これは1月半ば頃に、偏西風の蛇行に伴いシベリア西部で高気圧の勢力が強まり、その高気圧が勢力をさらに強めながら、ロシア北西部からヨーロッパ北部にまで次第に広がったことによる。それにともない、カザフスタン付近の寒気が高気圧の南縁に沿ってさらにヨーロッパ西部まで流入したのだ。

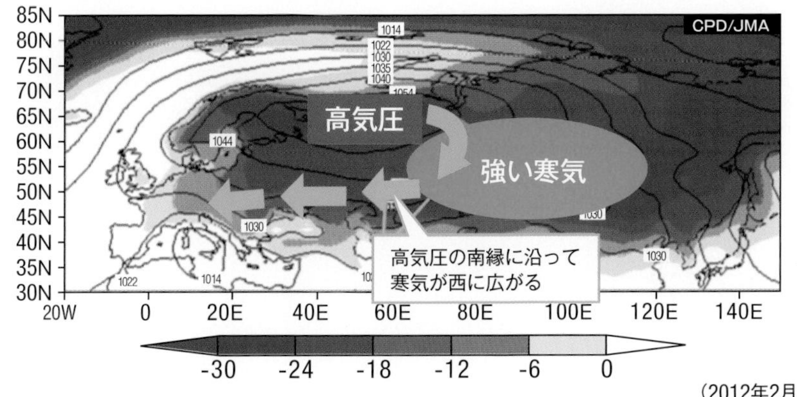

◀2012年1月末～2月初めのユーラシア大陸の海面気圧と地表付近の気温
黒実線は海面気圧（hPa）、
青陰影は地上2mの気温（℃）

（2012年2月26日の「気象庁の報道発表資料」より）

積雪記録を各所で更新

平成18(2005)年豪雪

記録的な大雪で甚大な被害

新潟を中心に各所が、
「三八豪雪」(昭和38年1月豪雪)以来
43年ぶりの豪雪に見舞われた

歴代5位の積雪となった新潟県津南町。　写真提供:津南町

暖冬の予測に反して2005年12月から翌1月上旬にかけて強い寒気が日本付近に接近してきたため、強い冬型の気圧配置となった。東日本と西日本で12月の平均気温が戦後最も低くなった。

12月からの度重なる大雪により、新潟県津南町では2月5日に、これまでの最大記録を超える416cmの積雪を観測した。積雪を観測している339地点のうち23地点で、これまでの積雪の最大記録を更新した。

新潟では暴風雪の影響で送電線がショートし、大規模な停電となった。屋根の雪下ろしなど除雪中の事故や落雪、倒壊した家屋の下敷きになるなどの被害が発生、家屋の損壊は4700棟以上、死者152名を出す甚大な被害となった。

■偏西風の蛇行と積乱雲の活発化

2005年12月から2006年3月にかけて新潟県を中心に豪雪をもたらした原因は、非常に強い寒気が南下して日本列島を直撃したことだったと考えられている。

シベリア付近で偏西風が蛇行したこと、さらには熱帯地域で活発な積乱雲が発生したことで、偏西風の蛇行が強まり、シベリアの空気が南下して日本にまで到達し、日本付近に強い寒波と大雪をもたらしたのである。

▲すっかり雪に覆われた津南町

写真提供：津南町

■温暖化で水蒸気が増えて、大雪になった可能性がある

2005年の猛暑と暖秋の影響で、この冬は日本海の海水温が平年より2度近くも上昇していたため、日本海で多量の水蒸気を含んだ寒気が入り込み、日本海側に多量の雪をもたらす結果となった。

ちなみに積雪を観測している339地点のうち23地点で、これまでの積雪の最大記録を更新。各観測地点の観測史上1位の値でつくるランキングでも新潟県の津南町、湯沢町がベストテンに入った。

新潟県津南町では例年を大幅に上回る積雪があり、2月5日、これまでの最大記録を超える416cmの積雪を観測した。

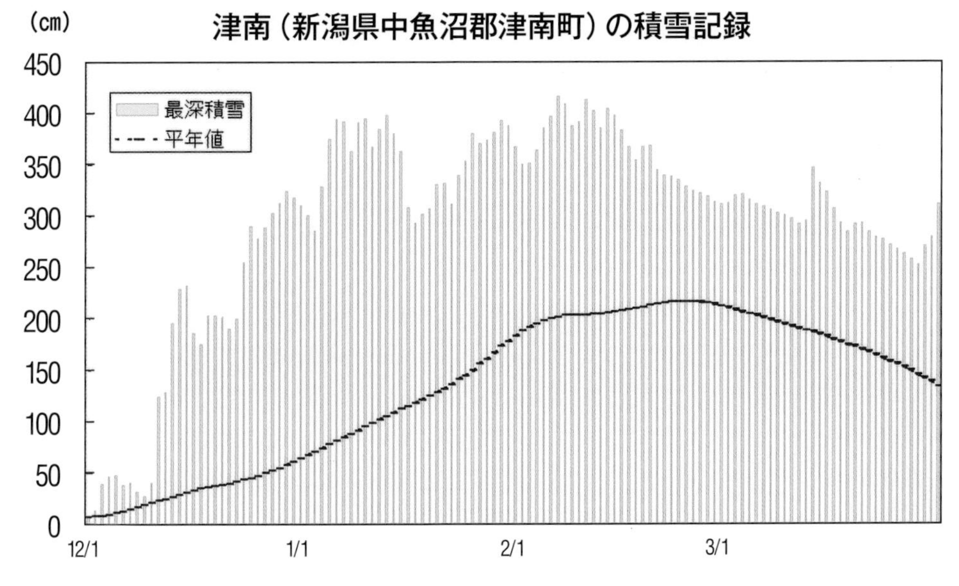

▲津南の積雪の深さの経過（2005年12月1日～2006年3月31日）

気象庁ホームページより

空梅雨で未曾有の大渇水に

平成6(1994)年、長期間の少雨で大渇水

四国の“水がめ”が干上がった

四国の吉野川上流の早明浦(さめうら)ダムが干上がり、水不足が深刻化した

すっかり干上がった高知県早明浦ダム。
水源をこのダムに依存していた高松市では、給水制限が6月29日から11月14日まで続いた。

写真提供:水資源機構池田管理事務所

1994年は暖冬にはじまり、春先から梅雨時期においても少雨の日々が続いていた。夏になっても7月に入って早々に梅雨明けとなった。

日本全国で最高気温を上回るなど、晴天続きで猛烈な暑さが続くこととなった。渇水が深刻化し、給水制限や断水を行った都道府県は40にも及んだ。

9月には秋雨前線、台風、上空の寒気などの影響により北海道から東海地方・山陰地方東部にかけての大部分の地域で降水量が平年を上回ったが、西日本では秋雨前線の影響をほとんど受けず、特に九州地方では台風第26号による降水もわずかであったため、北九州では翌年の5月末まで時間給水が続く異例の事態となった。

高知県の早明浦ダムでは貯水量がゼロとなったり、滋賀県の琵琶湖(びわこ)の水位が観測史上最低の123㎝になるなど、未曾有の大渇水をもたらした。

■梅雨前線の不活発で全体的に少雨傾向

1994年の6月下旬後半には梅雨前線が、本州付近に停滞したものの、活動は活発化せず、6月は九州地方から北海道にかけての大部分で少雨となった。その梅雨前線は7月初めには東北地方まで北上し、九州地方、四国地方で梅雨明けとなり、前線はその後、7月6日から9日に本州中部まで南下したものの、11日には再び東北地方まで北上し、その後弱まって消滅。結果的に九州地方～東北地方各地の梅雨明けは平年より1～2週間早く、西日本を中心に大渇水に見舞われた。

■梅雨は気団の“押し合いへし合い”で生まれる

梅雨は、夏が近づくと南にある暖かい太平洋高気圧(小笠原気団)と、北にあるオホーツク海高気圧(オホーツク海気団)とが勢力争いを繰り広げる中で温度や湿度が似たような空気のかたまりを「気団」といい、この気団がぶつかると、混じり合わずに境目のあたりに「前線」ができる。2つの気団の間にできるのが「梅雨前線」である。

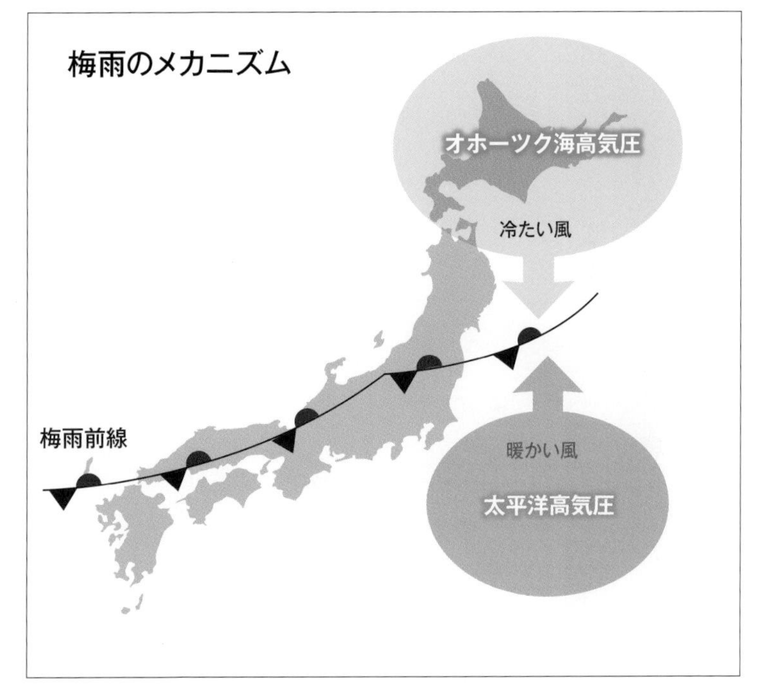

梅雨前線は100㎞ほど南北を行ったり来たりしながら、勢力争いを続け、日本に1か月以上も居座り続ける。

気団同士がぶつかりあう箇所では、冷たい空気は密度が高くて重く、暖かい空気は密度が低くて軽いため、冷たい空気が暖かい空気の下に入り込む。暖かい空気はその分押し上げられて上昇するが、このとき空気に水蒸気を含み切れなくなって水滴ができる。これが雲になって雨を降らせやすくなる。そのため、梅雨前線では多雨となる。

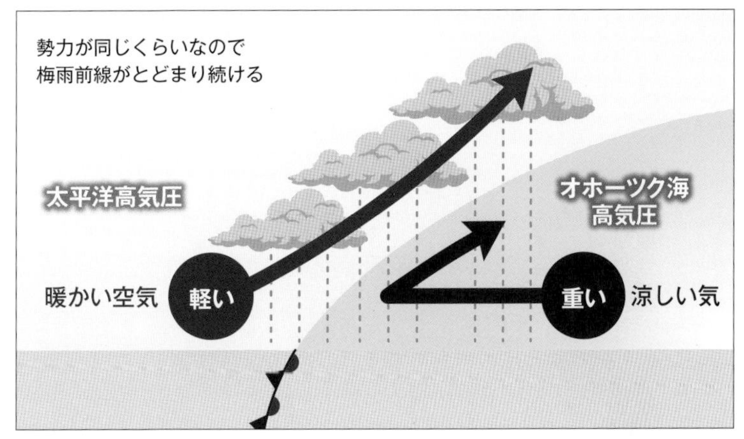

その後、太平洋高気圧の勢力がさらに強まると、オホーツク高気圧を北に押し込んでいき、前線は解消されて梅雨明けとなる。

冷夏で農作物に大打撃

平成5(1993)年の記録的冷夏

コメ不足でタイ米輸入

この年、日本は記録的冷夏により、深刻なコメ不足に見舞われた。

冷夏で深刻な不作に！わずかに実った稲を刈り取る農家の人たち（青森県十和田湖町／現・十和田市）
©共同通信社

この年の梅雨は、前線が長期間日本に停滞したことで、いったんは例年通り梅雨明け宣言が発表されたものの、8月下旬になって気象庁が沖縄県以外の梅雨明け宣言を撤回する異例の事態となった。

また、東日本・北日本を中心に相次ぐ台風の豪雨災害となるほど多雨となり、気温が上がらない時期が続いた。1993年の台風上陸数は6つで当時の最多記録となった。

そして、低温・多雨・日照不足が長期間続いたことで、全国の米の作況指数（平年値が100）が74となり、のちに「1993年米騒動」といわれる米不足になった。政府は米の供給不足をタイ米によって補おうと緊急輸入した。この夏は1954年に次ぐ戦後2番目に平均気温の低い夏であり、南西諸島を除く地域で梅雨明けが特定されない異常な夏となった。

■冷夏がもたらした大凶作

1993年の夏は、エルニーニョ現象のために、7月になっても太平洋高気圧が発達せず、梅雨前線が4か月以上にわたって日本南岸に停滞して長雨が続いた。

そのため、日照時間が不足すると同時に記録的な冷夏に見舞われ、東北・北海道ではコメが実らず、40年ぶりの大凶作となったため、タイ米を緊急輸入しなければならなくなったほどである。

さらにこの年は、7月から9月にかけて次々と台風が来襲して記録的な降水量を記録、それまでの長雨の影響とあいまって、特に九州各地で土砂崩れなどが発生した。

また、この年のエルニーニョ現象は、日本だけではなく、世界各地にも多くの異常気象をもたらした。南ヨーロッパ、シベリア中部、インドでは多雨となり、北ヨーロッパやアルゼンチンでは少雨となった。また、アメリカのミシシッピー川上流域やミズーリ川流域の7月の降水量は平年の2.2～7倍となり、各地で河川の氾濫と洪水が発生した。たとえばセントルイスは、150年に1度とも、500年に1度ともいわれるほどのミシシッピー川の洪水で水浸しになる一方で、東部大西洋岸地域では記録的な高温が続いて厳しい干ばつに見舞われた。

アメダスでの観測値
(平成5年7月31日～8月29日)
期間降水量の値の大きい方から10地点

観測所名	値(㎜)
えびの(宮崎県えびの市)	2009
白髪岳(熊本県あさぎり町)	1297
大口(鹿児島県大口市)	1234
加久藤(宮崎県えびの市)	1232
紫尾山(鹿児島県宮之城町)	1220
宮之城(鹿児島県宮之城町)	1212
湯前横谷(熊本県湯前町)	1192
高峠(鹿児島県垂水市)	1156
矢止岳(鹿児島県蒲生町)	1143
溝辺(鹿児島県溝辺町)	1143
牧之原(鹿児島健福山町)	1143

宮崎県えびの市では年間平均降水量以上の雨が1か月で降ったことになる。
(気象庁ホームページより)

■冷夏をもたらしたもうひとつの原因

1993年の日本は記録的な冷夏や世界的な気象異常の原因のひとつとして挙げられているのが、1991年6月に起きたフィリピンのピナトゥボ火山の大噴火である。この大噴火はおよそ400年ぶりに起きたもので、20世紀最大級の噴火だったとされているが、噴煙は20㎞上空まで噴き上げられ、火山性エアロゾル(微粒子や気体などが混合した大気粉塵)が日光を遮り、ユーラシア大陸の気温が平年ほど上昇しなかった。それが世界の異常気象の一因になったと考えられている。またそれに加え、前述したようにエルニーニョ現象のために、太平洋高気圧が発達せず、梅雨前線が4か月以上にわたって日本の南岸に停滞していた。このダブルパンチで日本は記録的な冷夏に見舞われたのである。

はるか上空に噴煙を噴き上げるピナトゥボ火山
(1991年6月12日撮影)
©Harlow, Dave.

世界の異常気象

大統領も“温暖化”を待ち望むほどの寒波

2019年1月

北米に寒波到来

ミネソタ州北部では
「5分間で凍傷になる温度」を記録した。

アメリカの一部地域では南極を超える低温に。ニューヨークでも噴水が凍った。 ©ロイター／アフロ

2019年1月、北米では数十年来といわれる大寒波に見舞われた。

平年の気温を10℃から20℃も下回るような寒さとなり、政府は非常事態を宣言。たとえば1月26日には、アメリカのウィスコンシン州マディソンで－30℃となり23年ぶりに低い気温を観測したのに続き、翌27日にはミネソタ州インターナショナルフォールズで－43℃まで下がって史上5番目に低い気温を記録した。この寒波で企業、学校、政府機関が相次いで閉鎖となり、航空機のキャンセルが相次ぎ、陸路でも事故が多発するなど交通機関も大混乱に陥った。

「温暖化はでっち上げだ」と言い、常々懐疑的な姿勢を見せているトランプ大統領は、ツイッターで「一体温暖化はどうなっているんだ！ 早く戻ってきてくれ、我々は温暖化が必要だ！」とつぶやいたほど。これに対し、アメリカ海洋大気庁（NOAA）は、温まった海水温が厳しい冬の天候をもたらしているのだと、マンガを用いて大統領に応じた。

■死者も出るほどの大寒波に襲われた北米大陸

2019年1月、北米大陸は厳しい寒波に襲われ、アメリカでは寒さによる死者が10人以上も出る非常事態となったが、実は北米大陸はこれまでもしばしば大寒波に襲われている。

たとえば2013年12月から2014年1月にかけて記録的な寒さを記録して、ナイアガラの滝の流れが止まるほど凍りつき、大きな話題となった。また、2017年のクリスマス前後にも大寒波が押し寄せ、年が明けた1月にはマサチューセッツ州沿岸で洪水と暴風雨が同時に発生して大きな被害を出したほか、常夏のフロリダでは寒さのためにフリーズして木から落下するイグアナが続出して人々を驚かせた。そして2019年の大寒波だ。この大寒波を引き起こしたのは、北極からカナダ、アメリカ北部にかけて降りてきた「極渦(きょくうず)」だ。

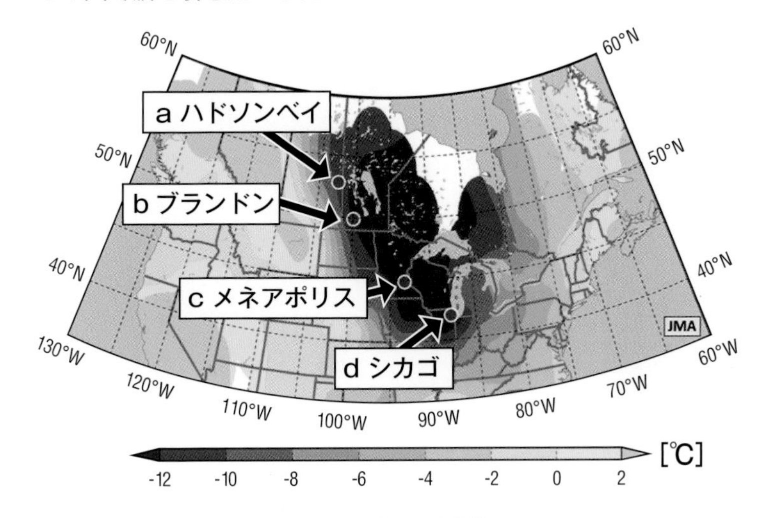

▲北米を襲った大寒波

平均気温平年差の分布図(2019年1月25日～1月31日の7日間平均)
単位℃。各国気象局の通報に基づき、気象庁で作成。

(気象庁ホームページより)

■「極渦」は温暖化の影響か？

極渦とは北極あるいは南極の上空で形成される寒冷で大規模な低気圧のことで、北半球では、通常、強いジェット気流に乗って西から東に向かって旋回している。だが、その循環が、たとえば偏西風の影響などを受けて不安定となり、蛇行したり、分裂したりして南下してくることがある。その極渦が原因で記録的な寒冷化が起きたり、大気が不安定化して暴風雨が起きているのだが、近年、多くの研究者によって、「温暖化の影響で極渦の南下現象の頻度が増加している」と指摘されている。

北極の気温が上昇、北極と高緯度地域の温度差が縮まり、気温差が少なくなった結果、ジェット気流が弱まり、偏西風が大きく蛇行するようになり、北極の冷たい空気が南に流れ出してくるというわけだ。この影響は、北米大陸に限らない。ヨーロッパ各地で記録的な大雪を記録しているし、ふだんは雪が降ることがないインドやトルコなども大雪に見舞われている。

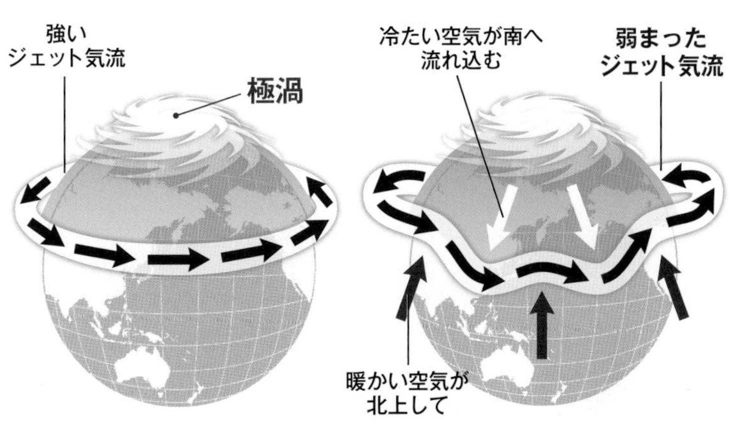

▲極渦南下のメカニズム

通常、「極渦」はこのように北極上空を旋回している

温暖化で、極渦の範囲が、南へと拡大している

世界中で猛暑、最高気温を各所で更新

2018年夏

世界的な猛暑

ドナウ川もライン川も
歴史的な水不足で干上がった

歴史的な水位低下を記録したドイツのライン川。©picture allaiance／アフロ

2018年、日本では5年ぶりに最高気温記録となる、41.1℃（熊谷市、7月23日）を記録したが、北半球の多くの地域でも猛暑に見舞われた。

アメリカのカリフォルニア州ロサンゼルス近郊では7月7日に48.9℃を記録、州史上最大規模の山火事が発生した。同州のデスバレーでも8日に52℃を観測、7月の平均気温が世界の観測史上最高となる42.3℃となった。ヨーロッパでも8月4日にはポルトガル南部にあるベガで46.8℃を記録。また、アフリカでもアルジェリアのサハラ砂漠で7月に51.3℃となるなど、世界各地で最高気温を更新した。

■フランス、ドイツ、オランダ……欧州各所で大混乱

日本が西日本から東海地方を中心に大雨に見舞われた2018年夏、欧州各地では猛暑と少雨の影響で様々な被害が出た。

たとえばフランスでは、河川の水が減少したため、原子力発電所の冷却水の水温も上昇して発電所は操業停止に追い込まれた。また、ドイツでは、ハノーバーの空港で滑走路が暑さのために変形して飛行機が遅延。オランダでも、高速道路のアスファルトが溶けたため一部が閉鎖されたし、スペイン、スウェーデン、ポルトガルの各所では山火事も発生した。

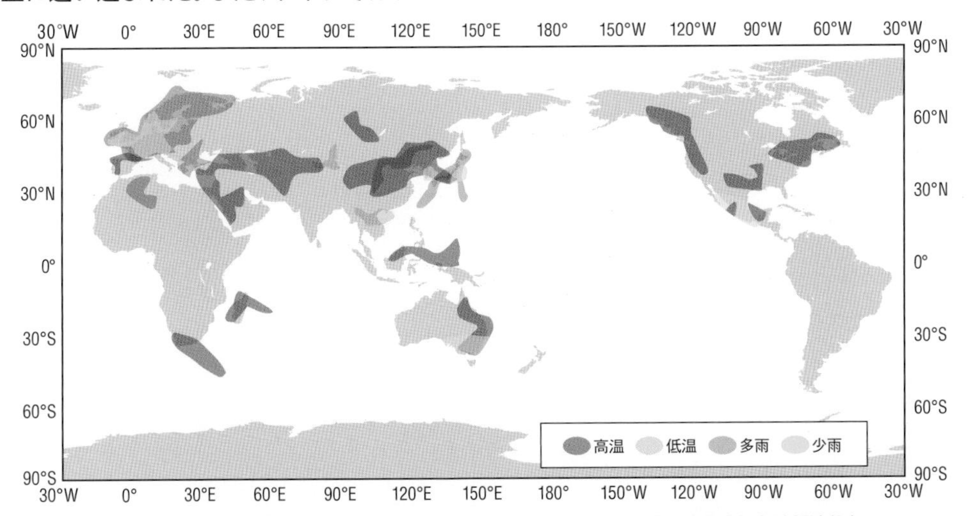

▲2018年7月の世界の異常気象分布（2018年7月を含む週を対象とした「全球異常気象監視速報」（毎週水曜日に発表）から、「異常高温、異常低温、異常多雨及び異常少雨」を重ね合わせて作成）

（気象庁ホームページより）

■偏西風の蛇行と地球温暖化の影響か

世界的に猛暑となった要因は、図に示すように、亜熱帯ジェット気流（①）や寒帯前線ジェット気流（②）が北へ大きく蛇行し続けたこと、地球温暖化の影響（③）および北半球中緯度域で対流圏の気温が全体的に顕著に高かったこと（④）の影響によると考えられる。「気候変動に関する政府間パネル（IPCC）」の第5次報告書（2013年）は人為的な地球温暖化の影響を強く示唆している。

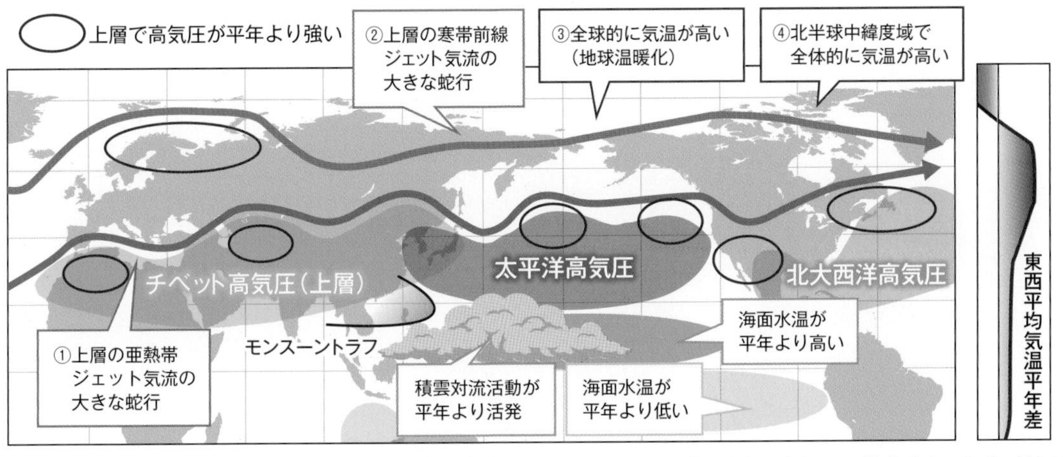

▲2018年7月に北半球の各地に高温をもたらした大規模な大気の流れ　（気象庁ホームページより）

世界の異常気象

猛暑で路上生活者が多数犠牲に

2015年5月下旬

インドで道路も溶ける熱波

2000人超の死者を出した
インドの大熱波

インド各地で熱波。
ニューデリーの道路が溶ける。

©Newscom／アフロ

2015年のインドでは5月に入って気温が40℃を超える日が続出、インド当局によると6月2日までに死者は2330人に達したという。最も大きな被害を受けたのが南東部のアンドラプラデシュ州で1719人が死亡した。

州都ハイデラバードでは市内各地に緊急の給水所が開設された。首都デリーでも道路が溶けるほどの厳しい暑さに見舞われた。

政府は「傘や帽子、ターバンを日よけにして水分を十分に摂る」「午前11時から午後4時の間は日の当たる場所を避ける」などの対策を呼び掛けたが、十分な対策がとれない路上生活者に犠牲者が多く出た。

■地球全体に影響を与える熱帯地方の積雲対流活動

積雲は基本的に、日射によって地表や水上の空気が暖められて浮力が生まれ、上昇気流が発生することで誕生する。その積雲が成長すると、雲頂は高度10㎞以上にも達して、雄大雲（入道雲）と呼ばれるようになり、さらに発達すると積乱雲になって雷を伴った大雨を降らせたり、ときには雹や竜巻をももたらしたりする。

こうして起きる運動量・熱・水蒸気の循環こそが「積雲対流活動」と呼ばれる現象であり、特に熱帯地方における積雲対流活動は、地球全体の天候に影響を与えるほどダイナミックなものとされている。

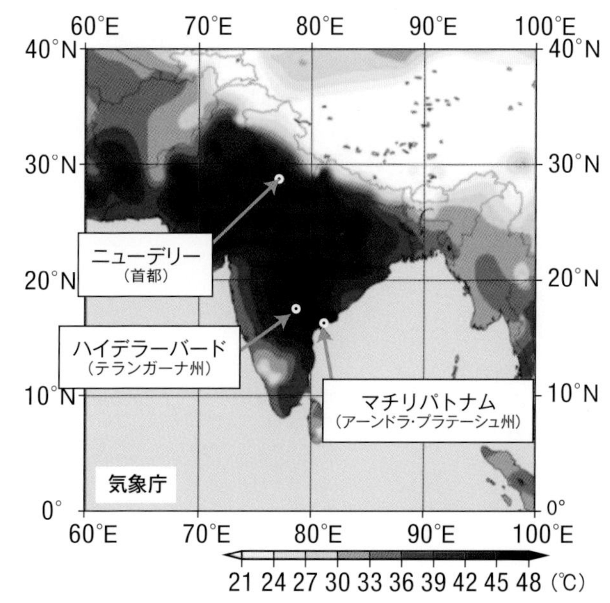

▲2015年5月下旬のインド付近の大気の流れの特徴を示す模式図
2015年5月21日から2015年5月31日までの11日間で平均した日最高気温の分布図（℃）
各国気象局の通報に基づき、気象庁で作成。

■例年以上に活発化した積雲対流活動がインドの熱波を生んだ

2015年5月下旬に生じたインド上空の積雲対流活動は、かつてないほど勢いの強いものだった。そして、成長した積乱雲は例年以上に非常に激しい雨を降らせ、その雨は大気を引きずって、強い下降流を生み出し、インドは一気に雲が発生しにくい状態となってしまった。

その結果、強い日射が続き、地表付近の気温が急激に上昇、またそのとき、強い下降気流に伴う「昇温効果」も作用していたものと見られている。昇温効果とは、空気塊が下降することにより圧縮して気温が上昇するという現象である。

インドでは、例年、モンスーン入りの直前にあたる5月が年間で最も気温の高い時期となるが、そこに前述したような大規模な積雲対流活動が起きたために、殺人的な高温現象が生み出されたのである。

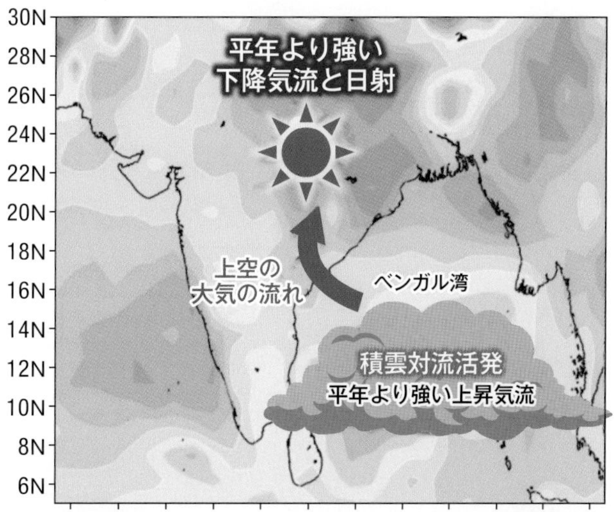

▲2015年5月下旬のインド付近の大気の流れ
図中の陰影は高度5800m付近における大気の鉛直方向の流れの速さを示しており、寒色系は平年より上昇気流が強い（または下降気流が弱い）領域を、暖色系は下降気流が強い（または上昇気流が弱い）領域を示しており、色の濃い地点ほど気流が強いことを示している。
緑の矢印は、高度1万2000m付近の大気の流れを示している。

図版はいずれも2015年6月2日の「気象庁の報道発表資料」より

世界の異常気象

豪雨のヨーロッパで避難民続出

2013年5月上旬から6月上旬

ヨーロッパ豪雨

ヨーロッパを襲った異常多雨現象でドナウ川が氾濫(はんらん)

高速道路が豪雨で冠水したドイツ・バイエルン州。 ©ロイター／アフロ

2013年5月上旬、フランス東部からハンガリーにかけて平年の2倍以上の降水量を記録する大雨に見舞われた。さらに中旬以降も雨の領域が広がり、5月下旬にはドイツやポーランド、バルカン半島などの広範囲で豪雨となり、それが6月になっても続いてドイツ南部・チェコ西部、ポーランド南部などで大雨となった。そのため、チェコで非常事態宣言が出されて2万人以上が避難したほか、ドイツでは、マグデブルグ市で2万人以上が避難、チェコ、ドイツ、オーストリアで合わせて18人の死亡が確

■平年比２倍以上の降水量を記録

右図は、ヨーロッパにおける5月1日から6月10日までの降水量の平年比である。

ところが2013年、ドイツのエルフルトでは5月中旬から5月下旬にかけて日降水量40㎜以上、チェコのプラハでは6月初めに日降水量30㎜以上の雨が降った。

エルフルトの5月の月降水量平年値は63.8㎜、プラハの6月の月降水量平年値は67.7㎜だから、エルフルトとプラハの5月1日から6月10日までの積算降水量は、5月と6月の月降水量平年値の合計の2倍以上となった。

これを見ても、短期間にどれほど大量の雨が降ったかがわかるだろう。その雨がドナウ川の氾濫を引き起こしたのである。

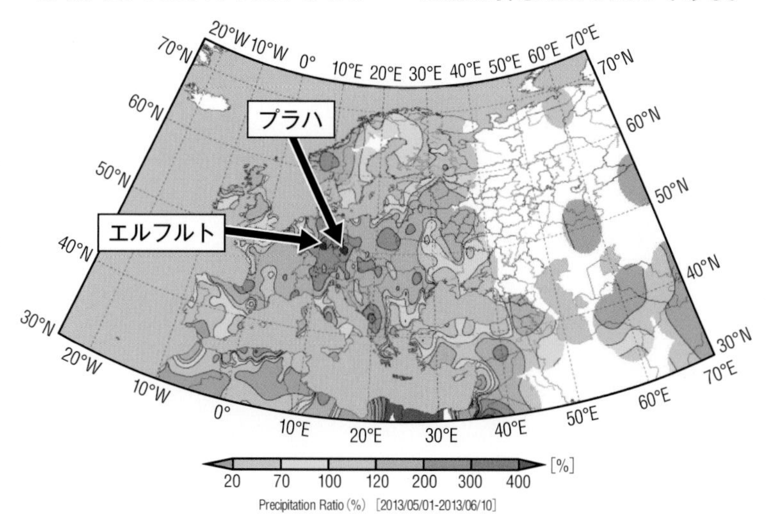

▲ヨーロッパの降水量平年比（2013年5月1日～6月10日）

■偏西風の蛇行が生んだ豪雨

2013年5月に入ると、ヨーロッパでは低気圧や前線が頻繁に通過した。それは、ヨーロッパの上空の偏西風が北大西洋からユーラシア大陸にかけて南北に大きく蛇行した状態が続いたことにともなって、ヨーロッパが深い気圧の谷に覆われたためだった。そのため天候が不安定になり、豪雨をもたらしたのだ。

実はヨーロッパでは、2002年8月にもチェコとドイツを中心に記録的な豪雨による洪水に見舞われていた。そのとき、チェコ全土では約22万人が避難、死者15名、約30億ユーロ（約3800億円）の被害が発生。ドイツでは、被災者約34万人、被害総額92億ユーロ（約1兆1000億円）の被害が出た。

その際には「およそ200年から1000年に一度の洪水だった」とされていたが、2013年の豪雨に続き、2016年6月にもヨーロッパ各地の豪雨になり、パリではセーヌ川が氾濫した。このようにヨーロッパがたびたび豪雨に見舞われる原因として地球温暖化を挙げる研究者は多い。

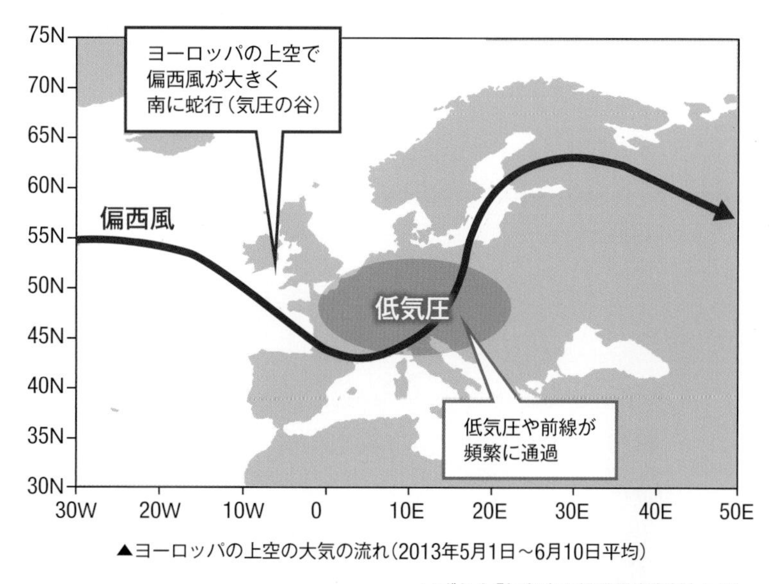

▲ヨーロッパの上空の大気の流れ（2013年5月1日～6月10日平均）

いずれも「気象庁の報道発表資料」より）

世界の異常気象

オーストラリアでは、過去最大の降水量で洪水が頻発

2010年12月〜2011年1月

オーストラリア東部の異常多雨

オーストラリアの豪雨で世界の海面は低下した

オーストラリアの大規模洪水による避難者は20万人に

2010年11月、南半球のオーストラリアでは夏を迎えたが、東部でたびたび大雨が降り、洪水が頻発した。12月に入っても雨の勢いは衰えず、1か月の降水量としては過去最大になった。この洪水で10名以上が死亡した。

このとき、オーストラリア東部のクイーンズランド州のマッカイでは716㎜（平年比359%）、ロックハンプトンでは518㎜（平年比406%）、ブリスベンでは453㎜（平年比390%）、ニューサウスウェールズ州のウォガウォガでは151㎜（平年比315%）と、軒並み例年を大きく上回る降水量を記録している。

■記録的な渇水期に続き、過去最大の降雨量を記録

2010年、オーストラリア東部では記録的な長期渇水が続いていたが、10月下旬からたびたび大雨に見舞われるようになり、前述したように、12月には、クイーンズランド州のマッカイで716㎜(平年比359%)、ロックハンプトンで518㎜(平年比406%)、ブリスベンで453㎜(平年比390%)、ニューサウスウェールズ州のウォガウォガで151㎜(平年315%)となるなど、12月の月降雨量としては過去最大を記録した。この大雨は2011年1月に入ってからもブリスベン周辺で続き、2010年12月と2011年1月の2か月間にブリスベン川流域の大部分で600～1000㎜の降雨量を記録、大規模な洪水を引き起こし、被害地域はフランスとドイツとを合わせたほどの面積に及んだとされている。

■大雨の原因はラニーニャ現象

太平洋熱帯域では、2010年の夏以降、海面水温が中部～東部で下がり、西部で上がるラニーニャ現象が発生していた。この影響で、積乱雲の活動は太平洋熱帯域中部では平年より不活発となる一方で、西部では活発化していた。そのため、11月下旬以降はオーストラリア東部にも活発な積乱雲がかかることとなり、オーストラリア東部のほぼ全域で大雨が降ったのである。

ちなみに、この2010年と2011年にオーストラリアの豪雨が原因で、世界の海面が低下したという研究結果が、アメリカ大気研究センター(NCAR)の研究者によって発表されている。

地球上のほとんどの場所では、山間部で雨が降り、雨水は川に流れ込んで海に運ばれる。だが、オーストラリアではアウトバック(内陸部に広がる、砂漠を中心とする広大な人口希薄地域)に降る雨は海に流れ込まず、内陸湖に集まって蒸発してしまった。そのため、世界の海面が7㎜低下したというのである。

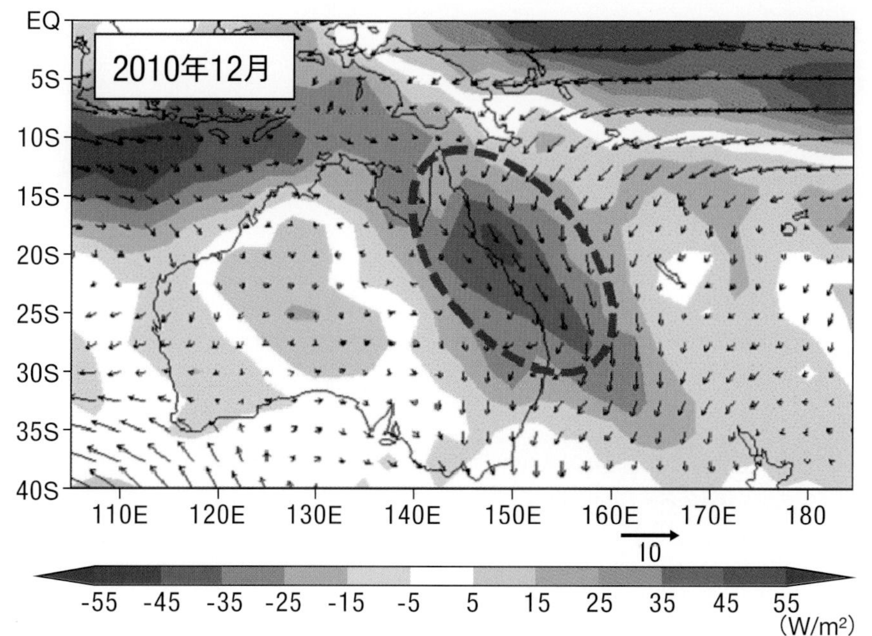

◀2010年12月のオーストラリア付近の外向き長波放射の平均偏差

外向き長波放射とは、極軌道衛星によって観測される、宇宙に向かって放射される赤外線の強さのこと。熱帯域においてこれが小さいことは、積乱雲の活動が活発で降水が多いことを意味する。正偏差(赤色)なら積乱雲の活動が平年より弱く、負偏差(青色)なら平年より強い。つまり、青い箇所で雨が降りやすいことを意味するが、左図を見ても、2010年12月には、オーストラリア東部が極めて雨の降りやすい状況になっていたことがわかる。

(気象庁:2011年1月14日の「報道発表資料」より)

世界の異常気象

ロシアで少雨と干ばつが発生、小麦が記録的な不作に

2010年6月～8月

ヨーロッパ東部からロシア西部周辺にかけて異常高温

ロシア西部では
熱波による森林火災で
40名以上が死亡

記録的猛暑となったロシア各所で森林火災が発生。 ©photo express／アフロ

2010年6月、ヨーロッパからロシア西部にかけて記録的な暑さに見舞われ、7月まで続いた熱波で様々な影響が出た。

特にロシア西部では1日の平均気温が例年より9～10℃も高い状態が続いた。さらに、干ばつによって各所で森林火災が発生、小麦も記録的な不作となった。ロシアは小麦輸出大国であることから、他の輸出国の不作とも相まって小麦の国際価格は20%上昇する事態となった。また、モスクワではこの暑さで水浴び中に亡くなる人が急増した。ロシアでは熱中症や水の事故などで7月の死亡者数が1.5倍になった。

■モスクワを中心に広がった猛烈な熱波

2010年7月は、右の図のように、ヨーロッパからロシア西部にかけて平年より顕著に高温となっていた。

たとえばモスクワでは月平均気温が例年に比べて6℃も高かったし、平年値が約23℃のドイツのベルリンで11、12日の日平均気温が37℃に達したり、平年値が約17℃のエストニアのタリンでは13日の日平均気温が26℃となるなど、ヨーロッパ東部でも異常な高温が続いていた。

それに加え、モスクワ周辺は異常少雨となっていた。それが、干ばつをもたらし、森林火災を引き起こす原因となった。

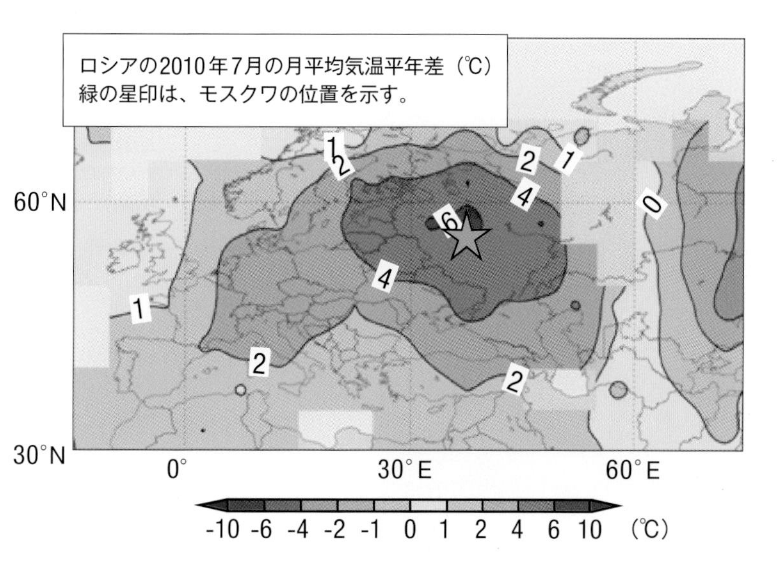

■「偏西風の蛇行」が継続したことが異常高温の原因

2010年は6月以降、北半球の上空の偏西風がヨーロッパ東部からロシア西部周辺で北側に蛇行しており、その南側は対流圏の上層から下層まで高気圧になっていた（「背の高い高気圧」という）。

高気圧域では上空から地表への下降気流が生じるため、空気の流れ込んだ地表の気圧は高くなり、温度も上がり、晴天となる。

そのため、このような高気圧に覆われたロシア西部周辺を中心として異常高温、異常少雨になったと考えられる。偏西風が蛇行すること自体はよくある現象だが、ロシア西部周辺での北側への蛇行が7月を通じて継続したことが、異常な現象をもたらした要因といえる。

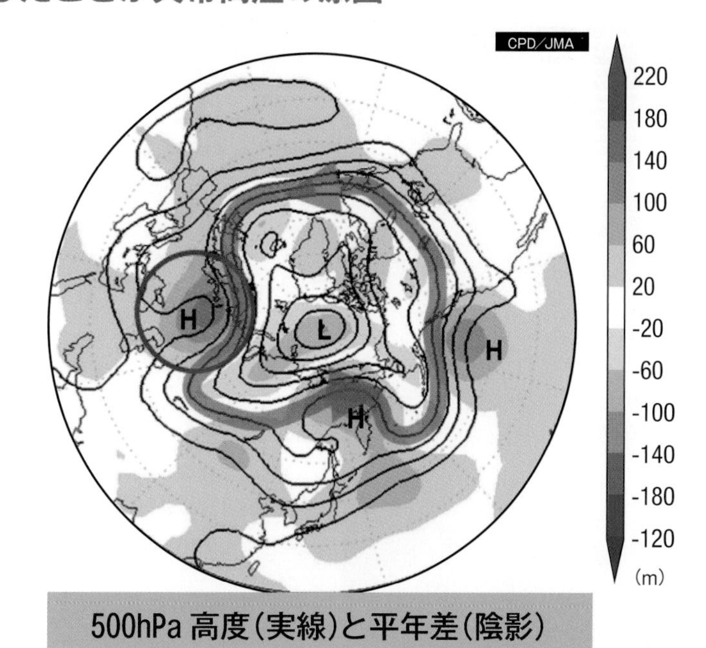

▲月の500hPa高度・偏差と偏西風の流れの様子
赤丸はロシア西部周辺の背の高い高気圧を示し、
ピンクの矢印は上空の偏西風の流れを示す。

図はいずれも、「2010年8月6日の気象庁の報道発表資料」より

■ 監修 ——— **青木寿史**（あおき ひさし）

東京家政大学非常勤講師

東京学芸大学教育学部理科専攻（地学）卒業。大気環境や地学教育を主に研究。元東京家政大学附属女子中学高等学校教諭。30年にわたり、地学や物理分野を中心に理科を担当。理科全般の実験授業も長く担当した。天文部と写真部の顧問も務め、生徒とともに空や風景を見つめた。高校教科書「地学基礎」「地学」（啓林館）の編集協力者。現在は、東京家政大学ほかで地学や理科教育法を担当。リフレッシュには、空を見上げて移りゆく雲や星々を眺める。

■ 協力 ——— 気象庁

■ 編集・制作協力 —— ザ・ライトスタッフオフィス（河野浩一／岸川貴文）

■ デザイン・DTP —— Creative・SANO・Japan（大野鶴子／水馬和華／中丸夏樹）

■ 定価 ——— カバーに表示します。

本書は、『ひとりで学べる地学』（弊社刊）の基礎知識に、気象庁、国土地理院、国立極地研究所などが公表している天気予報の最新のデータや知見を加えて、整理・構成したものである。

GEO PEDIA ペディア

最新 天気予報のすべてがわかる！

2020年6月5日　初版発行

発行者　野村久一郎

発行所　株式会社 清水書院

〒102-0072　東京都千代田区飯田橋 3-11-6
電話：(03)5213-7151

振替口座　00130-3-5283

印刷所　株式会社 三秀舎

Printed in Japan　ISBN978-4-389-50116-7